手工坊七彩童年系列
SHOUGONGFANG QICAI TONGNIAN XILIE

韩式百变宝贝童装

可爱的韩款童装
让宝贝变身百变小明星

0~3岁

阿瑛 郑红/编

中国纺织出版社

内容提要

本书精心挑选50款可爱的韩式童装，从婴儿帽、婴儿鞋到连衣裙、小开衫，四季的款式都能在本书中找到，让你轻松打造出宝贝的百变造型。本书款式简单大方、实用性强，款式适合0～3岁的宝贝，新手妈妈也能轻松学会。

图书在版编目（CIP）数据

韩式百变宝贝童装. 0～3岁 / 阿瑛，郑红编. — 北京：中国纺织出版社，2015.8
（手工坊七彩童年系列）
ISBN 978-7-5180-1813-0

Ⅰ. ①韩… Ⅱ. ①阿… ②郑… Ⅲ. ①童服—毛衣—手工编织—图集 Ⅳ. ①TS941.763.1-64

中国版本图书馆CIP数据核字（2015）第156847号

策划编辑：刘　茸　向　隽　　责任印制：储志伟
责任编辑：刘　茸　　封面设计：盛小静
编　　委：石　榴　邵海燕

中国纺织出版社出版发行
地址：北京市朝阳区百子湾东里A407号楼　邮政编码：100124
销售电话：010-67004416　传真：010-87155801
http://www.c-textilep.com
E-mail:faxing@c-textilep.com
中国纺织出版社天猫旗舰店
官方微博http://weibo.com/2119887771
湖南雅嘉彩色印刷有限公司　各地新华书店经销
2015年8月第1版第1次印刷
开本：889×1194　1/16　印张：10
字数：180千字　定价：29.80元

作者简介

郑红，浙江人，现居深圳。

作者从事手工工作多年，在深圳经营一家“时尚巧手毛线吧”十余载，该毛线吧的经营特色是为每位顾客提供免费的编织教学服务，从而受到诸多编织爱好者的拥护和喜爱。很多人在郑红的影响下，渐渐将编织作为事业经营，期望加盟到郑红的毛线吧，一起用对编织的热爱设计更多美丽的编织服装。

作者现将自己十多年积累的编织作品整理成书，让广大编织爱好者一起分享、一起探讨，把毛衣织得更加时尚、个性、温暖。同时也希望更多的年轻人加入这个队伍，了解并喜欢上这个传承传统又显新意的民间手工艺。如果您希望与作者交流，也可以通过QQ（479257861）联系并认识作者。

本书模特：邹孜安　徐熙玥 汤予　邢雨婷

目录
Contents

目录 Contents

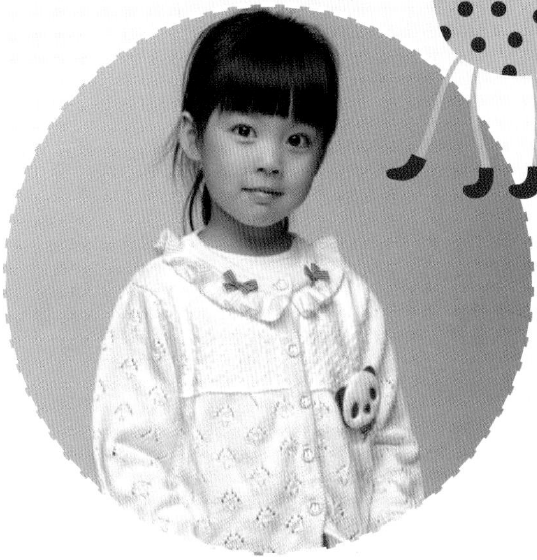

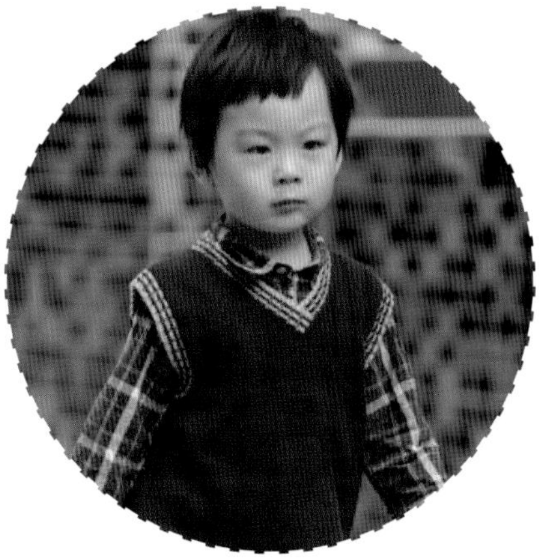

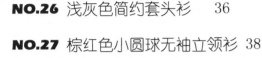

棕色钩花背心 NO.1

编织方法见
第81页

黄色花边开衫
NO.2

编织方法见
第82页

粉色系带背心

NO.3

编织方法见
第83页

编织方法见
第84页

浅黄色钩花裙
NO.4

编织方法见
第85页

经典白色套头衫
NO.5

编织方法见
第86页

学院风 菱格开衫 NO.6

灰色流苏背心短裙套装

NO.7

编织方法见
第88页

编织方法见

第90页

橘色镂空花样开衫

NO.9

编织方法见
第91页

编织方法见

第93页

大红色长筒虎头鞋

NO.11

编织方法见
第94页

小蜻蜓长筒婴儿鞋

NO.12

编织方法见
第95页

蓝色钉花背心裙

NO.13

编织方法见
第96页

玫红色蕾丝领开衫

NO.14

编织方法见

第97页

编织方法见
第98页

黄色镂空花样连衣裙

NO.15

编织方法见
第100页

米色带帽斗篷

NO.17

编织方法见

第101页

浅紫色背心短裙套装

NO.18

编织方法见

第102页

橘色短袖开衫短裙套装

NO.19

编织方法见

第105页

黄色球球开衫短裙套装
NO.20

编织方法见
第108页

绿色双排扣短裙套装

NO.21

编织方法见

第113页

橘色短袖连衣裙

NO.22

编织方法见
第116页

橘色小立领拼色连衣裙

NO.23

编织方法见

第118页

玫红色麻花花样背心裙

NO.24

编织方法见

第120页

棕色刺绣系带外套

NO.25

编织方法见
第121页

浅灰色简约套头衫

NO.26

编织方法见
第122页

棕红色小圆球无袖立领衫

NO.27

编织方法见

第123页

肉粉色镂空花样背心
NO.28

编织方法见
第125页

浅紫色镂空花样背心
NO.29

编织方法见
第126页

编织方法见
第127页

桃红色背心裙
NO.30

编织方法见
第128页

灰色V领背心
NO.31

棕色方块花样V领背心

NO.32

编织方法见

第129页

蓝灰拼接带帽背心

NO.33

编织方法见

第130页

编织方法见
第131页

灰色爱心口袋背心裙

NO.35

编织方法见

第133页

粉色绒线拼接开衫

NO.36

编织方法见

第134页

浅黄色条纹背心裙 NO.37

编织方法见
第135页

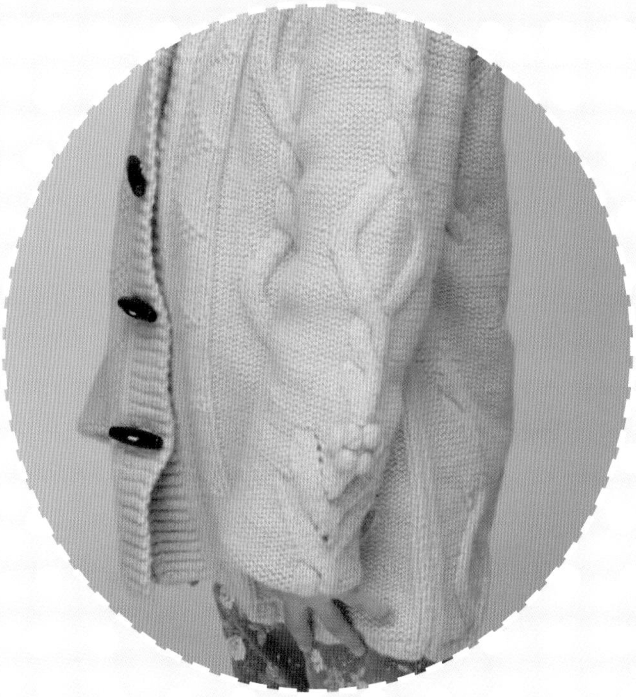

蓝灰色 牛角扣外套

NO.38

编织方法见
第136页

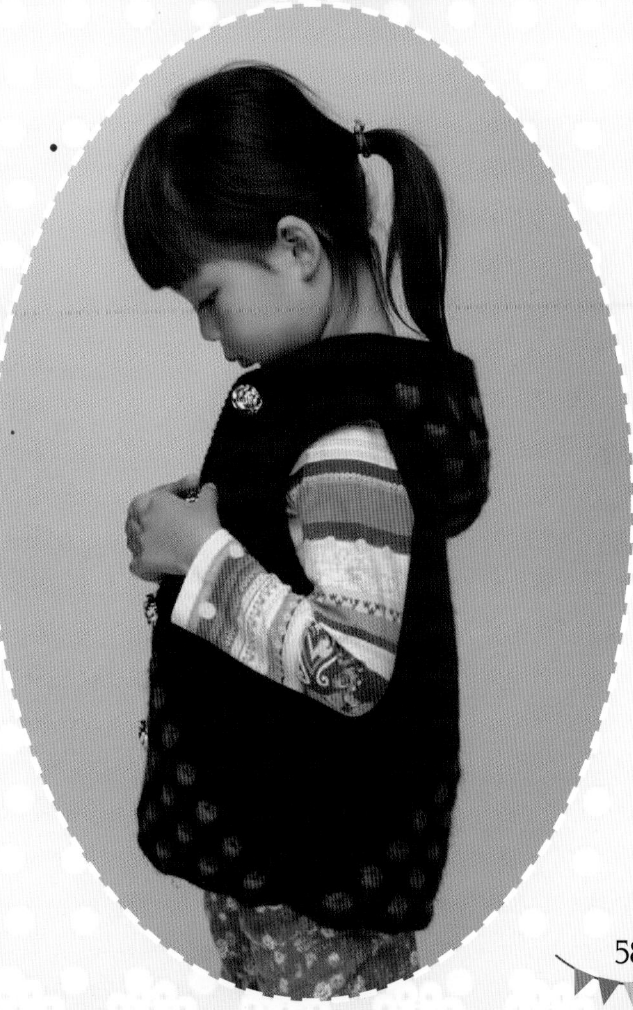

橙色刺绣花样带帽背心

NO.39

编织方法见

第139页

浅绿色镂空花样开衫

NO.40

编织方法见

第140页

粉色菱格花样开衫

NO.41

编织方法见

第142页

粉色方领背心裙

NO.42

编织方法见

第143页

蓝色短袖连衣裙

NO.43

编织方法见

第145页

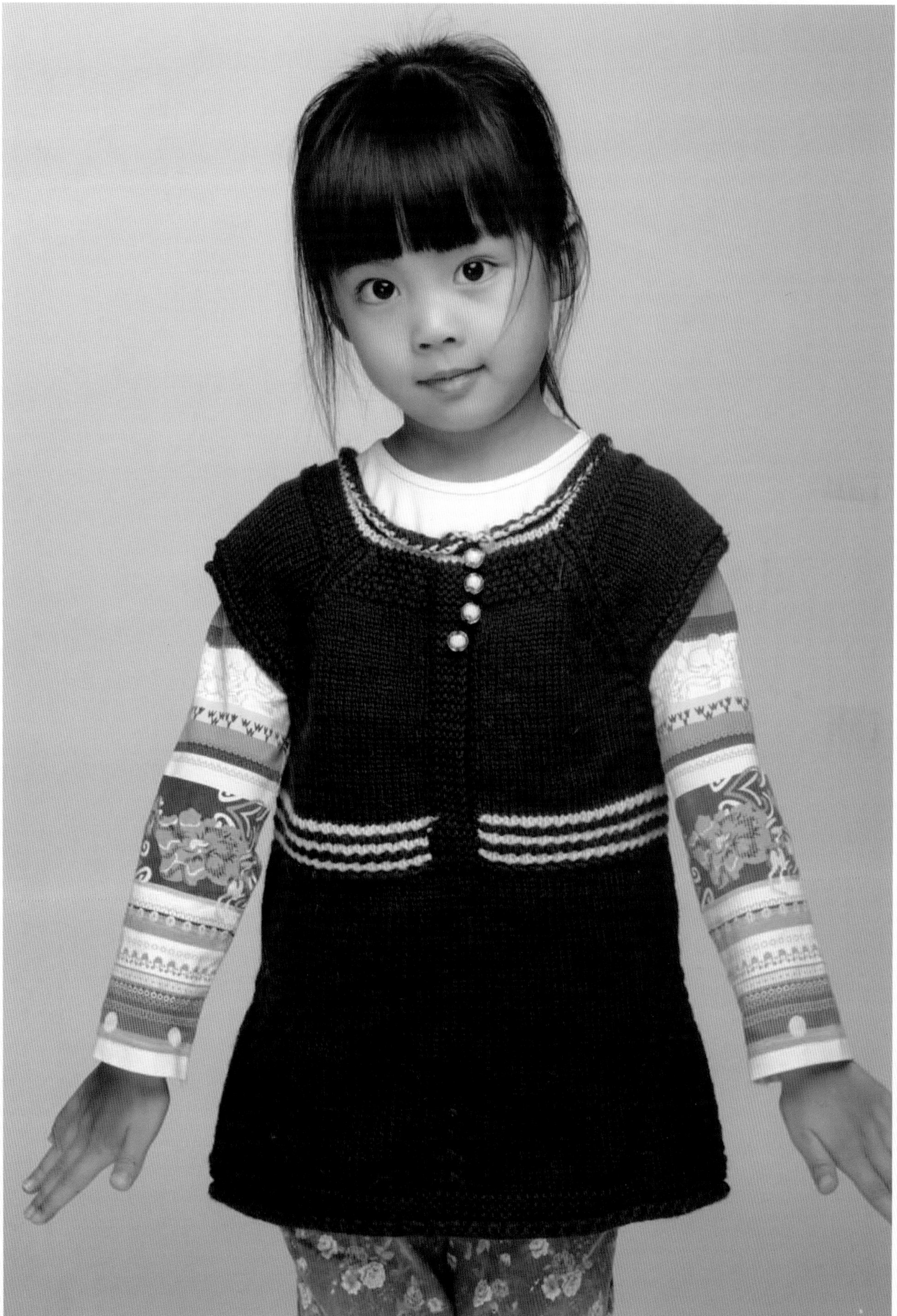

棕红色小斗篷

NO.44

编织方法见

第146页

绿色蕾丝花边无袖连衣裙

NO.45

编织方法见

第147页

编织方法见
第148页

简约三色拼接高领套头衫

NO.47

编织方法见

第150页

经典紫色麻花花样套头衫

NO.48

编织方法见

第151页

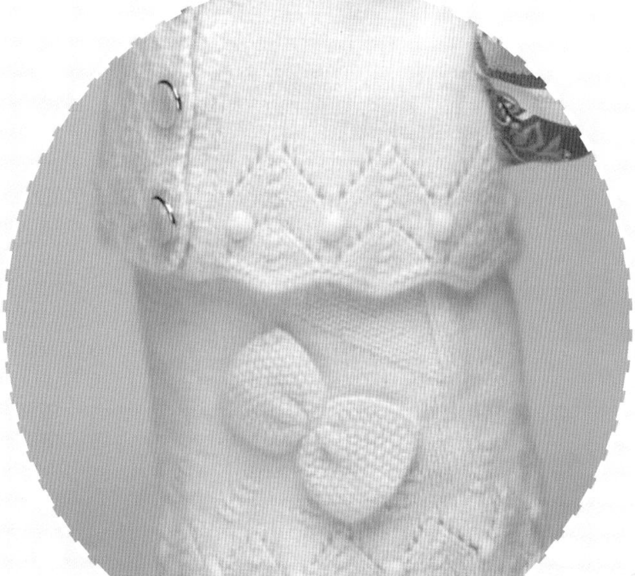

粉色小圆球可爱套裙

NO.49

编织方法见

第152页

简约拼接短袖连衣裙 NO.50

编织方法见 第155页

NO.1 棕色钩花背心

彩图见 第6页

工具

5/0号钩针

成品尺寸

衣长38.5cm、胸围60cm、肩背宽20cm

材料

圣斯曼精装奈肤型童装绒线浅棕色220g，鹅黄色适量

编织密度

花样编织A 5cm × 5cm/花样

花样编织B 36针 × 18行/10cm

结构图

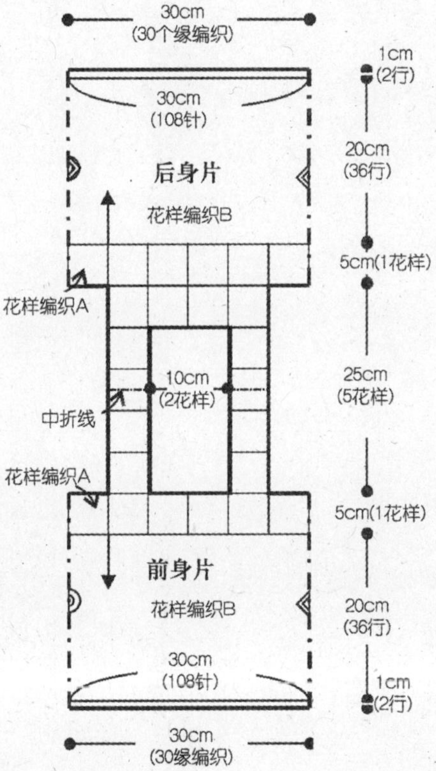

30cm
(30个缘编织)
30cm
(108针)
后身片
花样编织B
花样编织A
10cm
(2花样)
中折线
花样编织A
前身片
花样编织B
30cm
(108针)
30cm
(30缘编织)
1cm
(2行)
20cm
(36行)
5cm(1花样)
25cm
(5花样)
5cm(1花样)
20cm
(36行)
1cm
(2行)

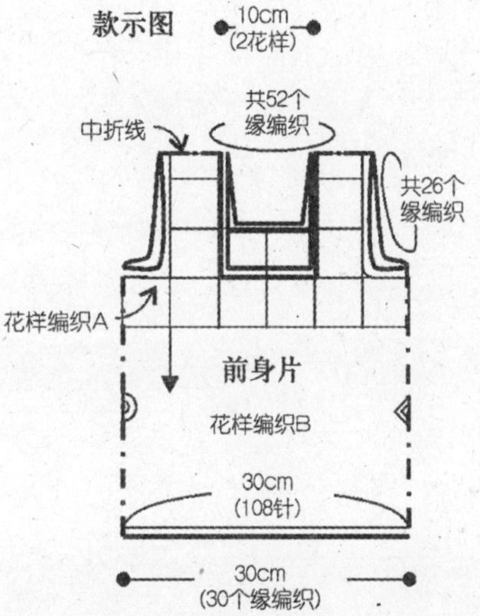

款示图
10cm
(2花样)
共52个
缘编织
中折线
共26个
缘编织
花样编织A
前身片
花样编织B
30cm
(108针)
30cm
(30个缘编织)

缘编织

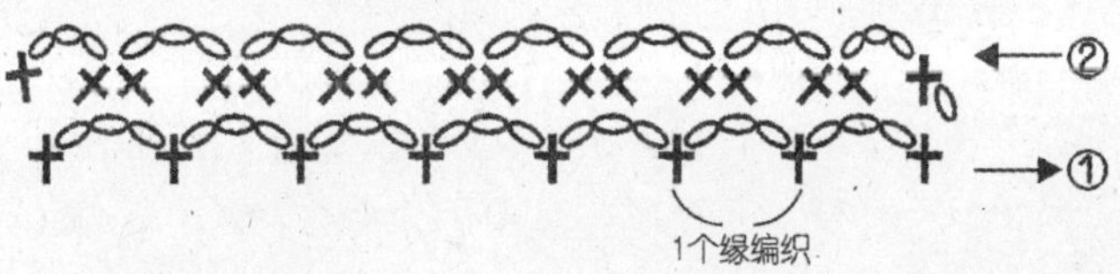

②
①
1个缘编织

花样编织A

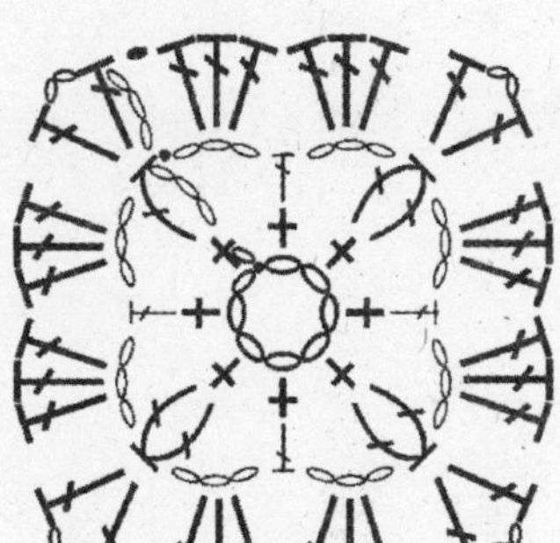

花样编织B

(圈织)

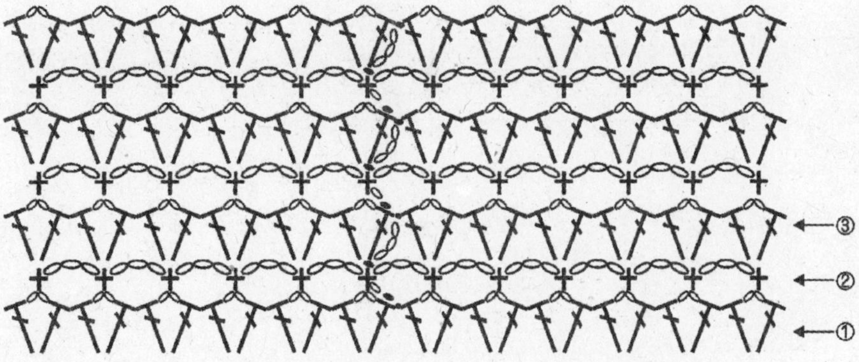

③
②
①

NO.2
黄色花边开衫

彩图见 7

工具
3/0号钩针

成品尺寸
衣长29.5cm、胸围66cm、背肩宽26cm、袖长23cm

材料
圣斯曼精装亲肤型童装绒线黄色290g；直径为10mm的纽扣5颗

编织密度
花样编织A、B、C、D
29针×11行/10cm

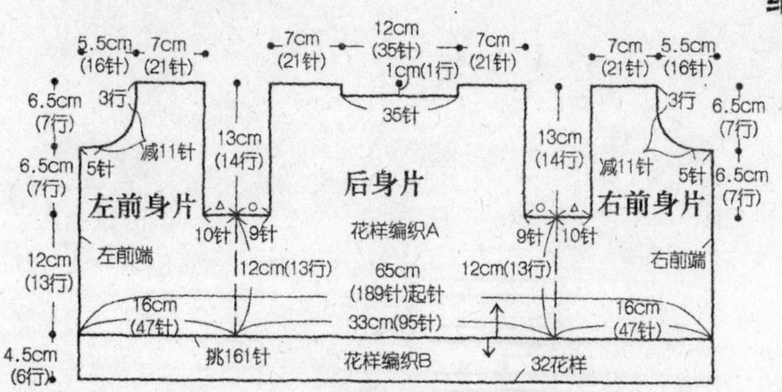

结构图
左前身片
后身片
右前身片
花样编织A
65cm
(189针)起针
挑161针
花样编织B
32花样
左前端
右前端
33cm(95针)

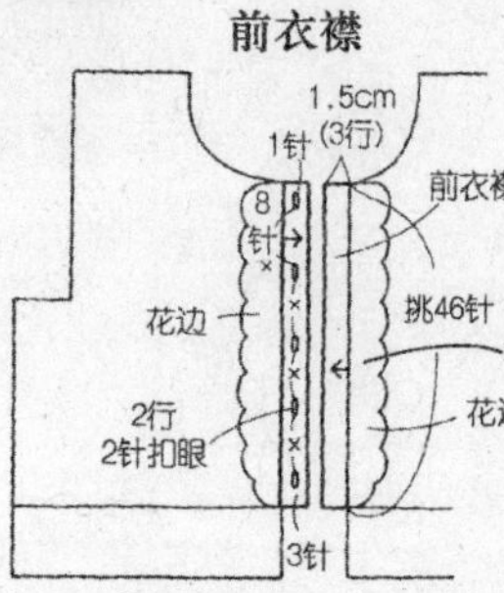

前衣襟
花边
挑46针
花样编织D
2行
2针扣眼

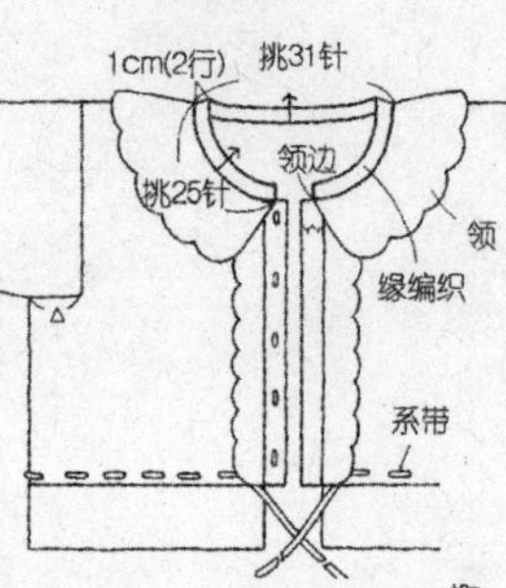

领的挑针
挑31针
领边
挑25针
领
缘编织
系带

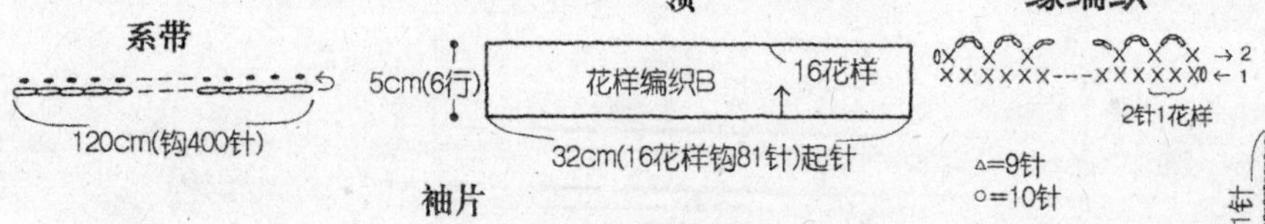

系带
120cm(钩400针)
领
花样编织B
16花样
32cm(16花样钩81针)起针
缘编织
2针1花样
△=9针
○=10针

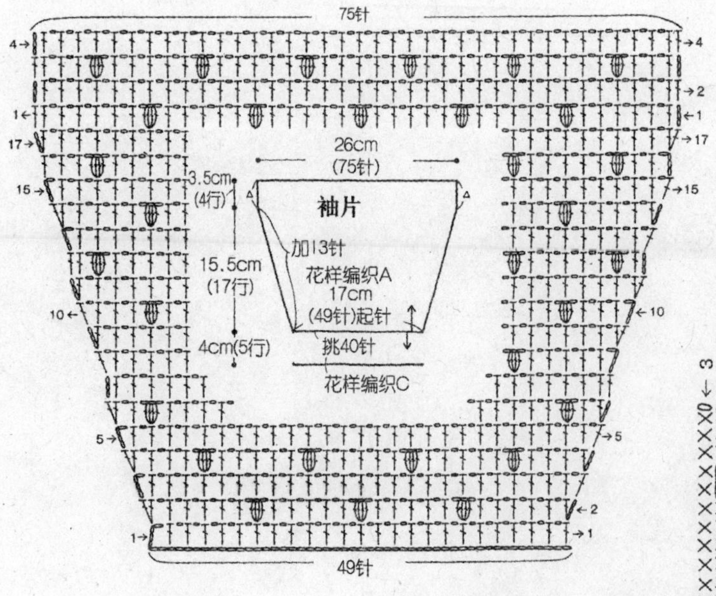

袖片
75针
26cm
(75针)
加13针
花样编织A
17cm
(49针)起针
挑40针
花样编织C
49针

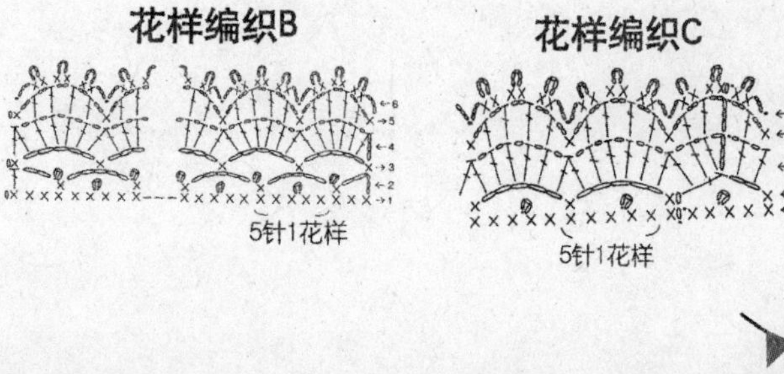

花样编织B
5针1花样
花样编织C
5针1花样

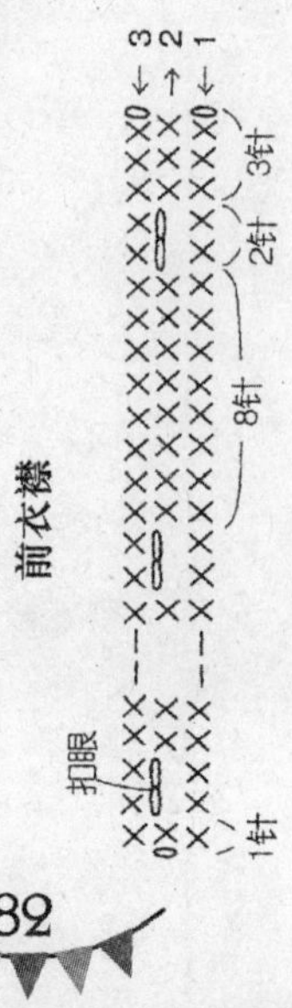

前衣襟
扣眼

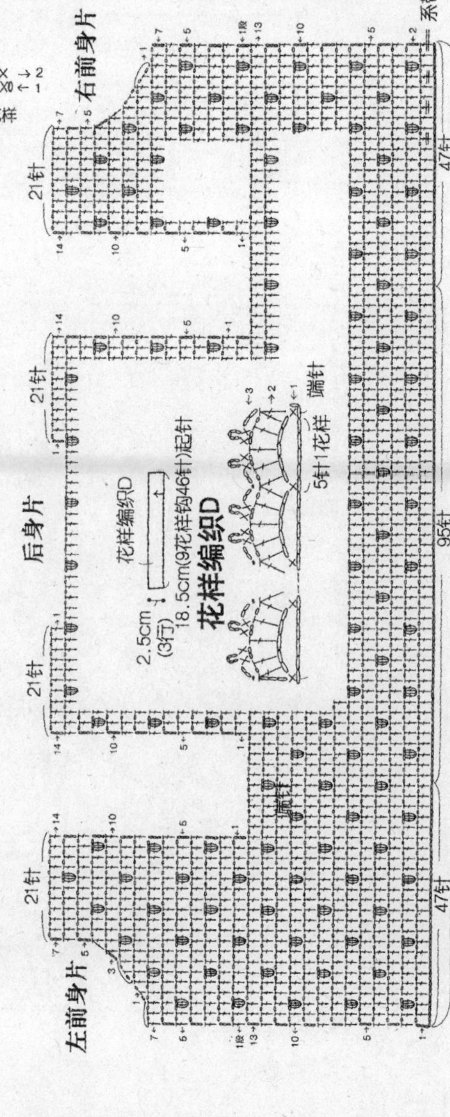

右前身片
系带
花样编织A
后身片
花样编织D
18.5cm(9花样钩46针)起针
5针1花样
左前身片
95针
189针
47针
21针

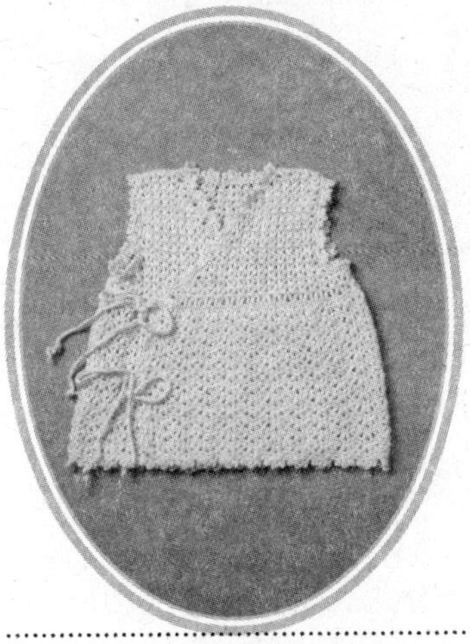

NO.3
粉色系带背心

彩图见 第8页

工具
3/0号钩针

成品尺寸
衣长36cm、胸围52cm、背肩宽19cm

材料
圣斯曼精装亲肤型童装绒线
粉色170g

编织密度
花样编织A 30针×11行/10cm
花样编织B 23针×13行/10cm

结构图

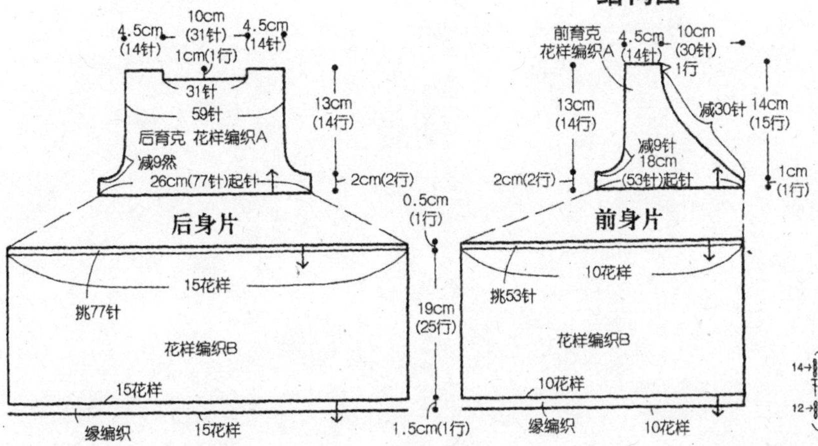

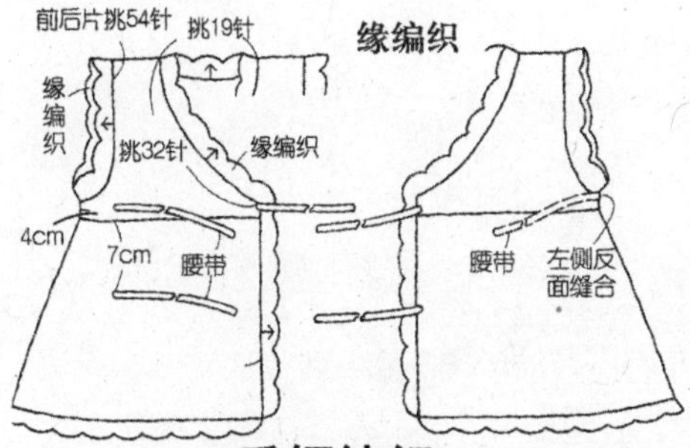

后领编织

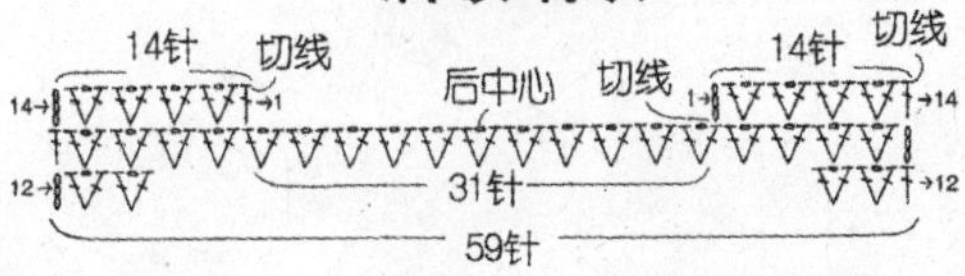

系带

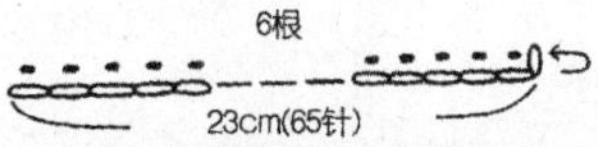

★袖片的减针方法相同

右前育克

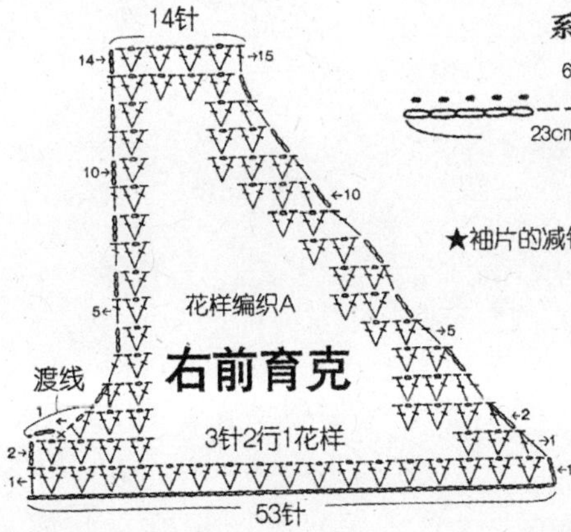

左前育克

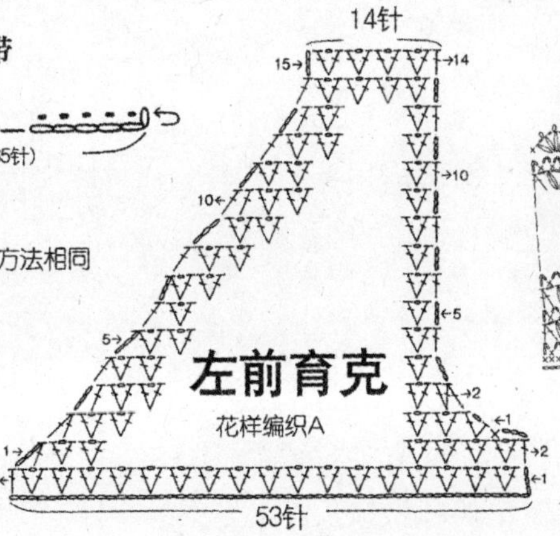

左右前身片编织

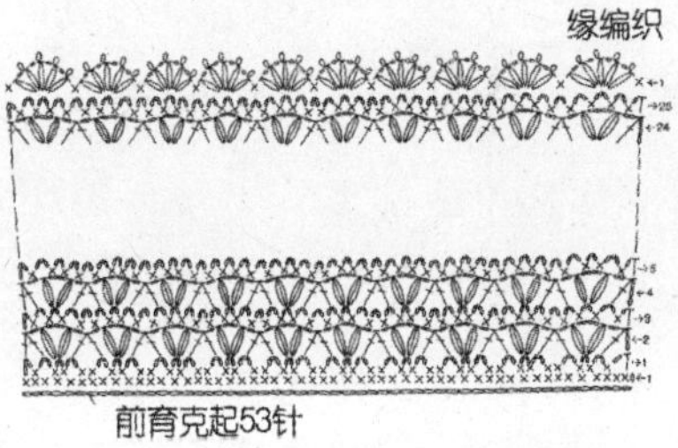

缘编织
领、前衣襟

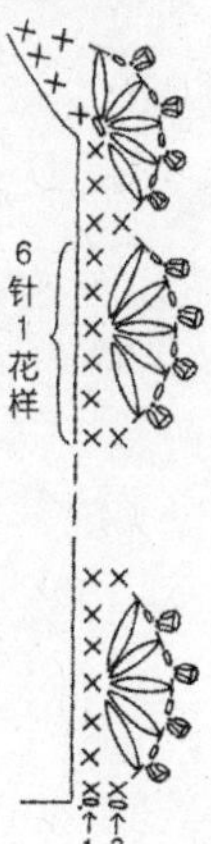

后身片编织
花样编织B

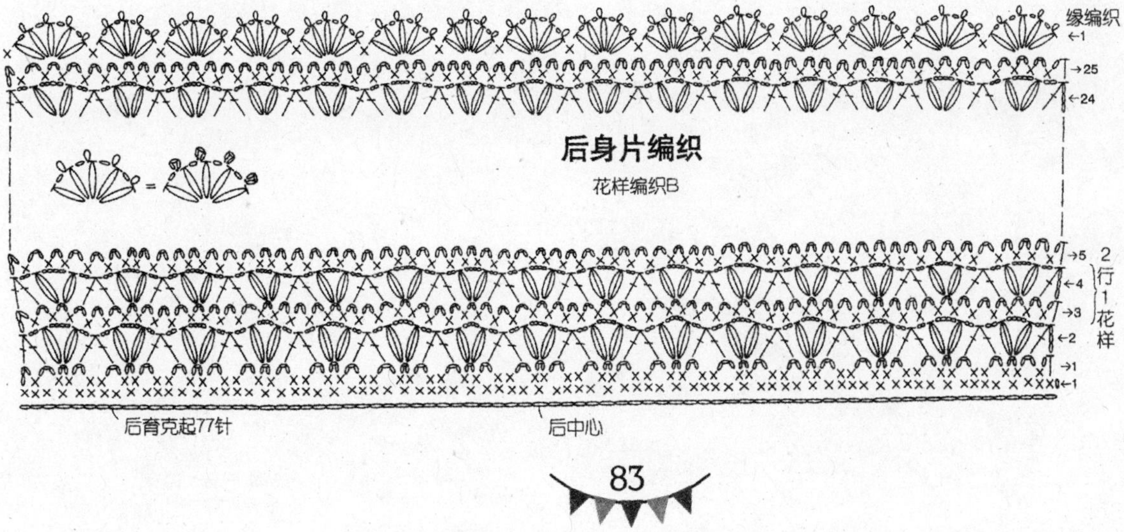

NO.4
浅黄色钩花裙
彩图见 第9页

工具
4/0号钩针

成品尺寸
衣长37.5cm、胸围52cm、肩袖长34cm

材料
圣斯曼精装亲肤型童装绒线浅黄色170g；直径为8mm的纽扣2颗

编织密度
花样编织A 20针×12行/10cm
花样编织B 27针×14.5行/10cm

结构图

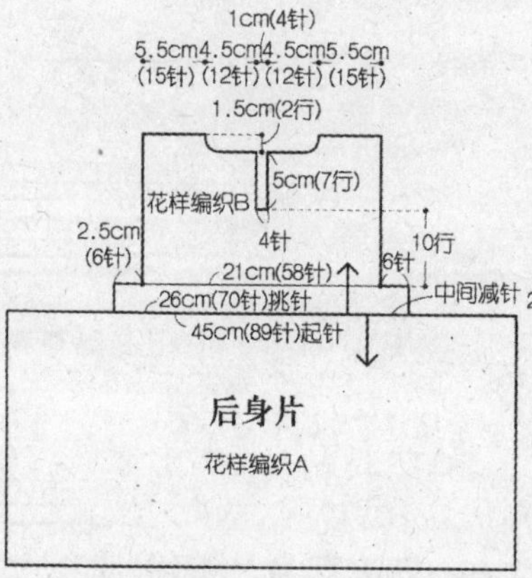
1cm(4针)
5.5cm 4.5cm 4.5cm 5.5cm
(15针) (12针) (12针) (15针)
1.5cm(2行)
5cm(7行)
花样编织B
2.5cm
(6针)
4针
10行
6针
21cm(58针)
26cm(70针)挑针
中间减针
45cm(89针)起针
后身片
花样编织A

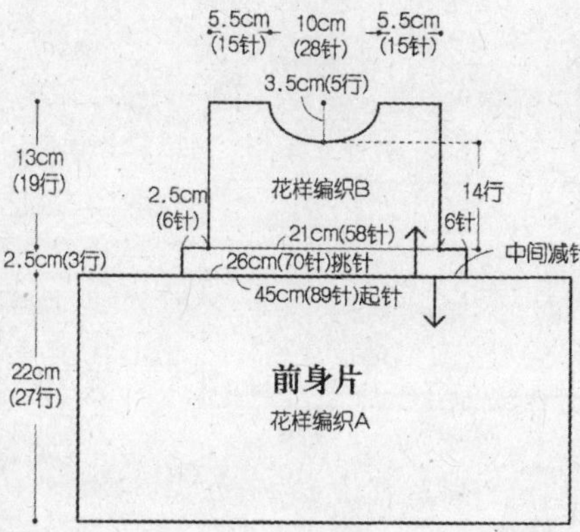
5.5cm 10cm 5.5cm
(15针) (28针) (15针)
3.5cm(5行)
13cm
(19行)
花样编织B
2.5cm
(6针)
14行
6针
21cm(58针)
26cm(70针)挑针
中间减针
2.5cm(3行)
45cm(89针)起针
22cm
(27行)
前身片
花样编织A

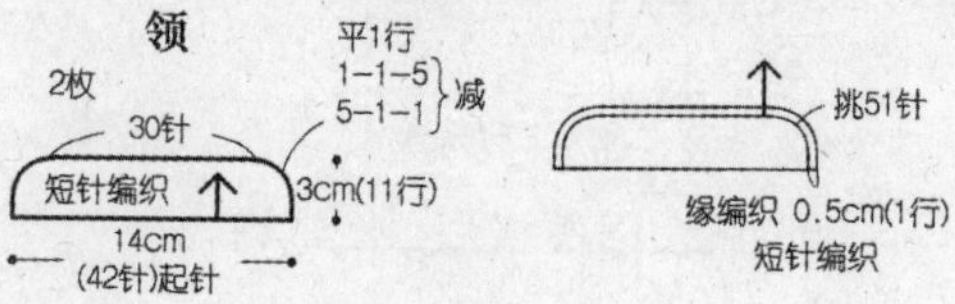
领
2枚
平1行
1-1-5
5-1-1
减
30针
短针编织
3cm(11行)
14cm
(42针)起针
挑51针
缘编织 0.5cm(1行)
短针编织

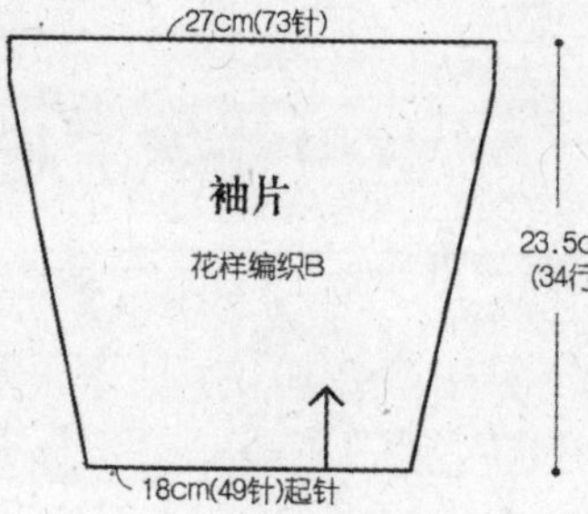
27cm(73针)
袖片
花样编织B
23.5cm
(34行)
18cm(49针)起针

后身片短针挑针
缝合

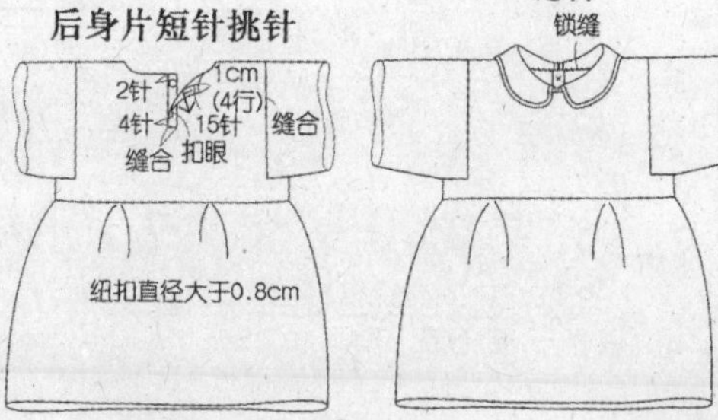
2针
1cm
(4行)
4针
15针
缝合
扣眼
缝合
纽扣直径大于0.8cm
锁缝

前领口的减针

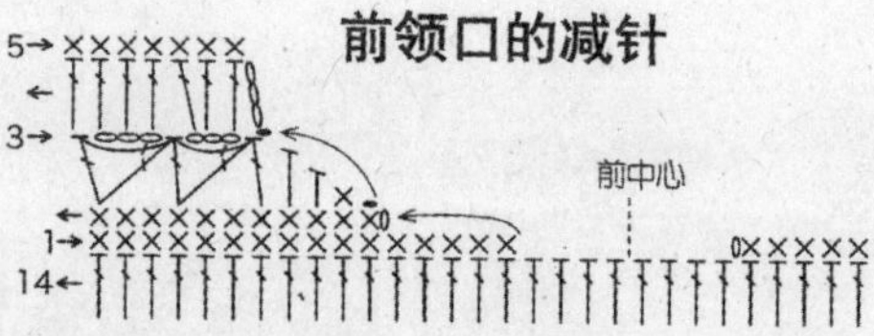
前中心

袖片的加针

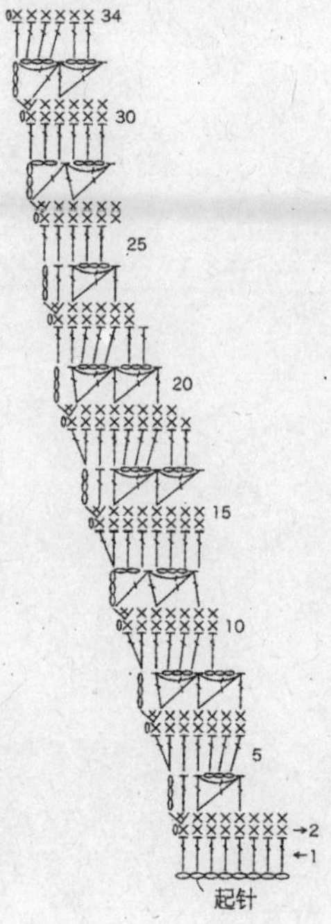
34
30
25
20
15
10
5
起针

花样编织A

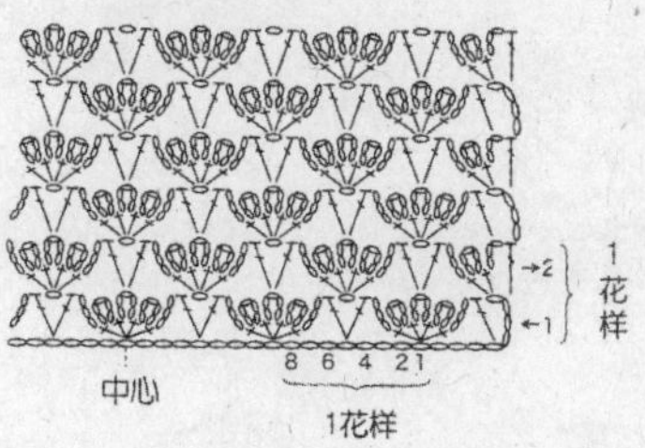
1花样
中心
8 6 4 2 1
1花样

后领口减针

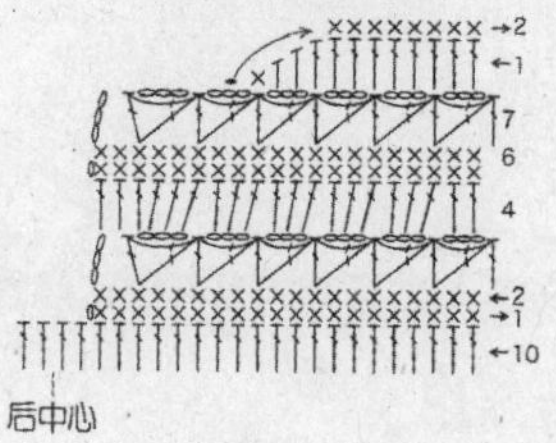
后中心

花样编织B

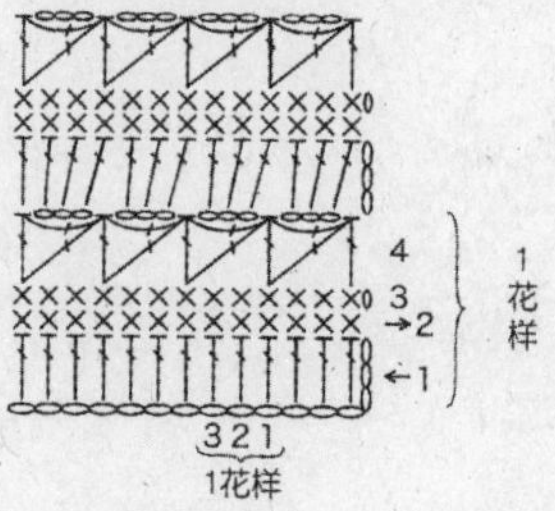
1花样
3 2 1
1花样

扣眼编织

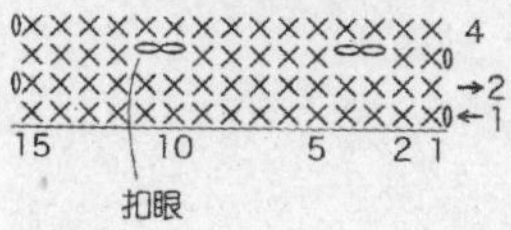
15 10 5 2 1
扣眼

花样编织B的挑针

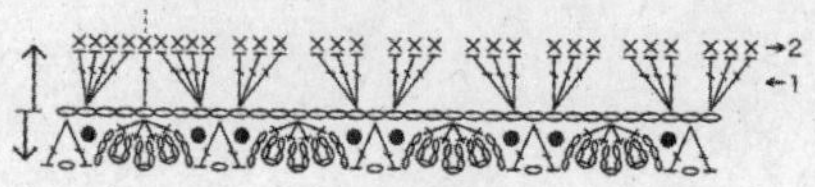
中心

NO.5 经典白色套头衫

彩图见 第10页

工具

6号棒针

成品尺寸

衣长34cm、胸围62cm、肩袖长44.5cm

材料

圣斯曼精装亲肤型童装绒线

白色250g

编织密度

花样编织 26针×31行/10cm

下针编织 23 针×31行/10cm

结构图

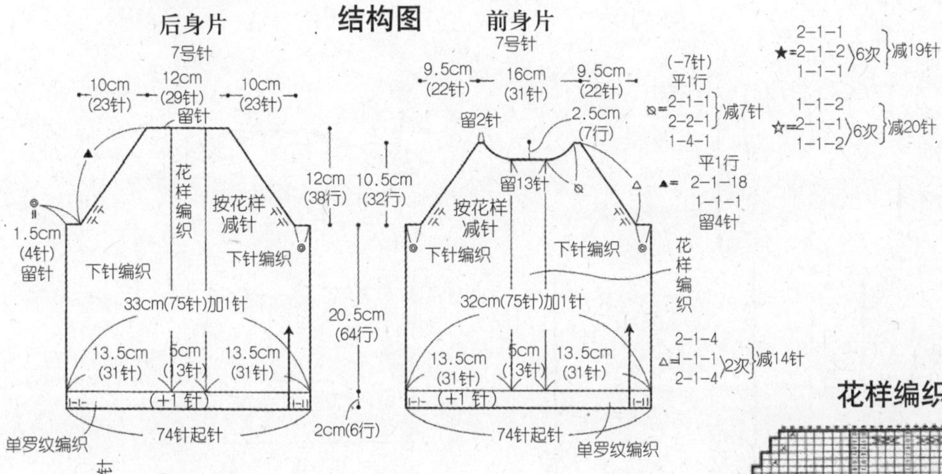

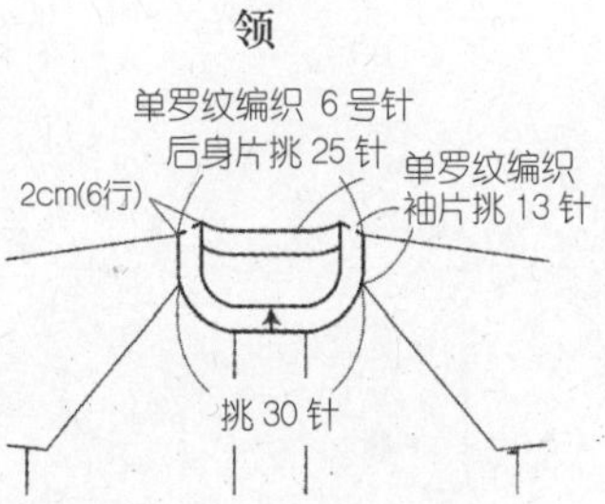

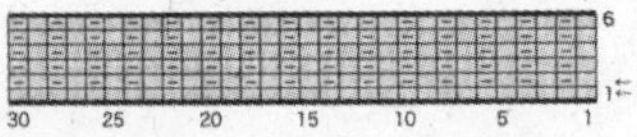

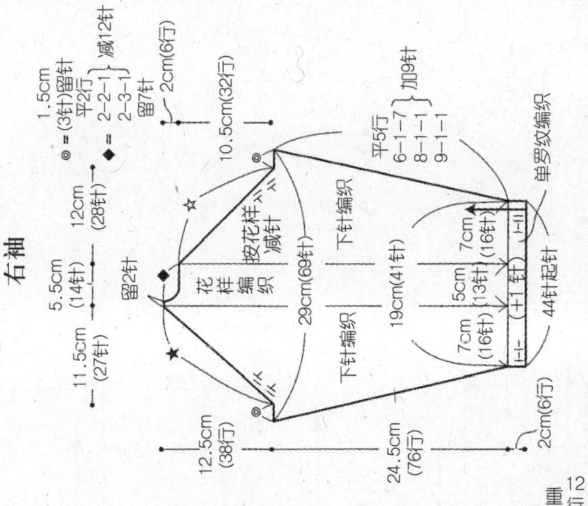

花样编织

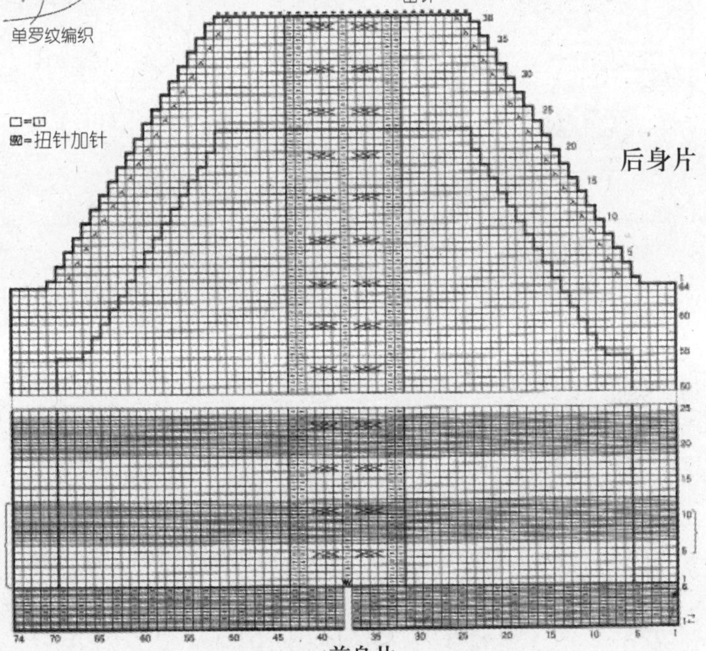

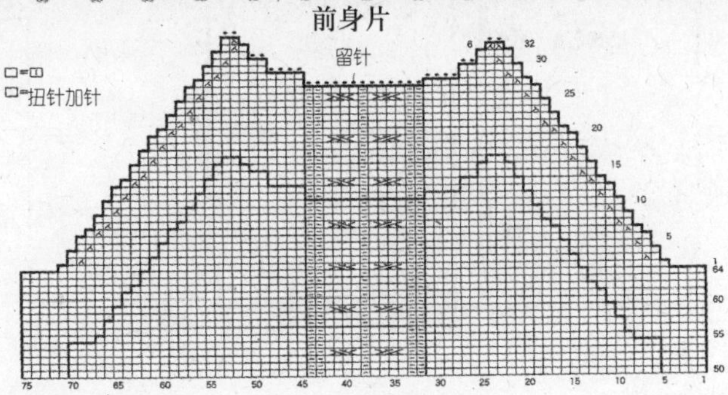

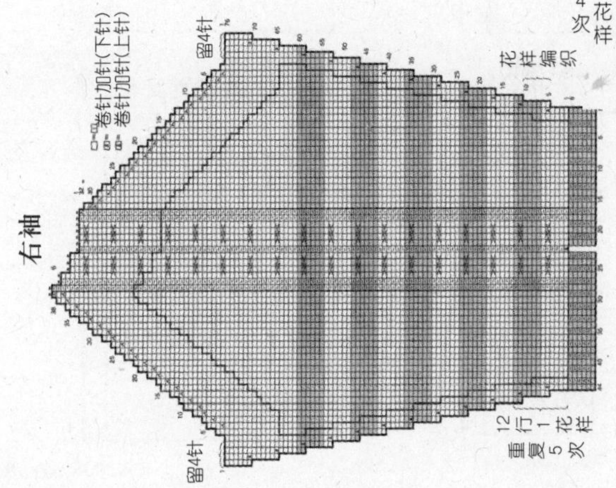

NO.6
学院风菱格开衫
彩图见 第11页

工具
3.6mm棒针

成品尺寸
衣长43cm、胸围82.5cm、背肩宽32.5cm、袖长35.5cm

材料
中粗羊毛线深蓝色300g，红色、蓝色、白色各10g，纽扣4颗

编织密度
花样编织A、B，下针编织，双罗纹编织
25针×38行/10cm

结构图

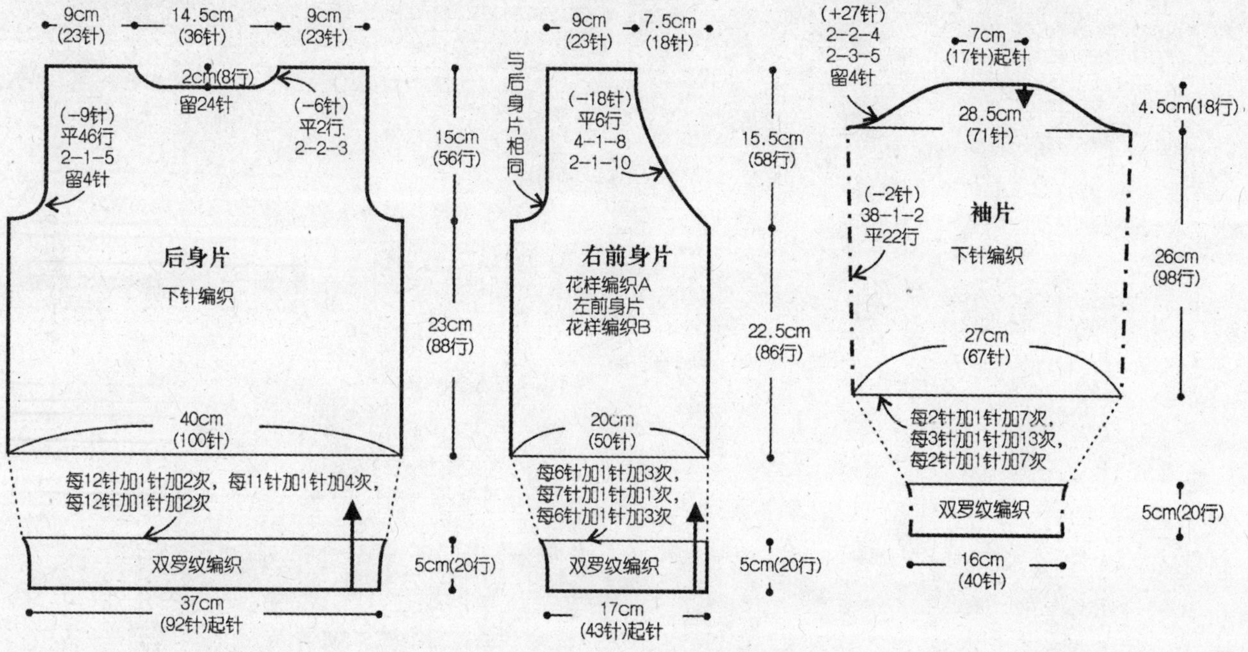

9cm (23针)
14.5cm (36针)
9cm (23针)
2cm(8行)
留24针
(−6针)
平2行
2-2-3
(−9针)
平46行
2-1-5
留4针
15cm (56行)
23cm (88行)
后身片
下针编织
40cm (100针)
每12针加1针加2次，每11针加1针加4次，
每12针加1针加2次
双罗纹编织
37cm (92针)起针
5cm(20行)
9cm (23针)
7.5cm (18针)
与后身片相同
(−18针)
平6行
4-1-8
2-1-10
15.5cm (58行)
右前身片
花样编织A
左前身片
花样编织B
22.5cm (86行)
20cm (50针)
每6针加1针加3次，
每7针加1针加1次，
每6针加1针加3次
双罗纹编织
5cm(20行)
17cm (43针)起针
(+27针)
2-2-4
2-3-5
留4针
7cm (17针)起针
28.5cm (71针)
4.5cm(18行)
(−2针)
38-1-2
平22行
袖片
下针编织
26cm (98行)
27cm (67针)
每2针加1针加7次，
每3针加1针加13次，
每2针加1针加7次
双罗纹编织
5cm(20行)
16cm (40针)

袖口配色表

深蓝色	14行
蓝色	2行
红色	2行
蓝色	2行

下摆配色表

蓝色	2行
红色	2行
蓝色	2行
深蓝色	14行

款式图

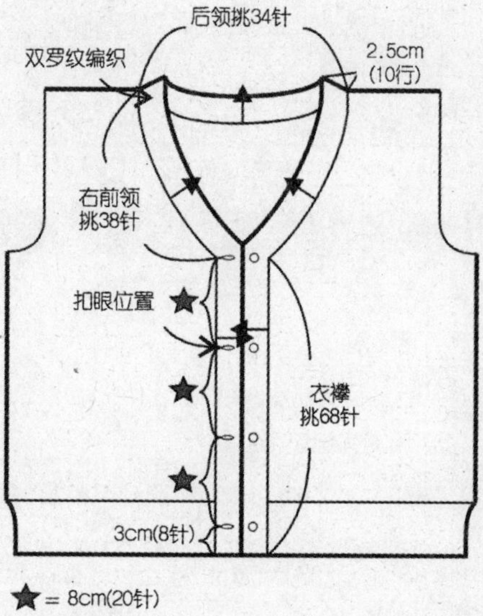

后领挑34针
双罗纹编织
2.5cm (10行)
右前领挑38针
扣眼位置
衣襟挑68针
3cm(8针)
★ = 8cm(20针)

衣襟、领子配色表

深蓝色	2行
蓝色	2行
红色	2行
蓝色	2行
深蓝色	2行

左袖配色表

深蓝色	40行
红色	8行
深蓝色	1行
蓝色	8行
深蓝色	59行

花样编织A

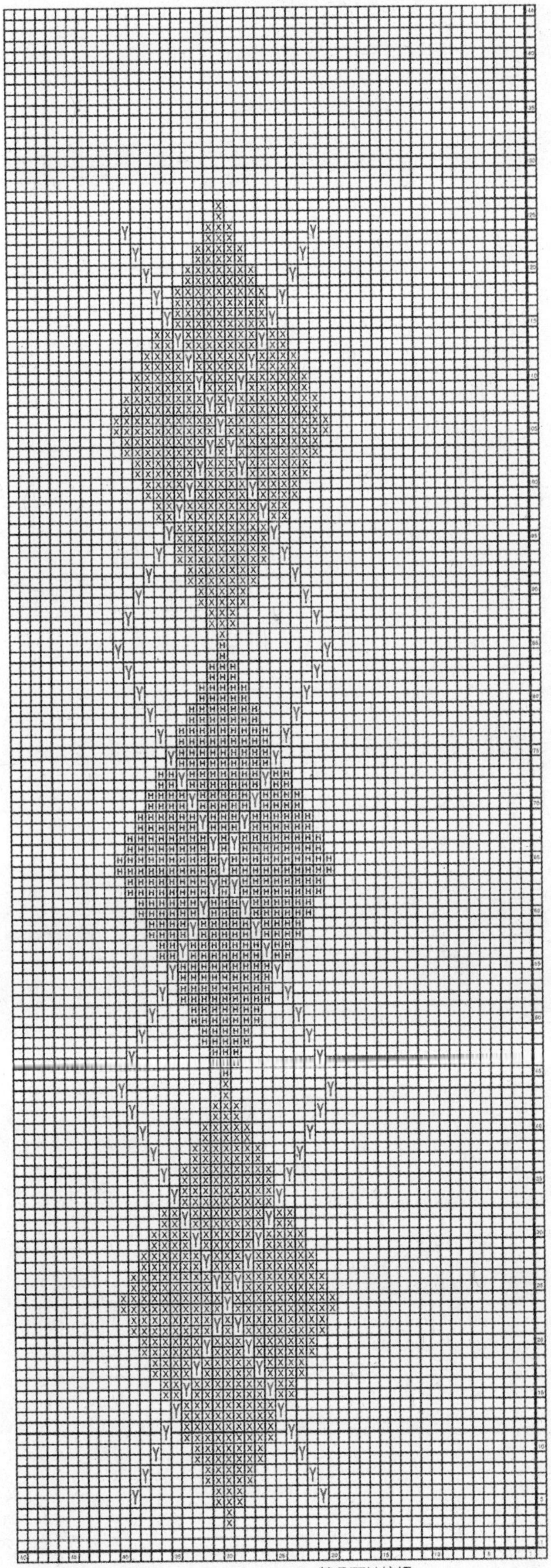

花样编织B

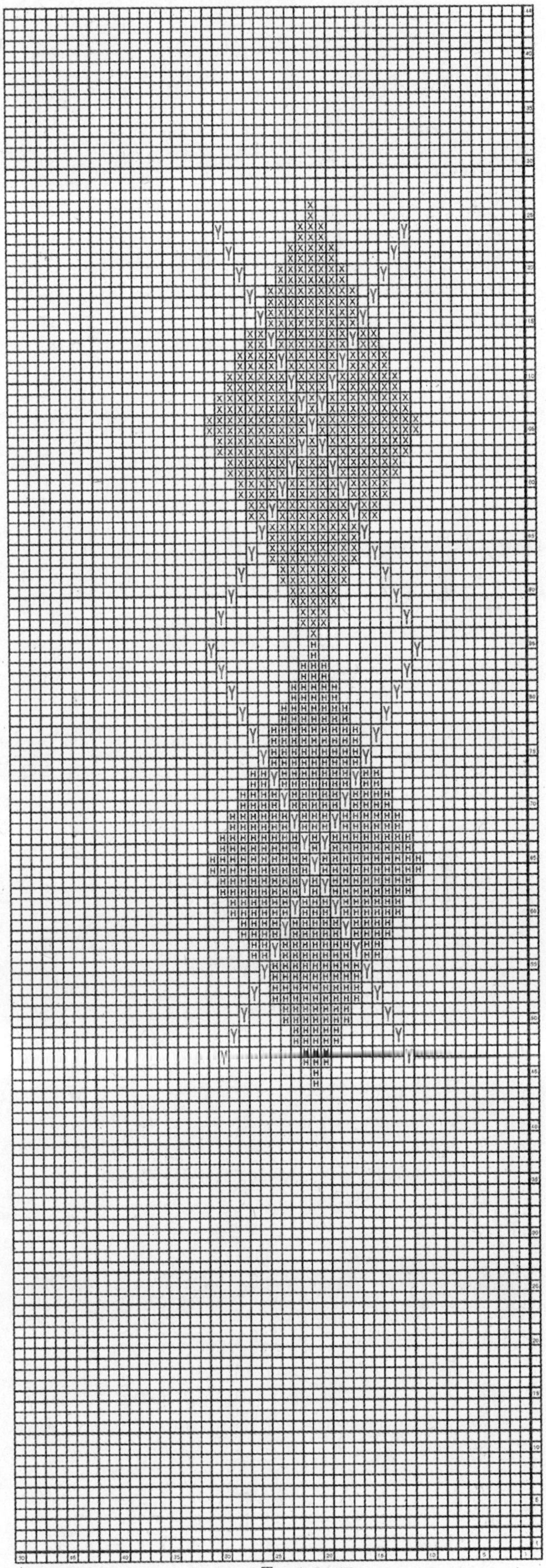

□=深蓝色下针编织　⊠=蓝色下针编织　⊞=红色下针编织　Y =白色刺绣

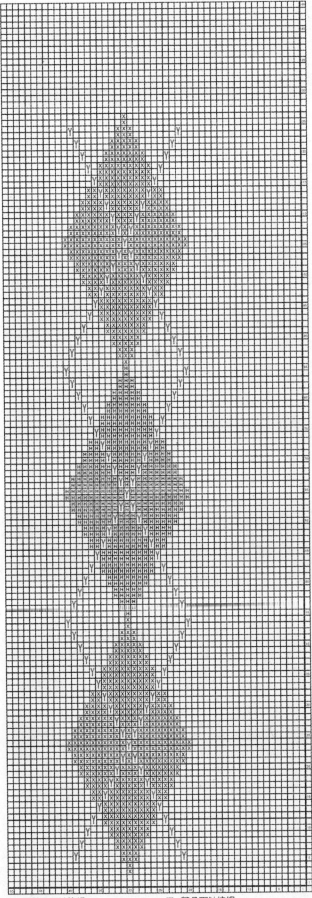

NO.7

灰色流苏背心短裙套装

彩图见 第12页

材料

背心 中粗羊毛线深灰色150g，蝴蝶形纽扣3颗

裙子 中粗羊毛线深灰色150g

工具

背心 3.6mm棒针 裙子 3.9mm棒针

成品尺寸

背心 衣长26.5cm、胸围60cm、背肩宽23cm

裙子 裙长24cm、腰围46.5cm、臀围59cm

编织密度

背心 花样编织C、上下针编织、双罗纹编织 20针×34行/10cm

裙子 花样编织A 20针×34行/10cm

花样编织B 25针×34行/10cm

花样编织A

背心

□=⊟

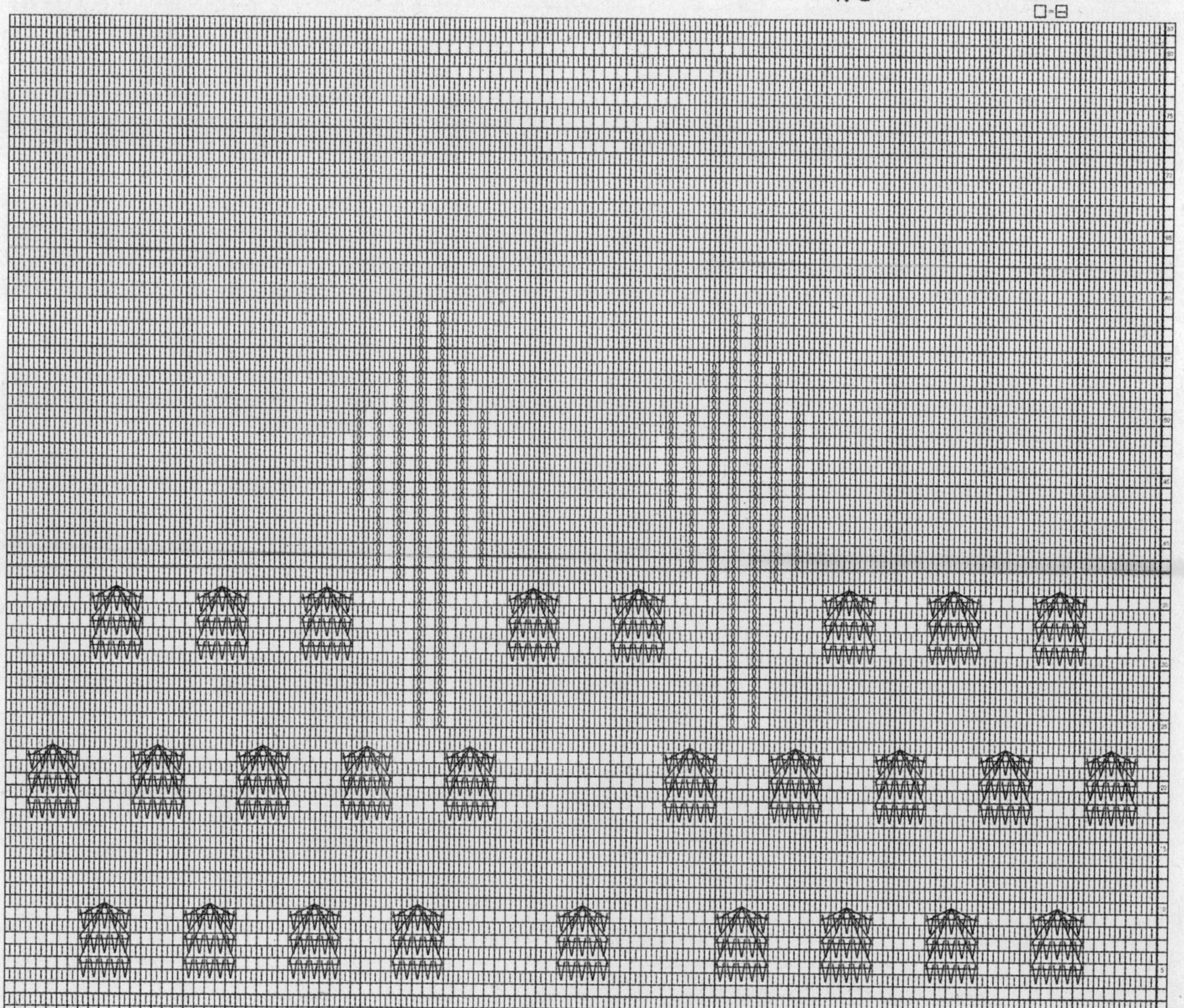

结构图

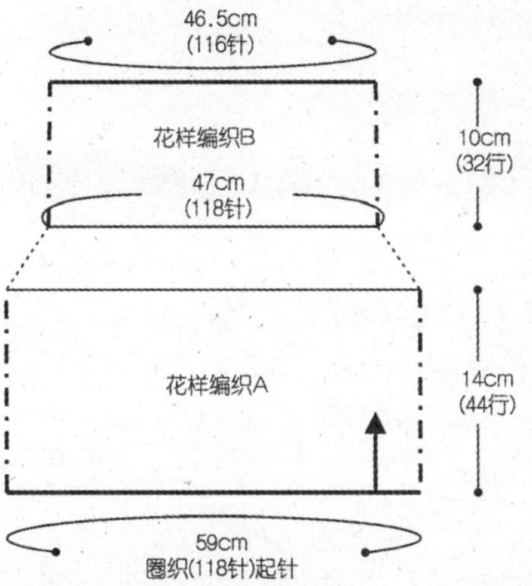

46.5cm
(116针)
花样编织B
47cm
(118针)
10cm
(32行)
花样编织A
14cm
(44行)
59cm
圈织(118针)起针

花样编织A 裙子

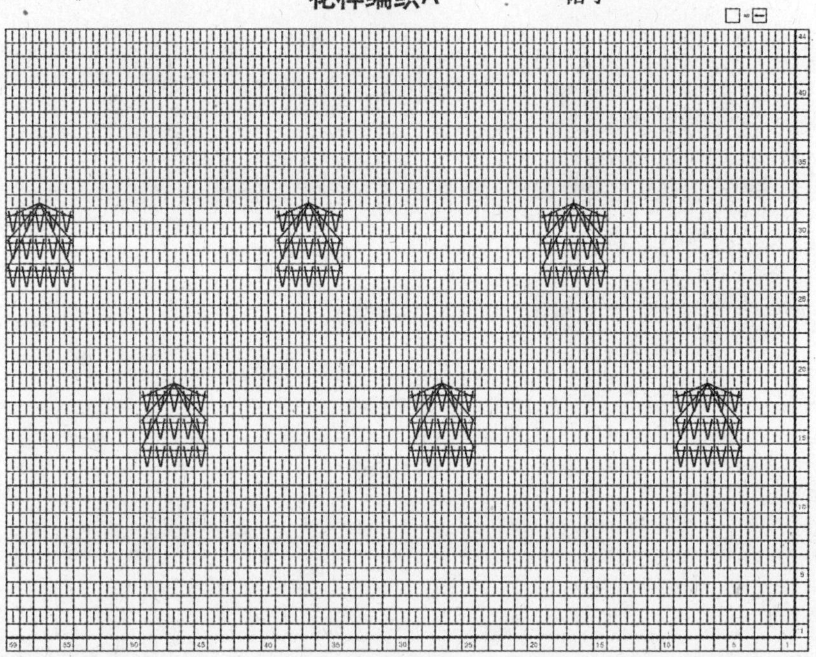

□=⊟

裙子款式图

背心款式图

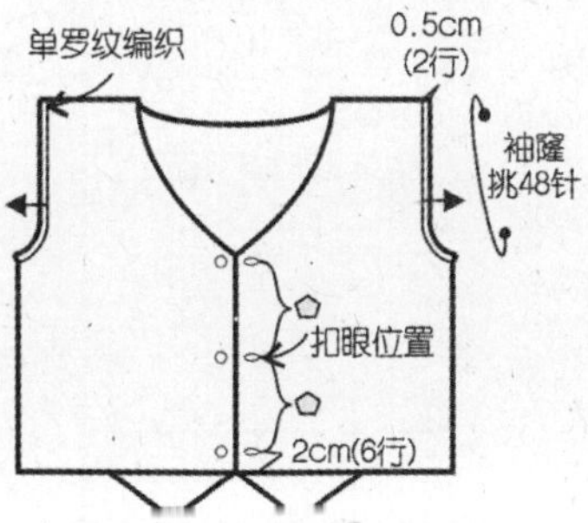

单罗纹编织
0.5cm
(2行)
袖窿
挑48针
扣眼位置
2cm(6行)
⬠＝6cm(21行)

花样编织B 裙子

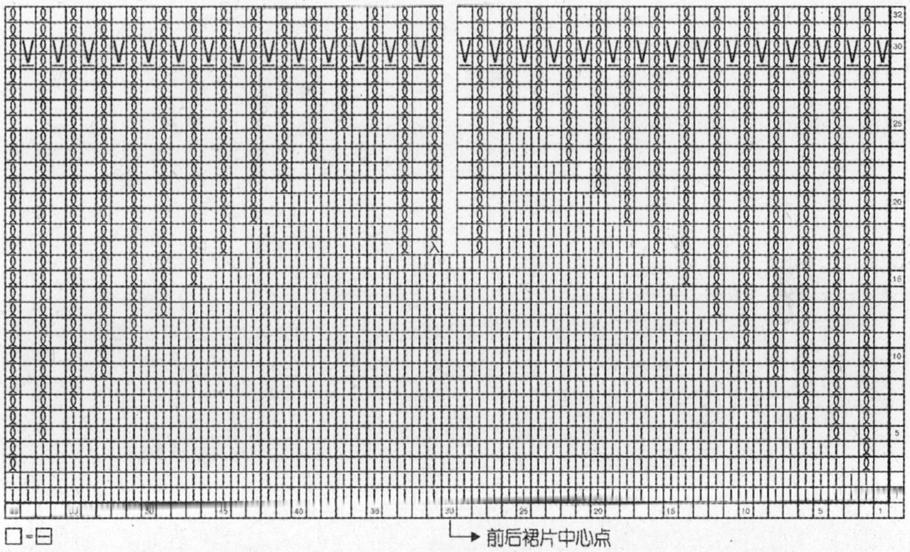

□=⊟
前后裙片中心点

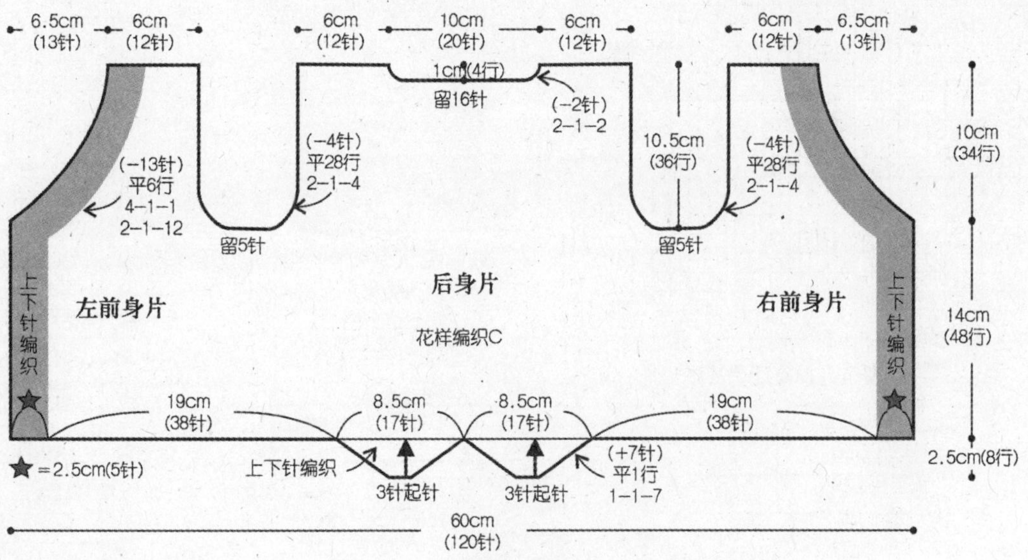

6.5cm
(13针)
6cm
(12针)
6cm
(12针)
10cm
(20针)
6cm
(12针)
6cm
(12针)
6.5cm
(13针)
1cm(4行)
留16针
(−2针)
2-1-2
(−13针)
平6行
4-1-1
2-1-12
(−4针)
平28行
2-1-4
10.5cm
(36行)
(−4针)
平28行
2-1-4
10cm
(34行)
留5针
留5针
左前身片
后身片
右前身片
花样编织C
上下针编织
上下针编织
14cm
(48行)
19cm
(38针)
8.5cm
(17针)
8.5cm
(17针)
19cm
(38针)
★＝2.5cm(5针)
上下针编织
3针起针
3针起针
(+7针)
平1行
1-1-7
2.5cm(8行)
60cm
(120针)

NO.8
深棕色竖条纹背心
彩图见 第13页

工具
3.6mm棒针

成品尺寸
衣长37cm、胸围64cm、背肩宽28.5cm

材料
中粗羊毛线深棕色180g、花色线适量

编织密度
花样编织A、B，双罗纹编织
25针×35行/10cm

结构图
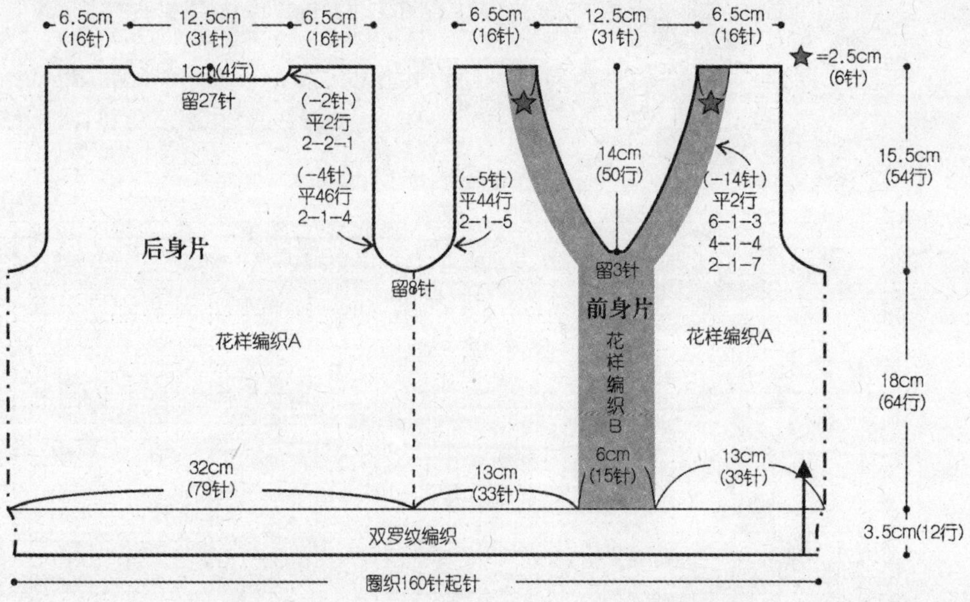

6.5cm (16针)
12.5cm (31针)
6.5cm (16针)
1cm (4行)
留27针
(−2针) 平2行 2-2-1
(−4针) 平46行 2-1-4
后身片
留8针
花样编织A
32cm (79针)
6.5cm (16针)
12.5cm (31针)
6.5cm (16针)
★=2.5cm (6针)
14cm (50行)
(−5针) 平44行 2-1-5
(−14针) 平2行 6-1-3 4-1-4 2-1-7
留3针
前身片
花样编织B
花样编织A
6cm (15针)
13cm (33针)
13cm (33针)
15.5cm (54行)
18cm (64行)
3.5cm(12行)
双罗纹编织
圈织160针起针

花样编织B
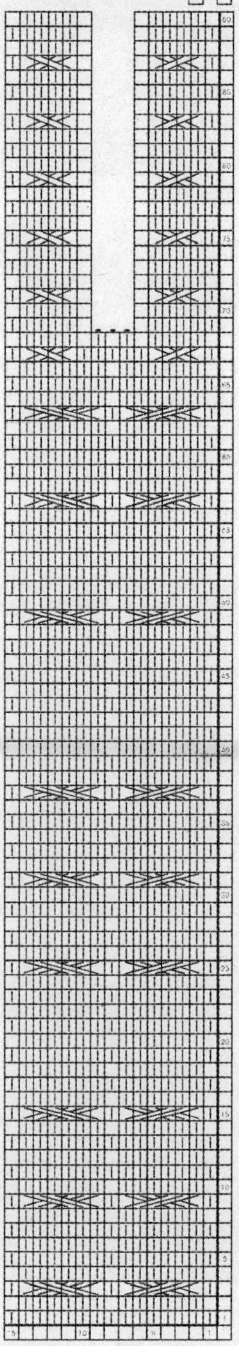

花样编织A
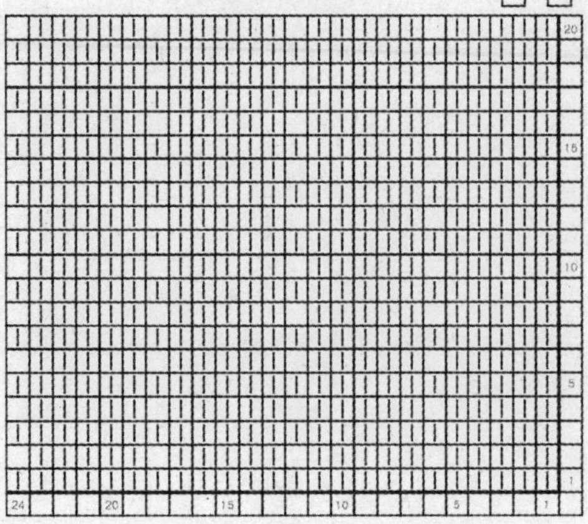

款式图
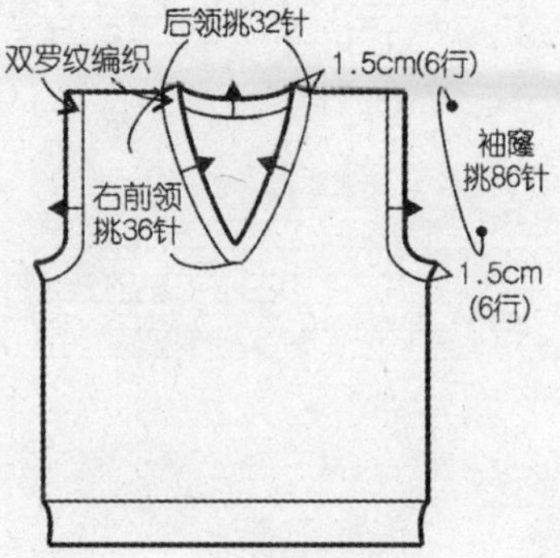

后领挑32针
双罗纹编织
1.5cm(6行)
袖窿 挑86针
右前领 挑36针
1.5cm (6行)

领口、袖窿配色

深棕色	2行
花色线	2行
深棕色	2行

下摆配色

深棕色	2行
花色线	2行
深棕啡色	2行
花色线	2行
深棕色	4行

NO.9
橘色镂空花样开衫

彩图见 第14页

工具

3.6mm棒针，1.5/0号钩针

成品尺寸

衣长29cm、胸围59.5cm、背肩宽25.5cm、袖长19cm

材料

中粗羊毛线橘色150g

编织密度

花样编织A、B，上下针编织
24针×40行/10cm

缘编织

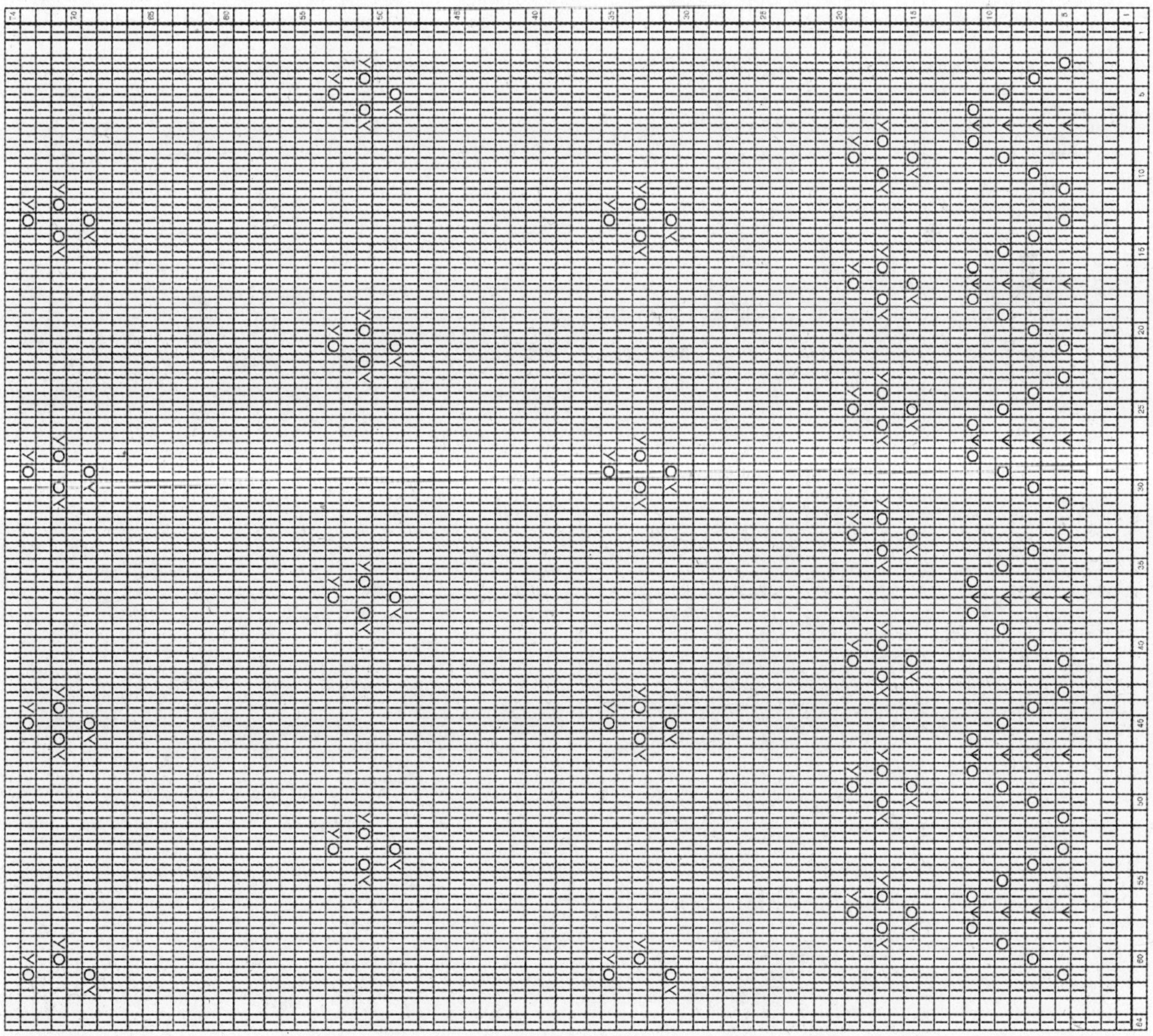

花样编织A

结构图

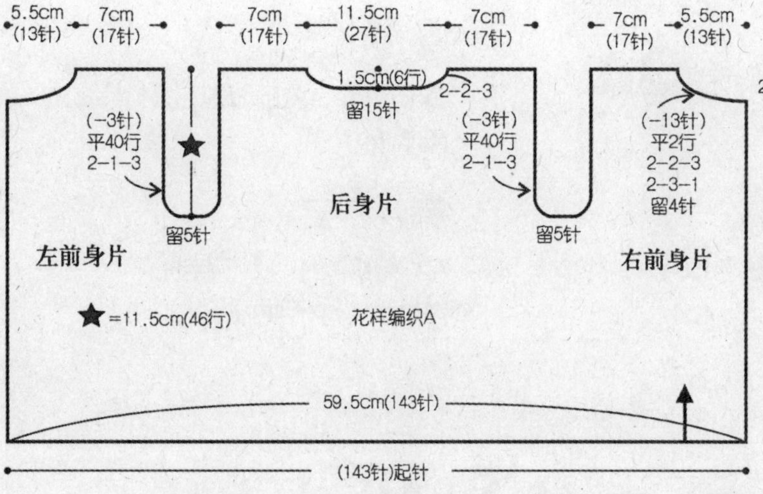
5.5cm (13针)
7cm (17针)
7cm (17针)
11.5cm (27针)
7cm (17针)
7cm (17针)
5.5cm (13针)
1.5cm(6行)
2-2-3
留15针
(-3针) 平40行 2-1-3
(-3针) 平40行 2-1-3
(-13针) 平2行 2-2-3 2-3-1 留4针
2.5cm(10行)
留5针
留5针
后身片
左前身片
右前身片
26.5cm (106行)
★=11.5cm(46行)
花样编织A
59.5cm(143针)
(143针)起针

款式图

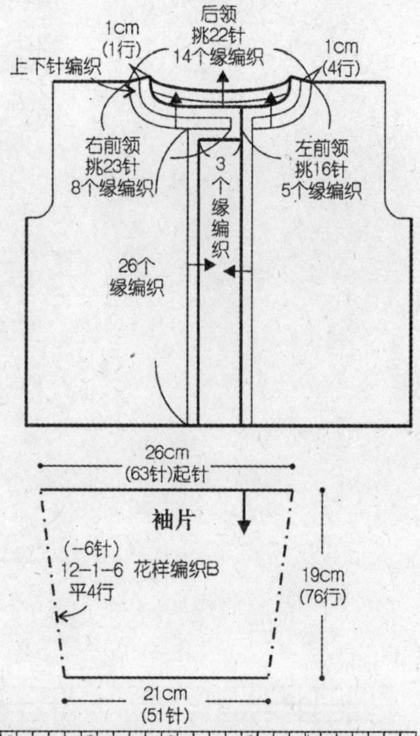
后领 挑22针 14个缘编织
1cm (1行)
1cm (4行)
上下针编织
右前领 挑23针 8个缘编织
左前领 挑16针 5个缘编织
3个缘编织
26个缘编织
26cm (63针)起针
袖片
(-6针) 12-1-6 平4行
花样编织B
19cm (76行)
21cm (51针)

花样编织B

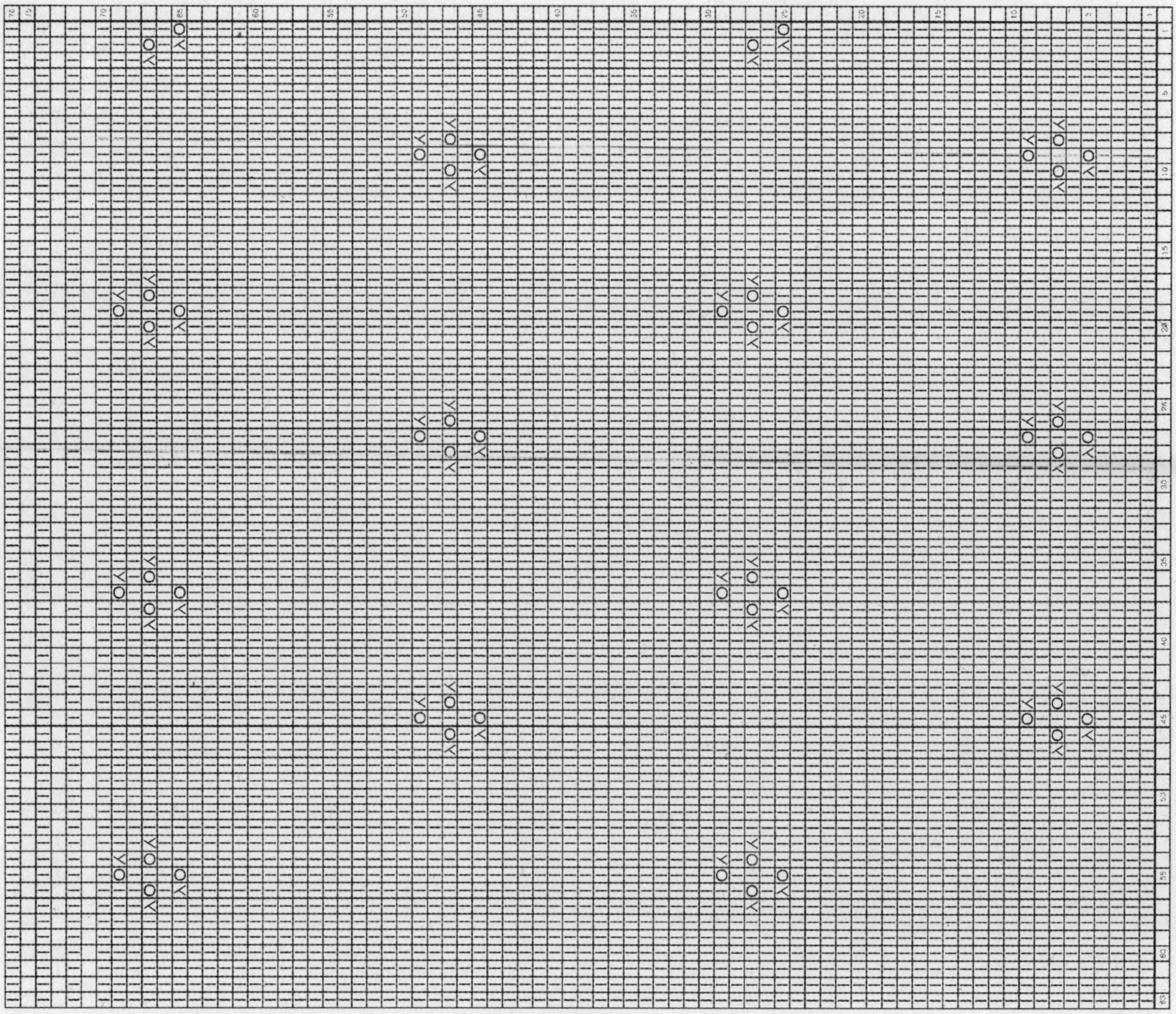
□=□

NO.10 可爱草莓帽

彩图见 第15页

工具

4.2mm棒针

成品尺寸

帽深16cm、帽围44cm

材料

中粗羊毛线红色50g、绿色20g、白色适量

编织密度

花样编织A、B，单罗纹编织
22针×30行/10cm

结构图

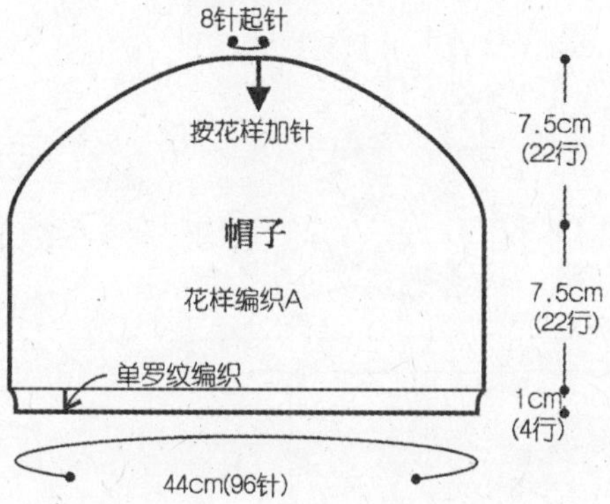
8针起针
按花样加针
帽子
花样编织A
单罗纹编织
7.5cm
(22行)
7.5cm
(22行)
1cm
(4行)
44cm(96针)

款式图

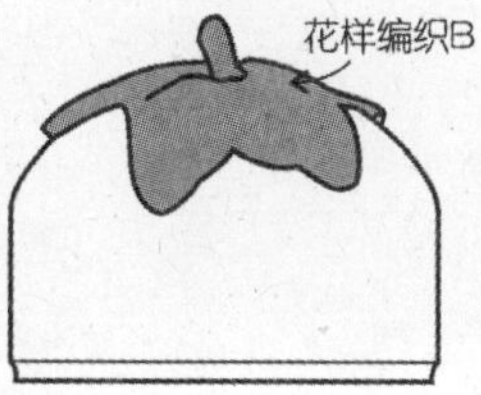
花样编织B

花样编织A

H=白色刺绣　I=红色下针编织

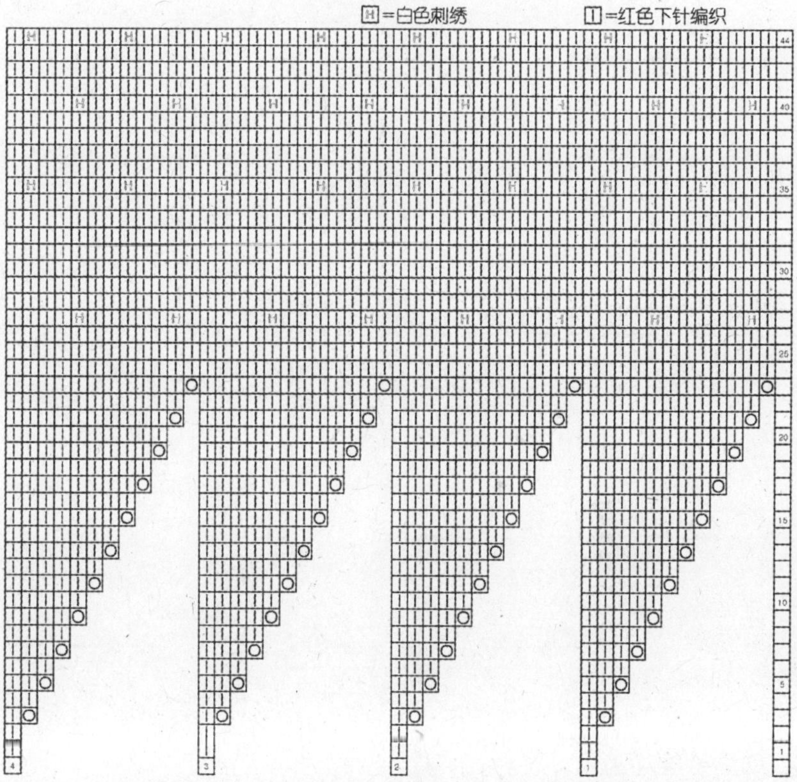

花样编织B

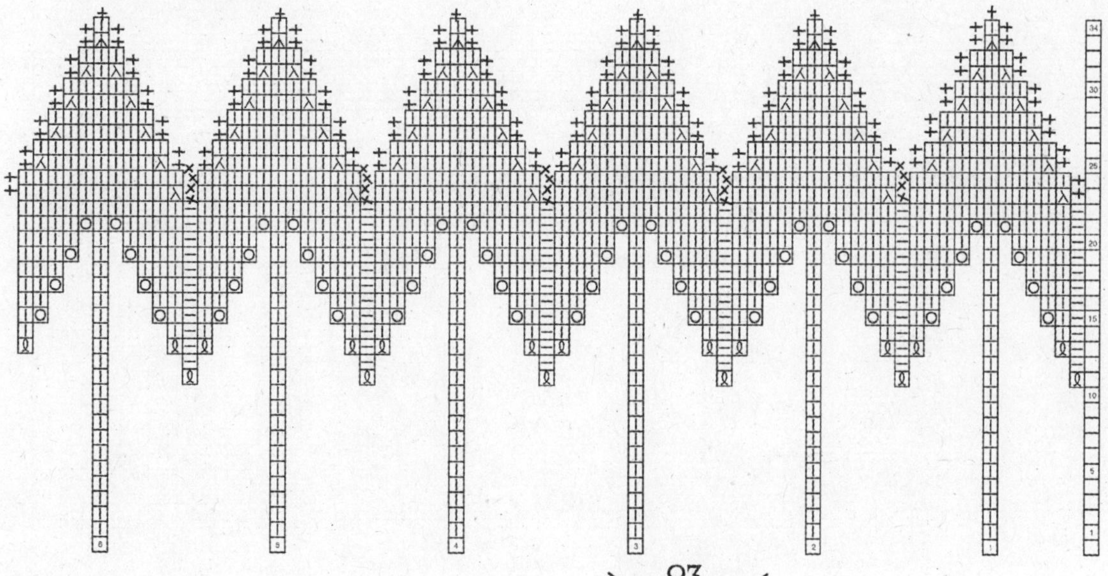

单罗纹配色

绿色	1行
红色	3行

NO.11 大红色长筒虎头鞋

彩图见 第16页

工具

4.5mm棒针，2.5/0号钩针

成品尺寸

鞋长14cm、鞋高14cm

材料

中粗羊毛线大红色100g，白色、黄色、黑色各适量

编织密度

花样编织、上下针编织
20针×28行/10cm

结构图

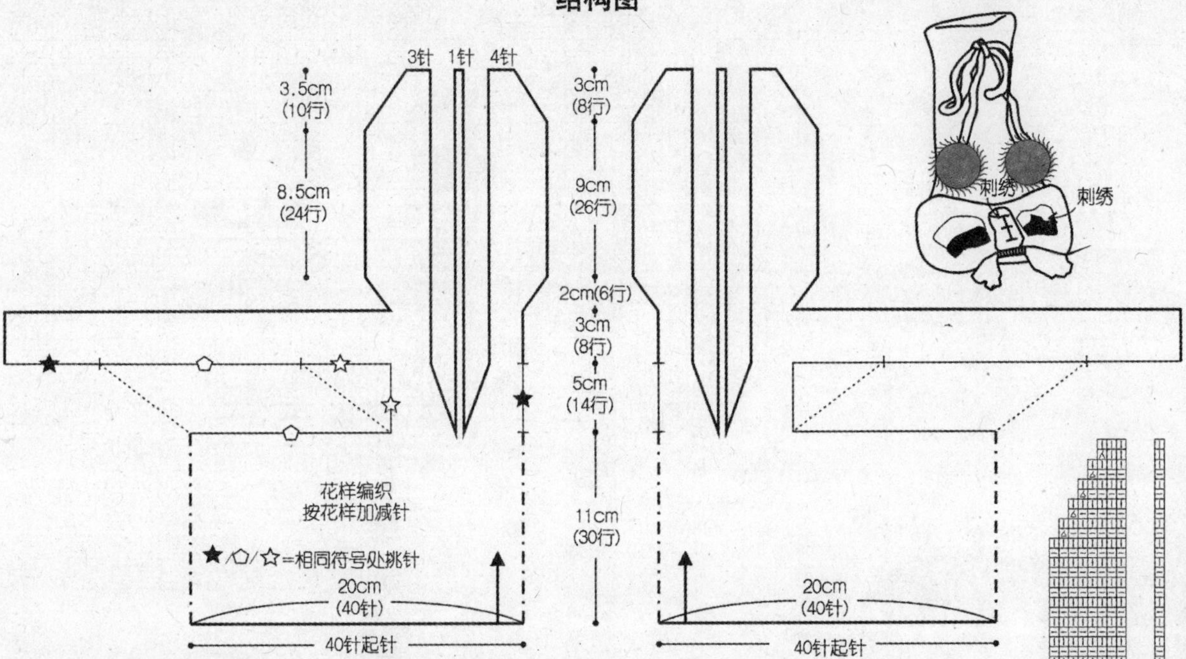

3针 1针 4针
3.5cm (10行)
8.5cm (24行)
3cm (8行)
9cm (26行)
2cm(6行)
3cm (8行)
5cm (14行)
11cm (30行)
花样编织
按花样加减针
★/⬠/☆=相同符号处挑针
20cm (40针)
40针起针
款式图
刺绣
刺绣

绒球的制作方法

①
6cm
将厚纸板剪成"U"形，毛线卷绕40~50圈。
②
在中间扎紧打结。
③
剪断
将上下两端剪开。
④
修剪整齐。

花样编织

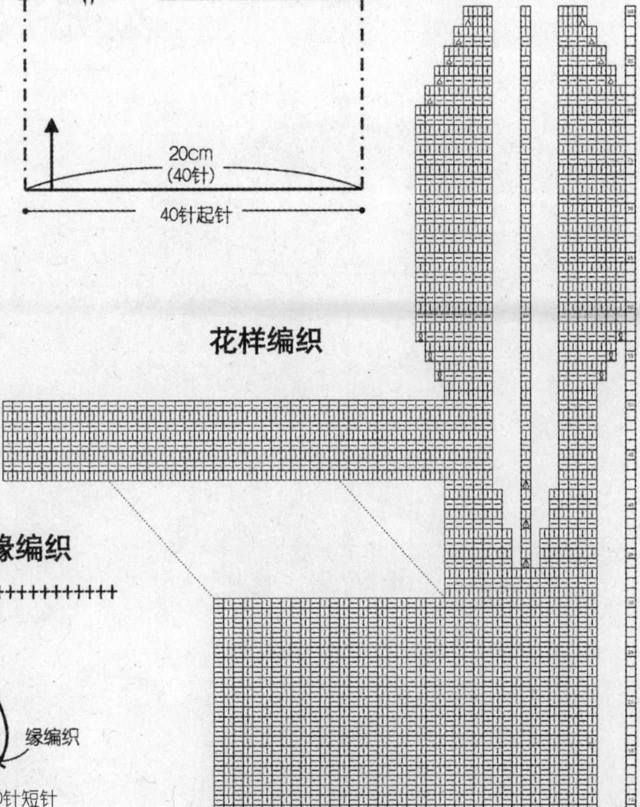

缘编织

++++++++++++++++

1个花样

虎头

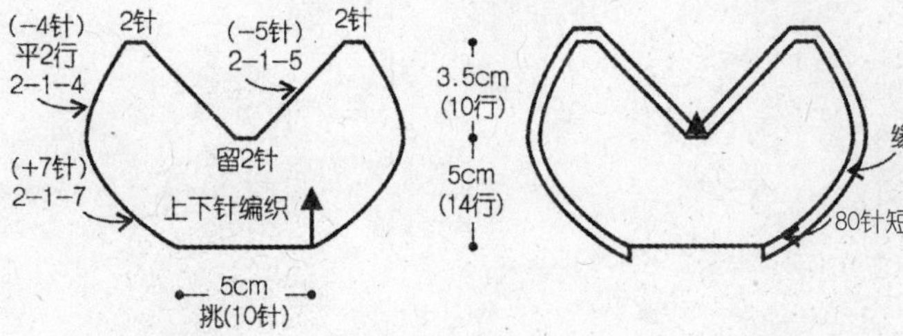

(−4针)
平2行
2-1-4
2针
(−5针)
2-1-5
2针
留2针
(+7针)
2-1-7
上下针编织
5cm
挑(10针)
3.5cm (10行)
5cm (14行)
缘编织
80针短针

NO.12 小蜻蜓长筒婴儿鞋

彩图见 第17页

工具

3.9mm棒针

成品尺寸

鞋长13.5cm、鞋高16cm

材料

中粗羊毛线黄色100g，褐色、淡黄色、黑色、浅紫色各适量

编织密度

花样编织A　20针×31行/10cm

花样编织B　直径4cm

结构图

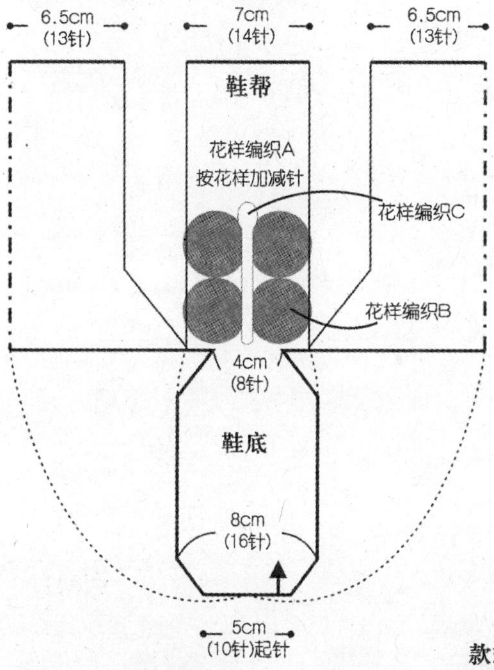

6.5cm
(13针)
7cm
(14针)
6.5cm
(13针)
鞋帮
花样编织A
按花样加减针
花样编织C
花样编织B
4cm
(8针)
鞋底
8cm
(16针)
5cm
(10针)起针
16cm
(50行)
2.5cm(8行)
9cm
(28行)
2cm(6行)

花样编织A

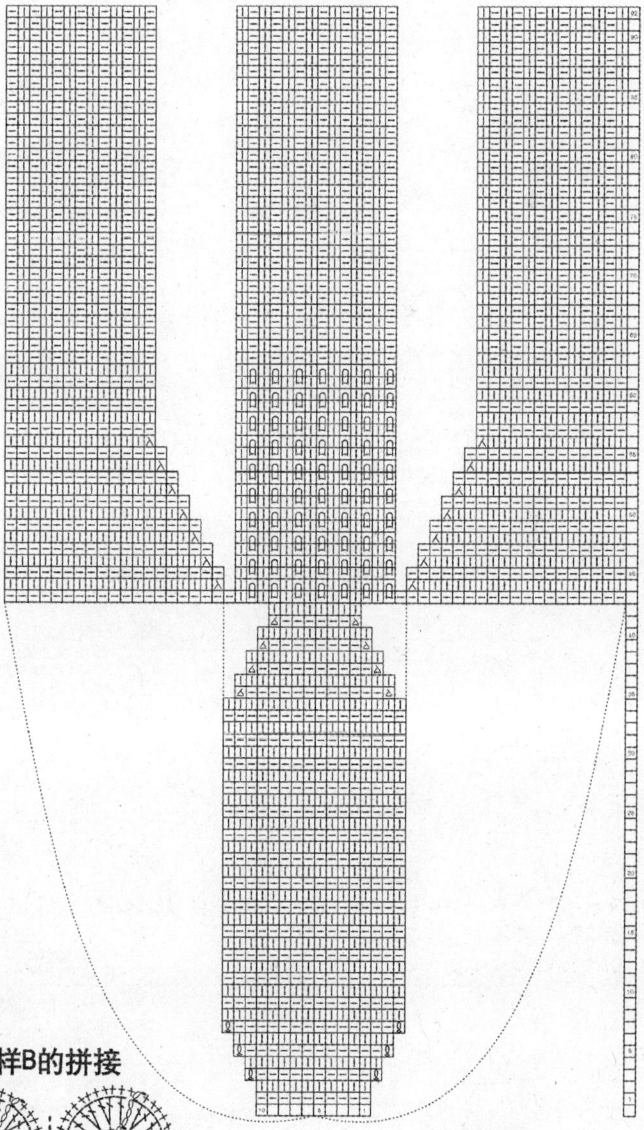

系带编织

150针锁针

款式图

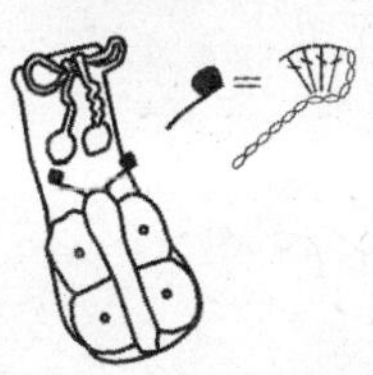

花样编织C

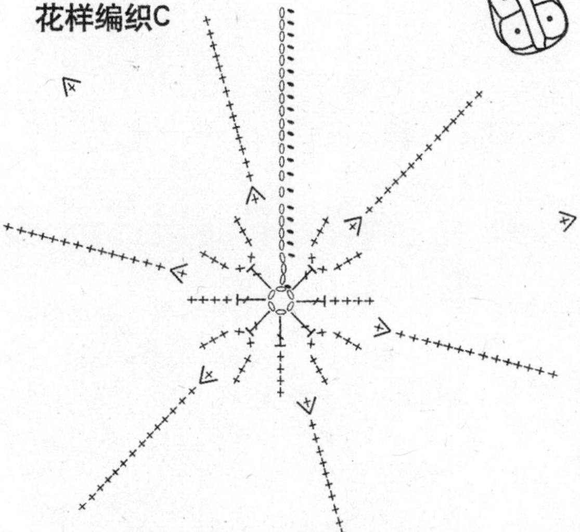

花样B的拼接

花样编织B

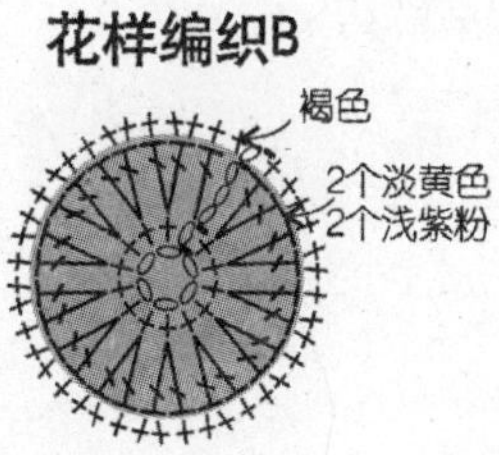

褐色
2个淡黄色
2个浅紫粉

NO.13 蓝色钉花背心裙

彩图见 第18页

工具

4号棒针，1.5/0号钩针

成品尺寸

衣长41m、胸围54cm、背肩宽20cm

材料

中粗羊毛线蓝色200g、白色适量，花形饰珠适量

编织密度

花样编织A、B、下针编织
28针×30行/10cm

结构图

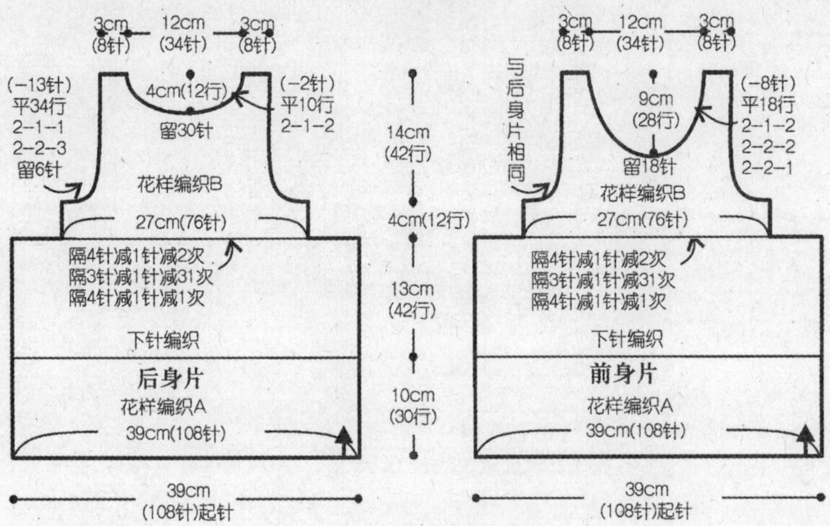

3cm (8针)
12cm (34针)
3cm (8针)
(−13针)
平34行
2−1−1
2−2−3
留6针
4cm(12行)
(−2针)
平10行
2−1−2
留30针
花样编织B
27cm(76针)
隔4针减1针减2次
隔3针减1针减31次
隔4针减1针减1次
下针编织
后身片
花样编织A
39cm(108针)
39cm (108针)起针
14cm (42行)
4cm(12行)
13cm (42行)
10cm (30行)
与后身片相同
9cm (28行)
(−8针)
平18行
2−1−2
2−2−2
2−2−1
留18针
前身片

款式图

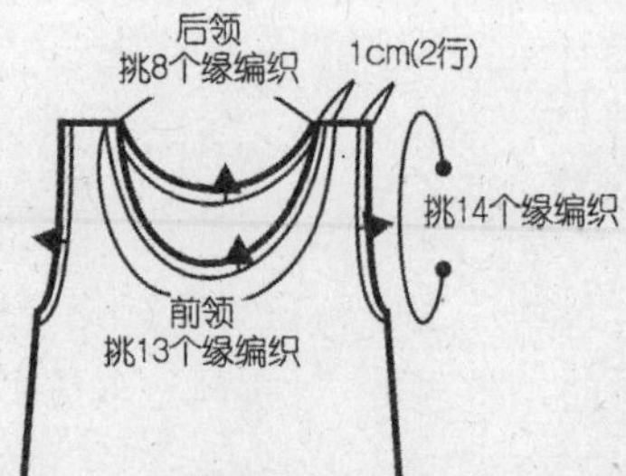

后领
挑8个缘编织
1cm(2行)
挑14个缘编织
前领
挑13个缘编织
*=饰珠

缘编织

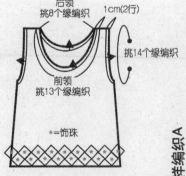

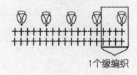

1个缘编织

花样编织A

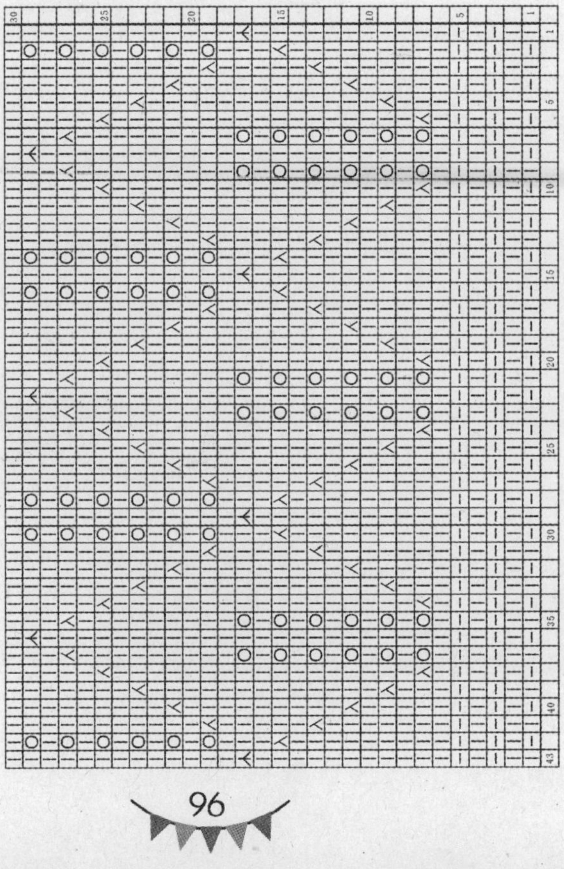

花样编织B

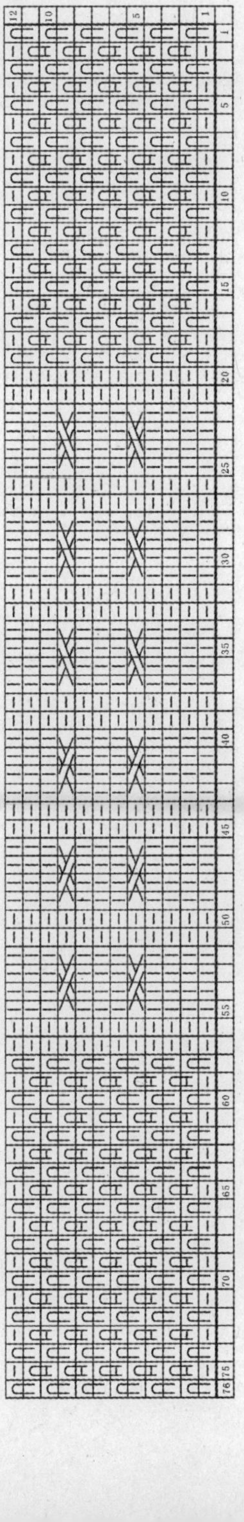

NO.14 玫红色蕾丝领开衫

彩图见 第19页

工具

2号棒针

成品尺寸

衣长35.5cm、胸围58.5cm、背肩宽23cm、袖长29.5cm

材料

中粗羊毛线玫红色300g，白色蕾丝边30cm，直径为10mm的纽扣6颗

编织密度

花样编织A～E，单罗纹编织

37针×60行/10cm

结构图

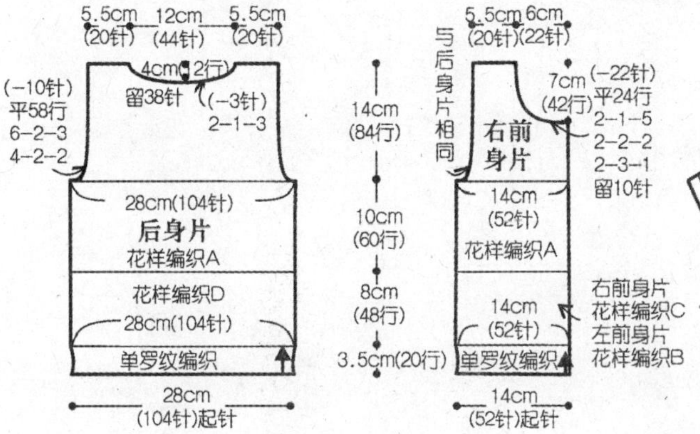

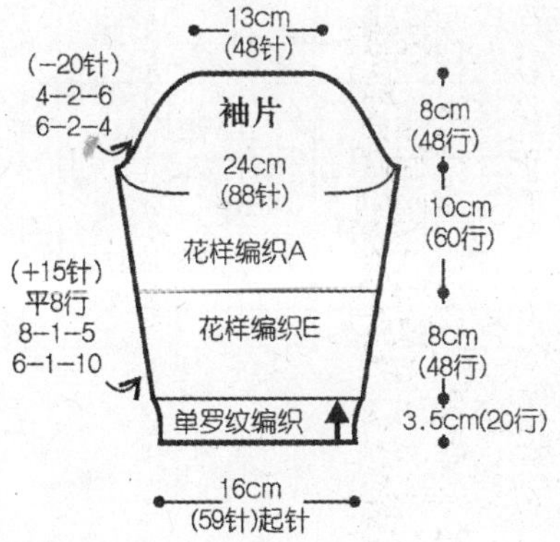

款式图

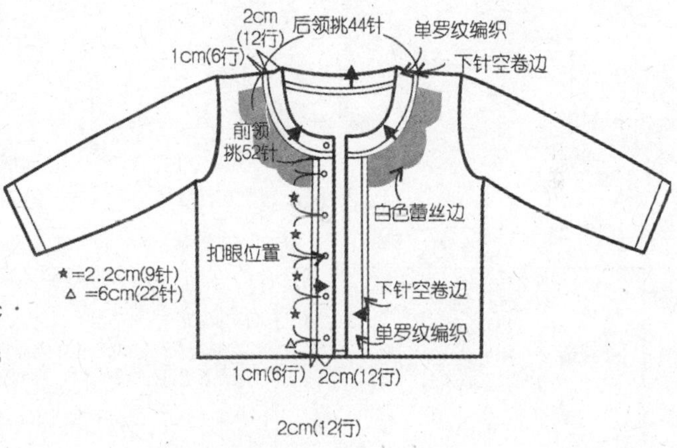

花样编织A

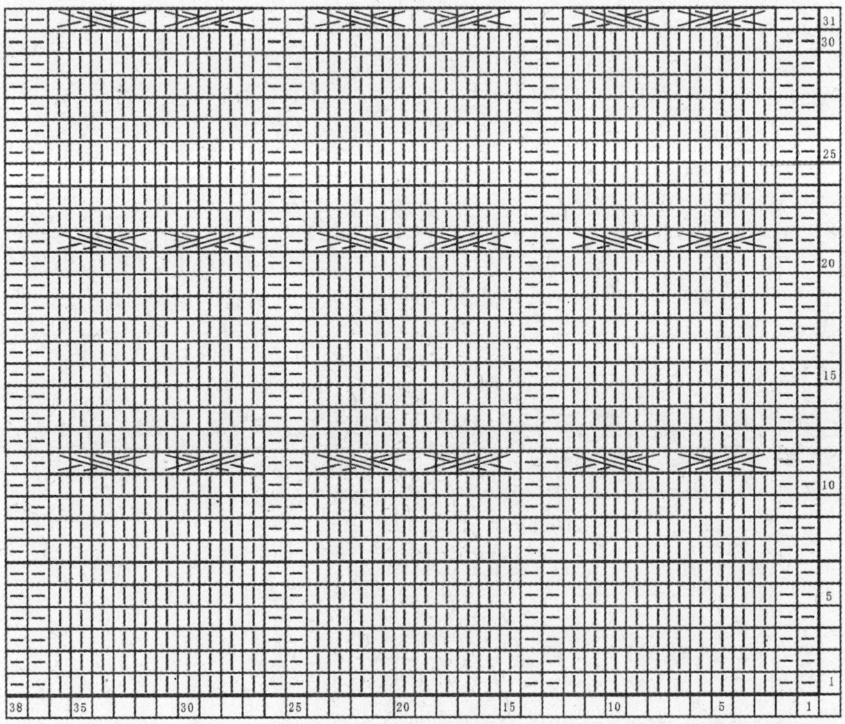

(下转第99页)

NO.15 黄色镂空花样连衣裙

彩图见 第20页

工具

3.3mm棒针

成品尺寸

衣长50cm、胸围64cm、肩袖长37.5cm

材料

中粗羊毛线黄色350g

编织密度

花样编织A、B、C，单罗纹编织

28针×30行/10cm

结构图

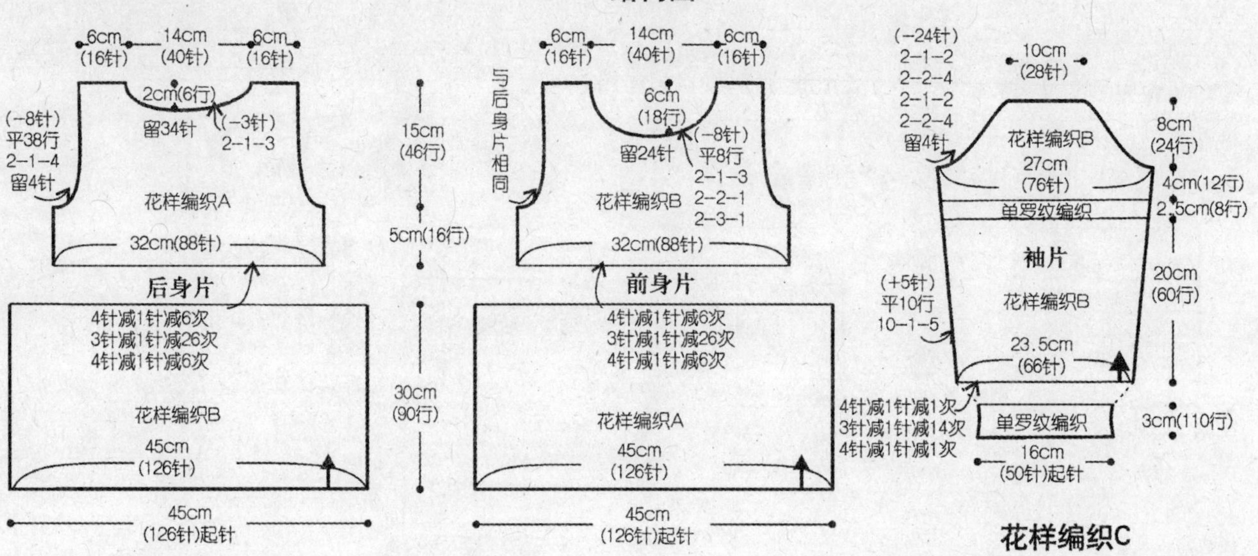

6cm (16针)
14cm (40针)
6cm (16针)
2cm(6行)
留34针
(−3针) 2−1−3
(−8针) 平38行 2−1−4 留4针
花样编织A
32cm(88针)
后身片
4针减1针减6次
3针减1针减26次
4针减1针减6次
花样编织B
45cm (126针)
45cm (126针)起针
15cm (46行)
5cm(16行)
30cm (90行)
与后身片相同
6cm (18行)
留24针
(−8针) 平8行 2−1−3 2−2−1 2−3−1
花样编织B
前身片
花样编织A
(−24针) 2−1−2 2−2−4 2−1−2 2−2−4 留4针
10cm (28针)
8cm (24行)
花样编织B
27cm (76针)
4cm(12行)
2.5cm(8行)
单罗纹编织
袖片
(+5针) 平10行 10−1−5
20cm (60行)
23.5cm (66针)
4针减1针减1次
3针减1针减14次
4针减1针减1次
单罗纹编织
3cm(110行)
16cm (50针)起针

花样编织C

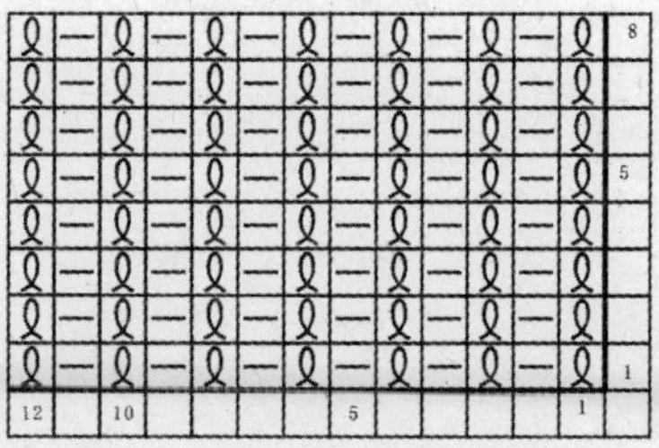

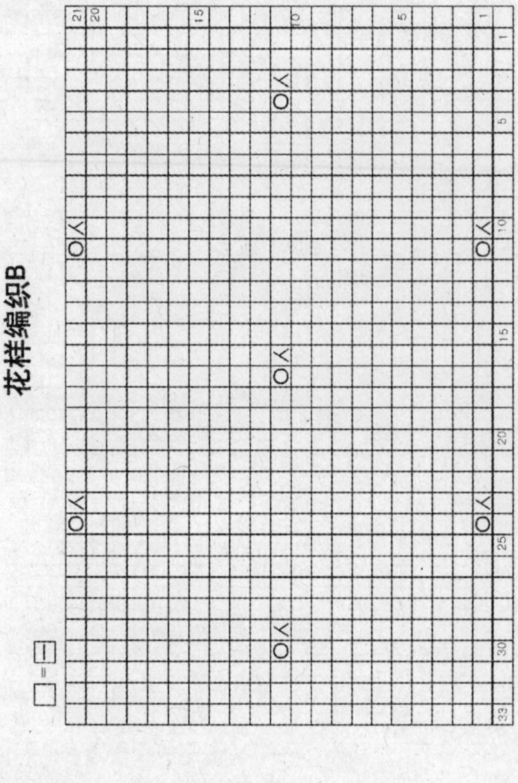

花样编织B
□=⊟

领

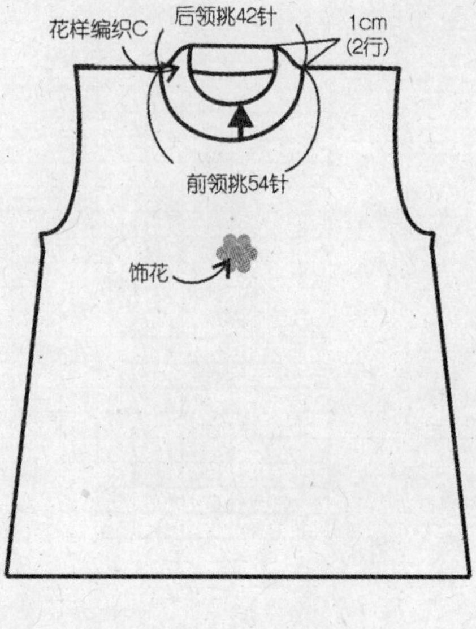

花样编织C
后领挑42针
1cm (2行)
前领挑54针
饰花

花样编织A

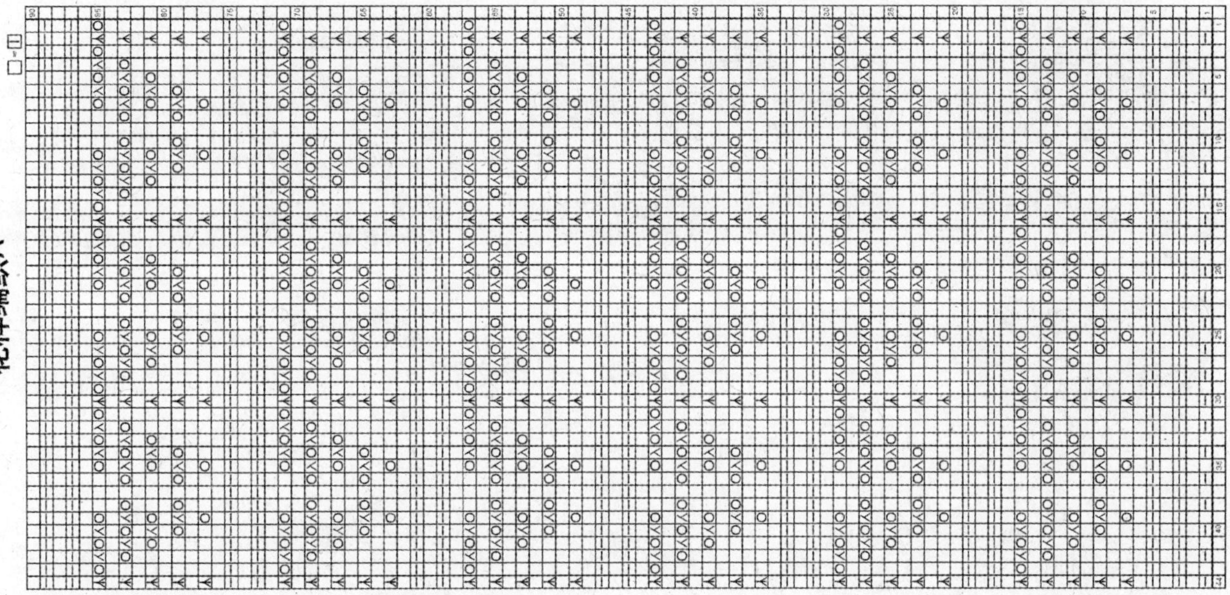

（上接第97页）

花样编织B

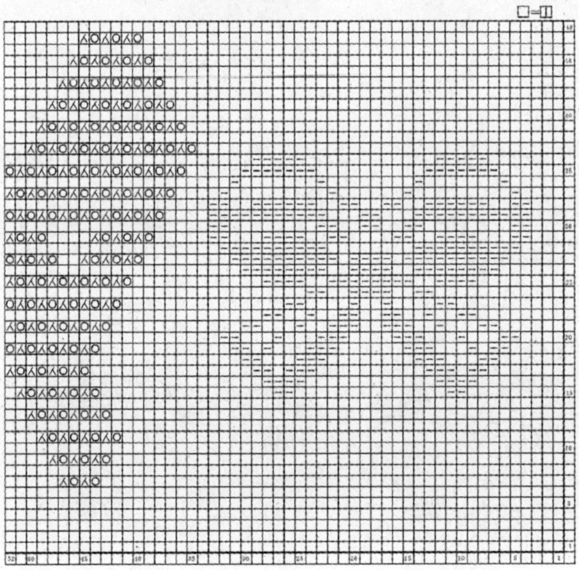

花样编织D

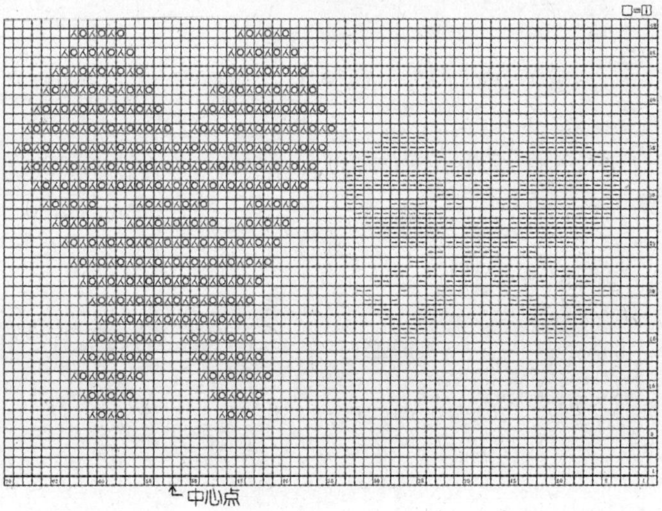

花样编织C

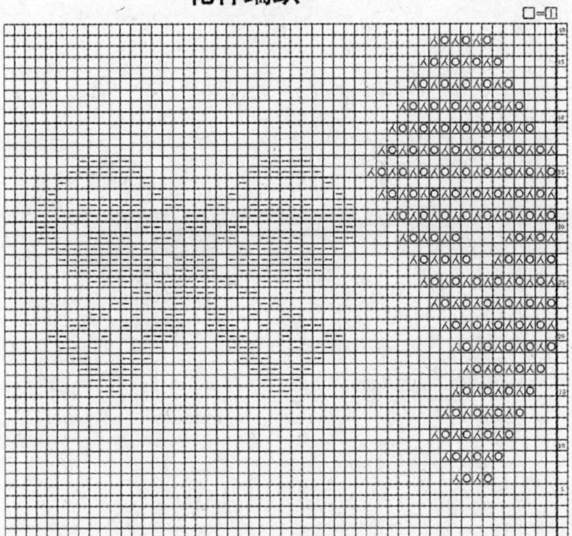

花样编织E

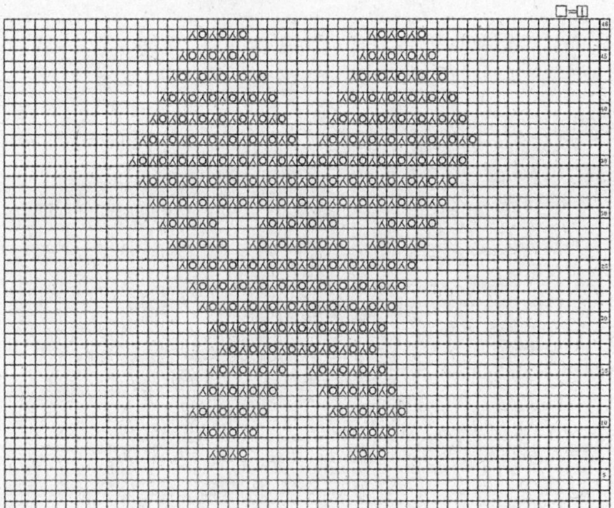

NO.16
红色小翻领连衣裙
彩图见 第21页

工具
3.3mm棒针，1.75/0号钩针

成品尺寸
衣长43cm、胸围72cm、背肩宽28cm

材料
中粗羊毛线大红色250g，白色10g；饰珠10颗

编织密度
花样编织A、下针编织、上下针编织
28针×36行/10cm

结构图

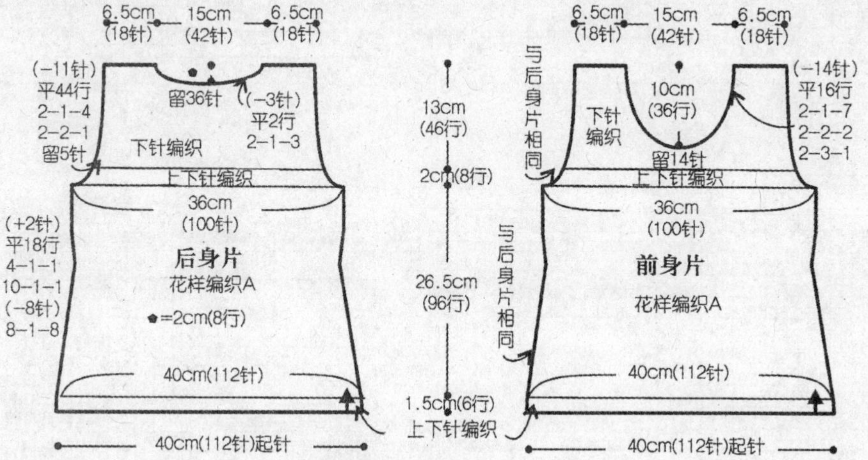

6.5cm (18针)
15cm (42针)
6.5cm (18针)
(−11针)
平44行
2-1-4
2-2-1
留5针
留36针
(−3针)
平2行
2-1-3
下针编织
上下针编织
36cm (100针)
(+2针)
平18行
4-1-1
10-1-1
(−8针)
8-1-8
后身片
花样编织A
=2cm(8行)
40cm(112针)
40cm(112针)起针
13cm (46行)
2cm(8行)
26.5cm (96行)
1.5cm(6行)
上下针编织
与后身片相同
10cm (36行)
下针编织
留14针
(−14针)
平16行
2-1-7
2-2-2
2-3-1
前身片

款式图

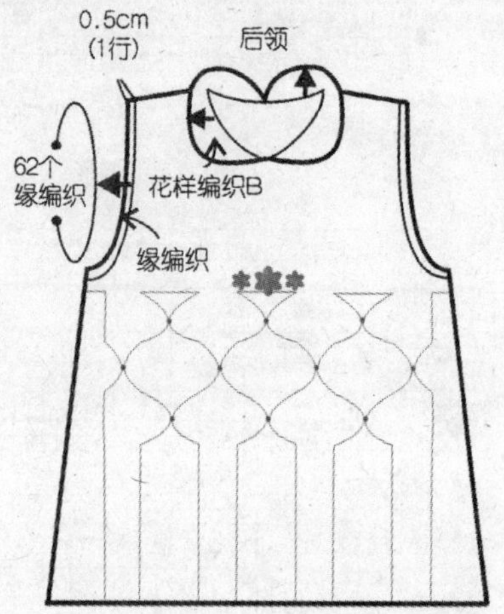

0.5cm (1行)
后领
62个缘编织
花样编织B
缘编织

饰珠的钉缝方法：编织完成后，在前身片缝上饰珠。第60行将下针捏合到一起，用1颗饰珠钉缝起来，隔12行后，将上针捏合到一起并用饰珠钉缝，再隔12行，将下针捏合到一起并钉缝，与图示的位置一样，形成交错的状态。

花样编织B

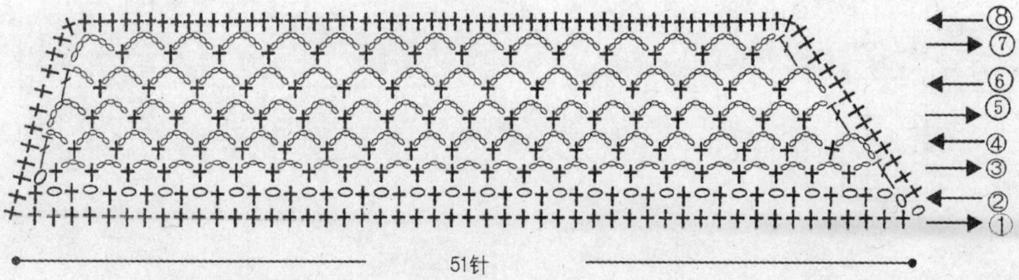

51针

饰花A

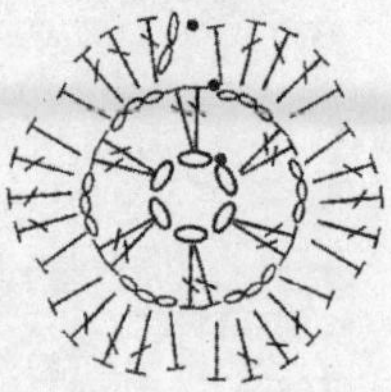

饰花B

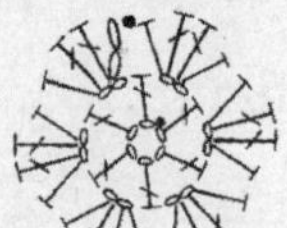

缘编织

花样编织A

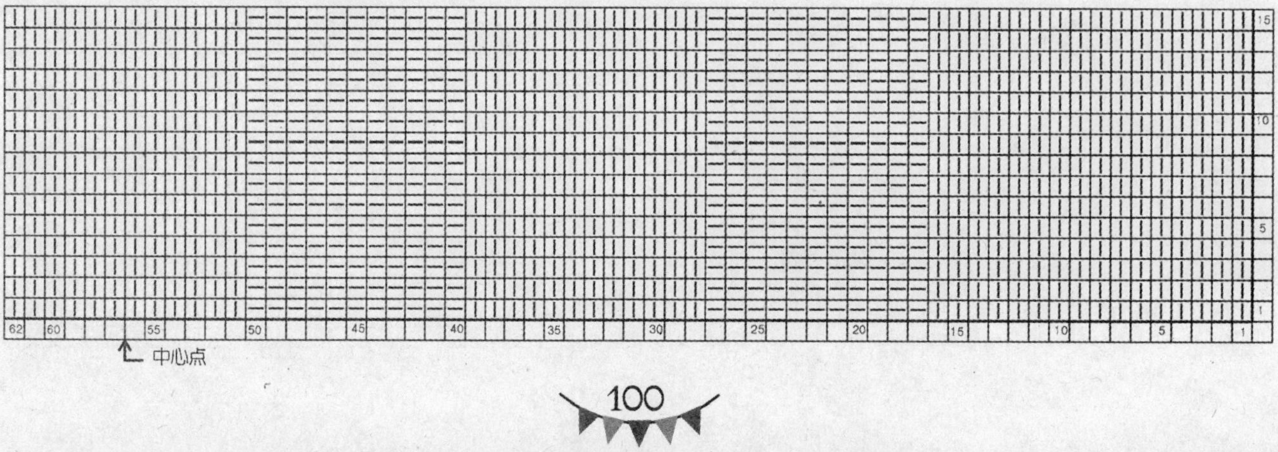

15
10
5
1
62
60
55
50
45
40
35
30
25
20
15
10
5
1
中心点

NO.17
米色带帽斗篷

彩图见 第22页

工具
3.3mm棒针

成品尺寸
斗篷长31.5cm、领围43cm、下摆围90cm

材料
中粗羊毛线米色350g，直径为20mm的纽扣2颗

编织密度
花样编织A、B 27针×44行/10cm

结构图

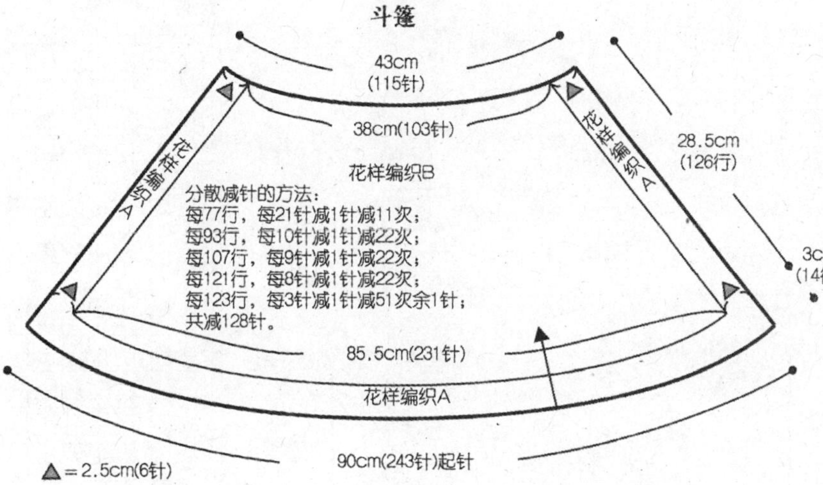

斗篷
43cm
(115针)
38cm(103针)
28.5cm
(126行)
3cm
(14行)
花样编织A
花样编织A
花样编织B
分散减针的方法：
每77行，每21针减1针减11次；
每93行，每10针减1针减22次；
每107行，每9针减1针减22次；
每121行，每8针减1针减22次；
每123行，每3针减1针减51次余1针；
共减128针。
85.5cm(231针)
花样编织A
90cm(243针)起针
▲=2.5cm(6针)

花样编织A

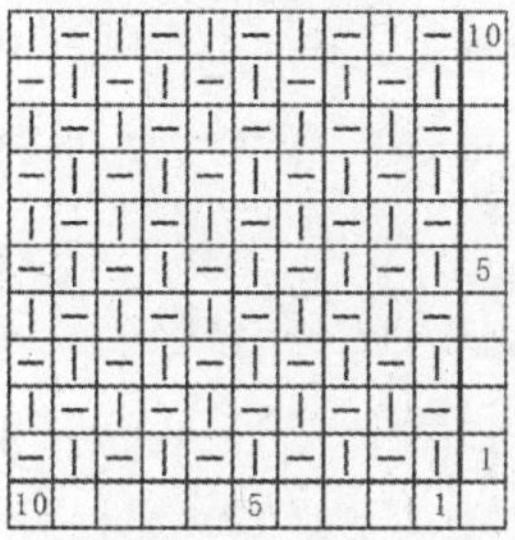

10
5
1
10
5
1

花样编织B

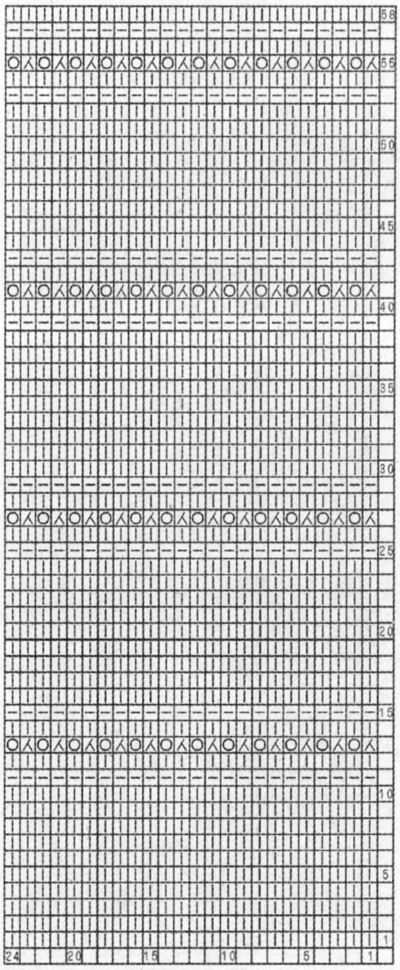

58
55
50
45
40
35
30
28
20
15
10
5
1
24
20
15
10
5
1

款式图

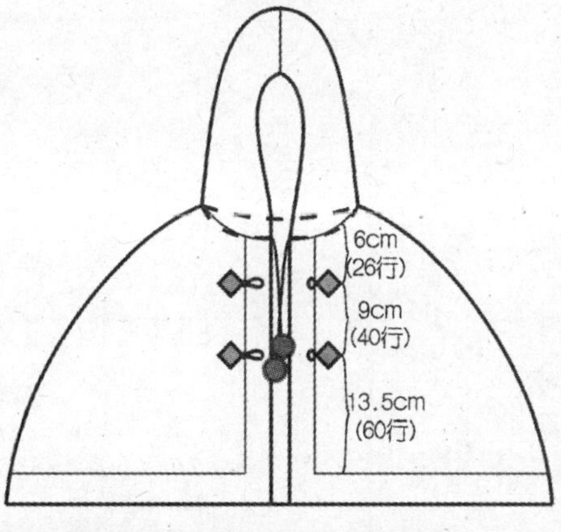

6cm
(26行)
9cm
(40行)
13.5cm
(60行)

※系带：用双股毛线搓一条70cm的麻花绳，两端连绒球。

扣襻的制作方法：

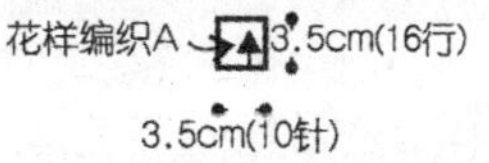

花样编织A
3.5cm(16行)
3.5cm(10针)

1.花样编织一个3.5cm的正方形。

2.将正方形旋转45°，搓一条麻花绳对折打一个结，把绳子的两端固定在正方形的一个角上。

3.另一边将纽扣和编织好的正方形固定在衣服上即可。

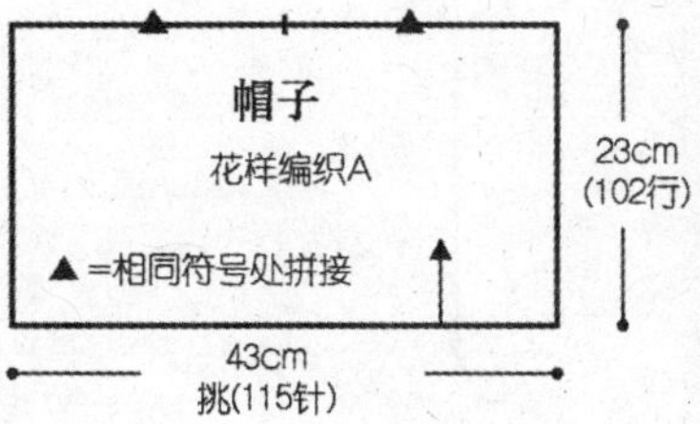

帽子
花样编织A
▲=相同符号处拼接
23cm
(102行)
43cm
挑(115针)

绒球的制作方法

①
②
③
④
6cm
剪断

① 将厚纸板剪成"U"形，毛线卷绕40~50圈。
② 在中间扎紧打结。
③ 将上下两端剪开。
④ 修剪整齐。

NO.18

浅紫色背心短裙套装

彩图见 第24页

工具

3.6mm棒针

成品尺寸

背心 衣长28cm、胸围60.5cm、背肩宽24.5cm

裙子 裙长29cm、腰围53.5cm

材料

背心 中粗羊毛线浅紫色150g

裙子 中粗羊毛线浅紫色250g

编织密度

背心 花样编织A～E 22针×38行/10cm

裙子 花样编织A～E 27针×36行/10cm

结构图

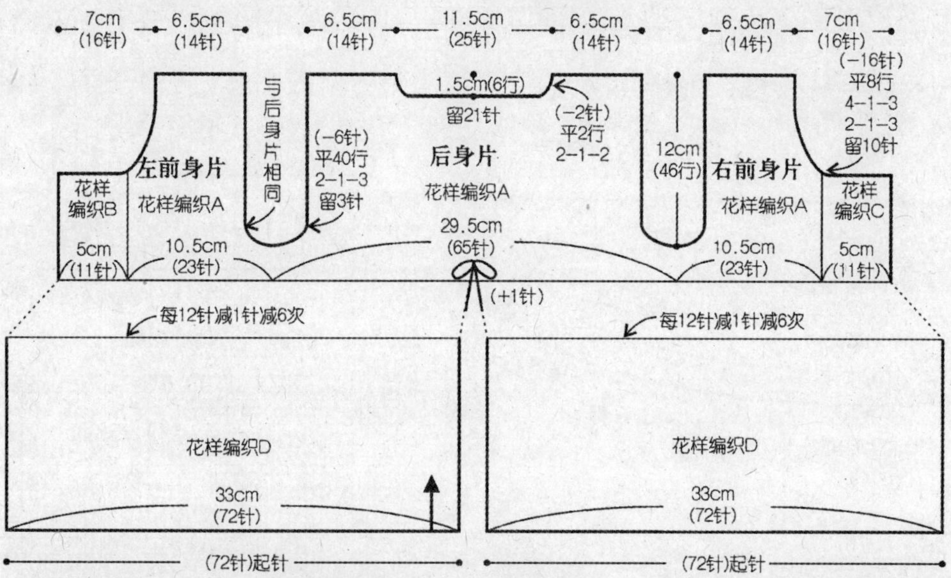

衣服 花样编织B

花样编织C

衣服

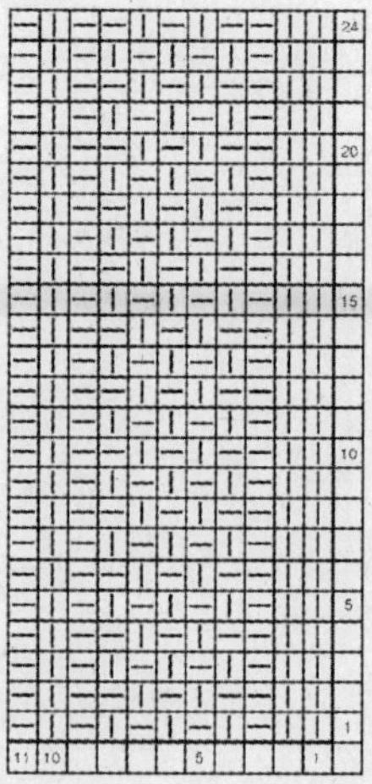

花样编织D

衣服

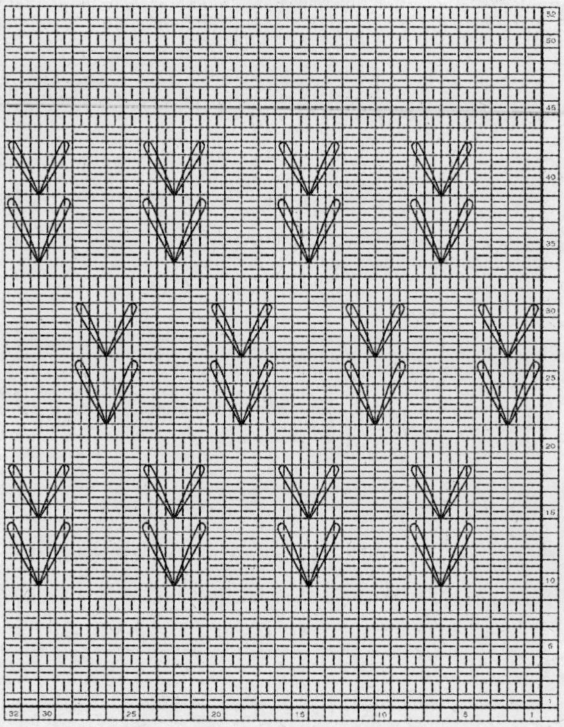

花样编织E

衣服

款式图

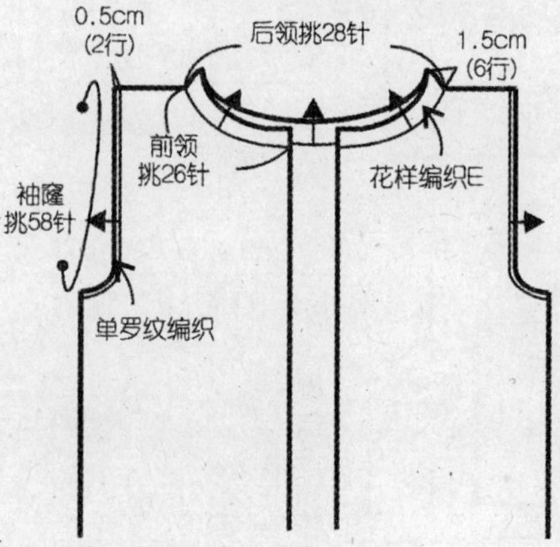

结构图

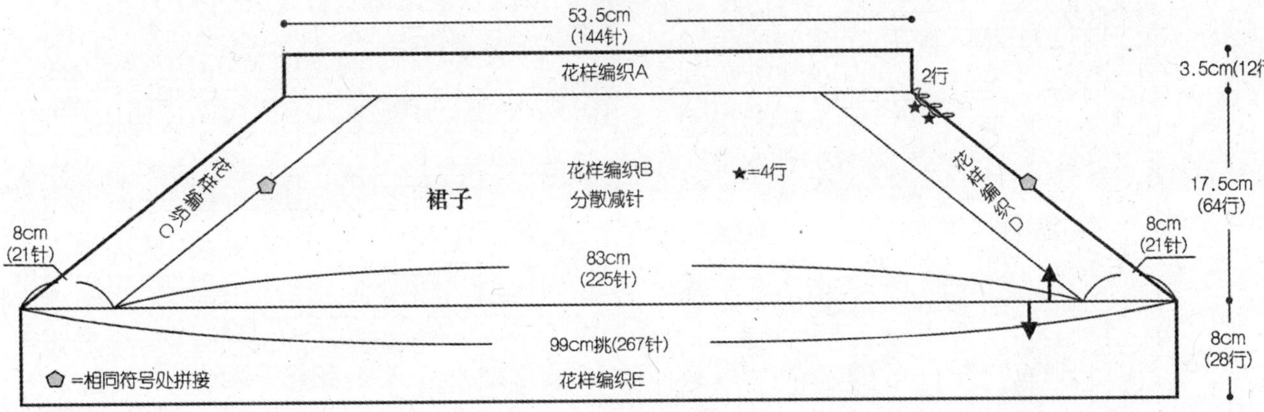

花样编织A

衣服

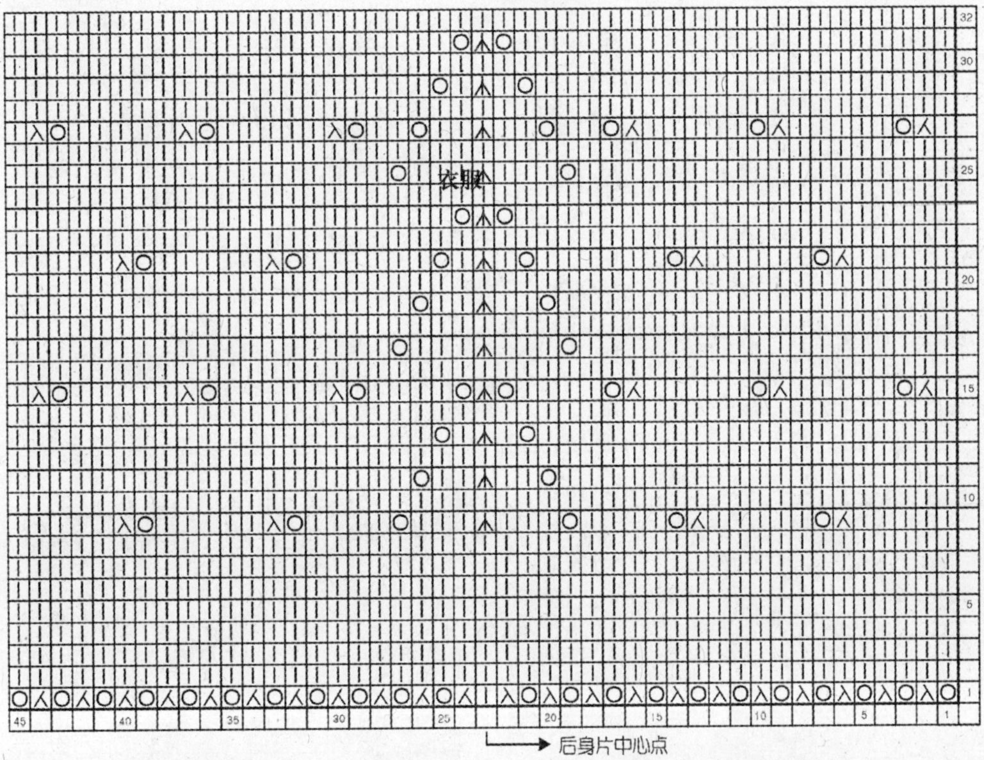

花样编织C

裙子

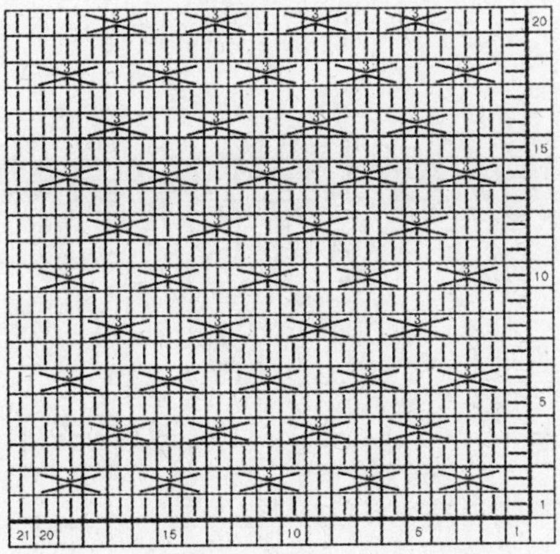

花样编织D

裙子

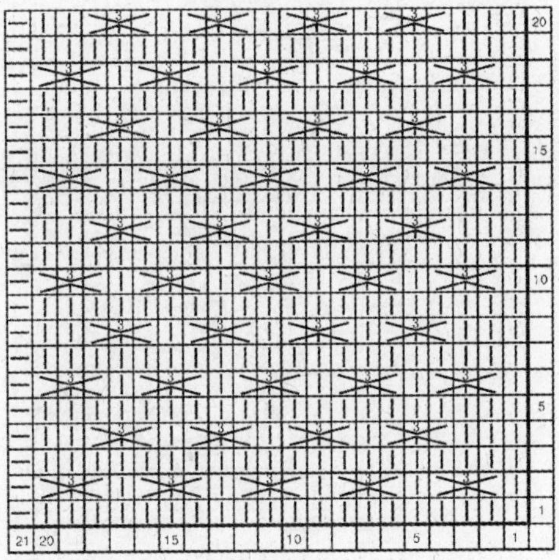

花样编织E

裙子

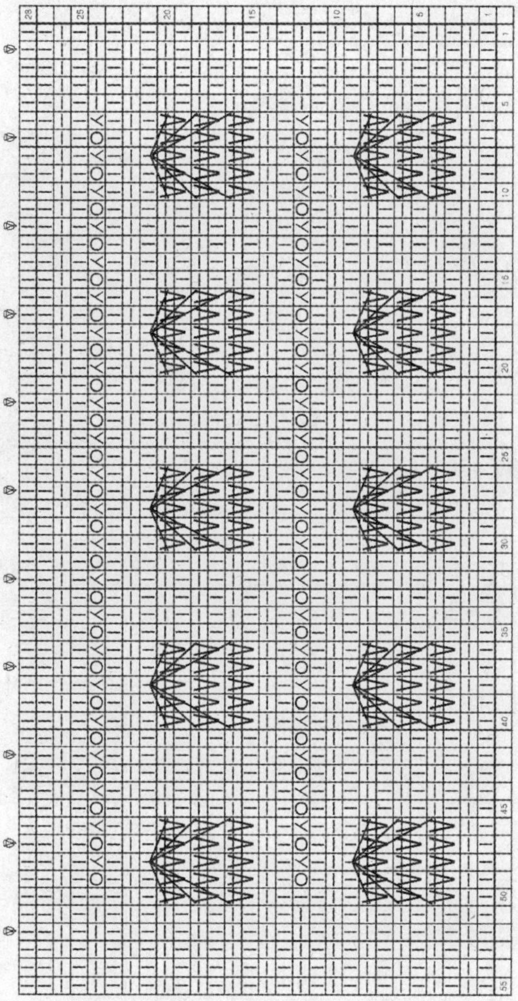

花样编织A

裙子

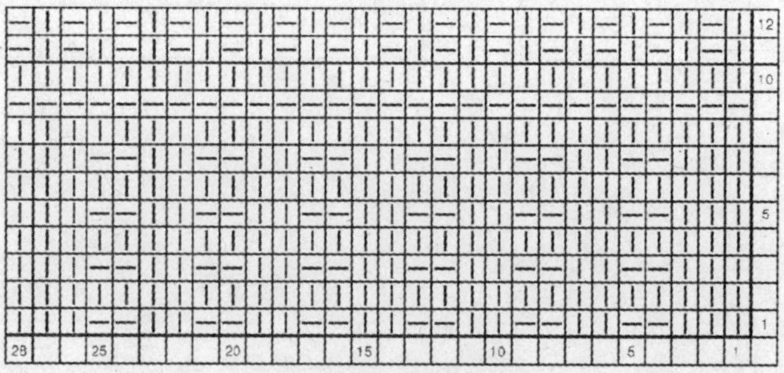

花样编织B

裙子

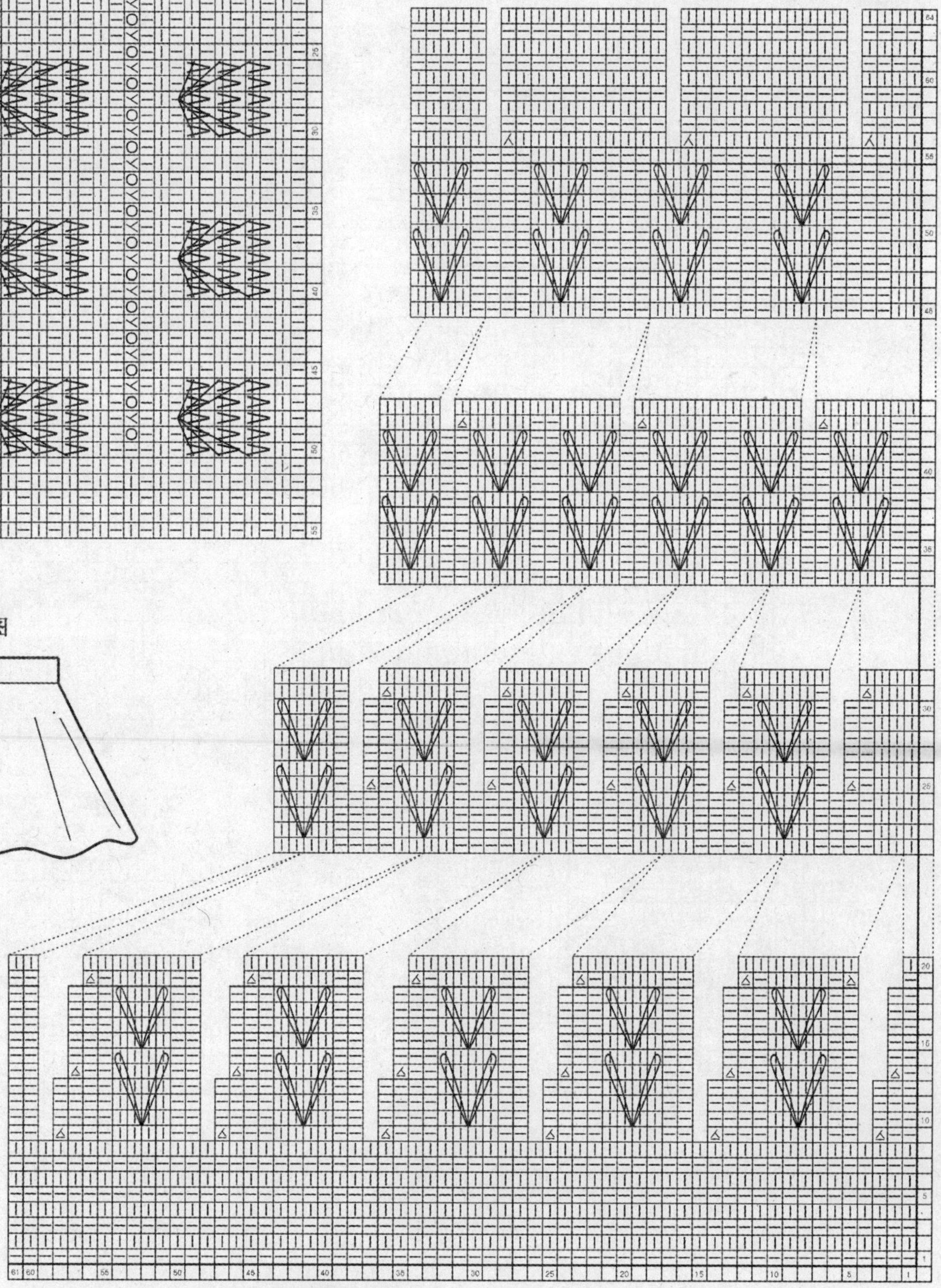

款式图

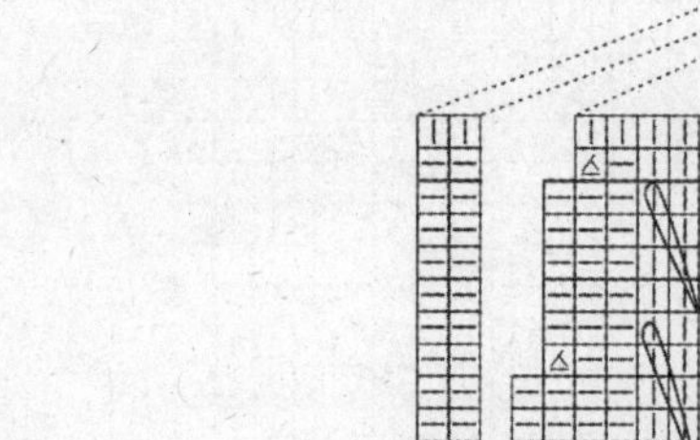

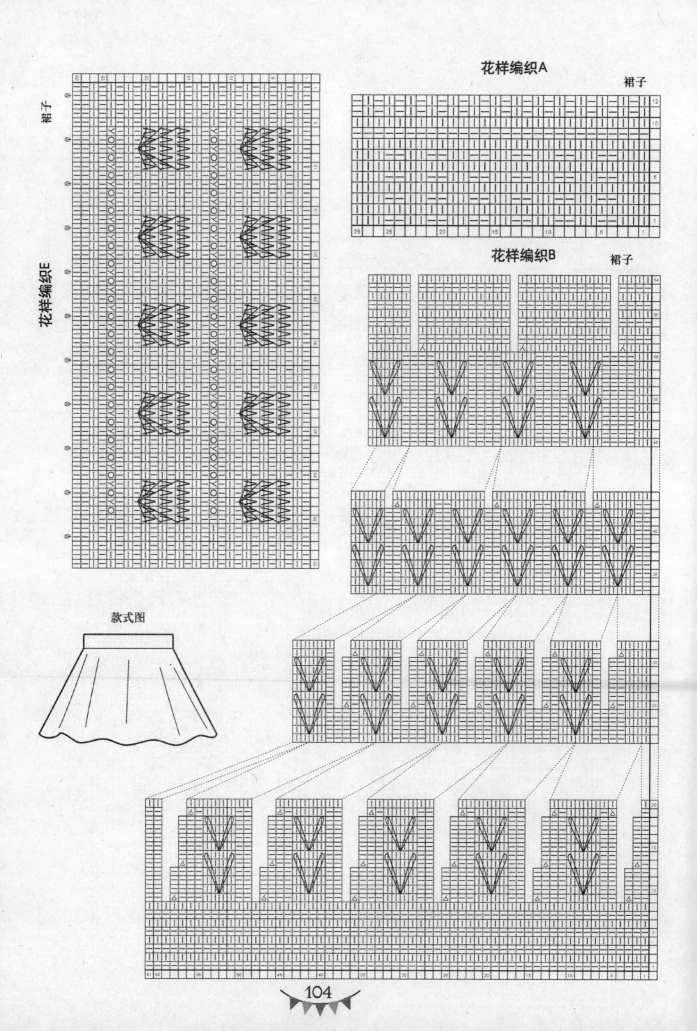

NO.19 橘色短袖开衫短裙套装

彩图见 第26页

材料

衣服　中粗羊毛线橘色150g

裙子　中粗羊毛线橘色120g，长130cm的蕾丝1条

工具

衣服 3.6mm棒针，裙子 3.3mm棒针

成品尺寸

衣服　衣长34cm、胸围54cm、肩袖长16cm

裙子　裙长26.5cm、腰围52cm

编织密度

衣服　花样编织A、B　30针×40行/10cm

花样编织C、D、E，双罗纹编织

25针×40行/10cm

裙子　花样编织A～C　30针×37行/10cm

结构图

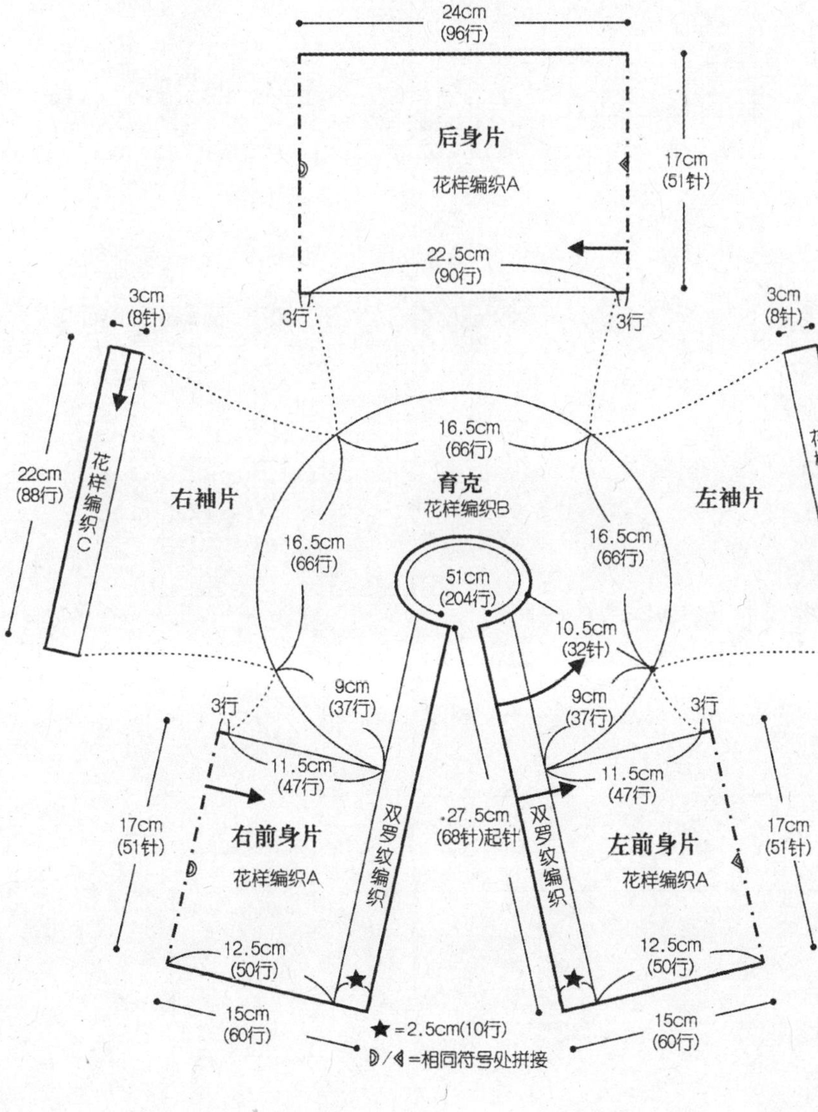

24cm
(96行)
后身片
花样编织A
17cm
(51针)
22.5cm
(90行)
3行
3行
3cm
(8针)
3cm
(8针)
22cm
(88行)
花样编织C
右袖片
16.5cm
(66行)
育克
花样编织B
左袖片
花样编织C
22cm
(88行)
16.5cm
(66行)
16.5cm
(66行)
51cm
(204行)
10.5cm
(32针)
9cm
(37行)
9cm
(37行)
3行
3行
11.5cm
(47行)
11.5cm
(47行)
17cm
(51针)
右前身片
花样编织A
双罗纹编织
27.5cm
(68针)起针
双罗纹编织
左前身片
花样编织A
17cm
(51针)
12.5cm
(50行)
12.5cm
(50行)
15cm
(60行)
15cm
(60行)
★=2.5cm(10行)
◗/◀=相同符号处拼接

款式图

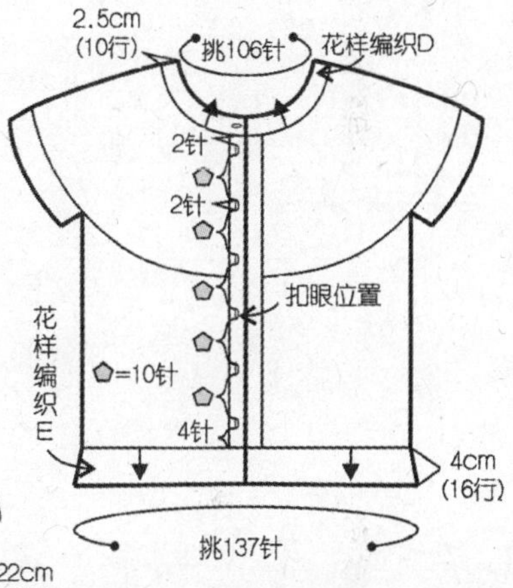

2.5cm
(10行)
挑106针
花样编织D
2针
2针
扣眼位置
花样编织E
⬠=10针
4针
4cm
(16行)
挑137针

花样编织C

衣服

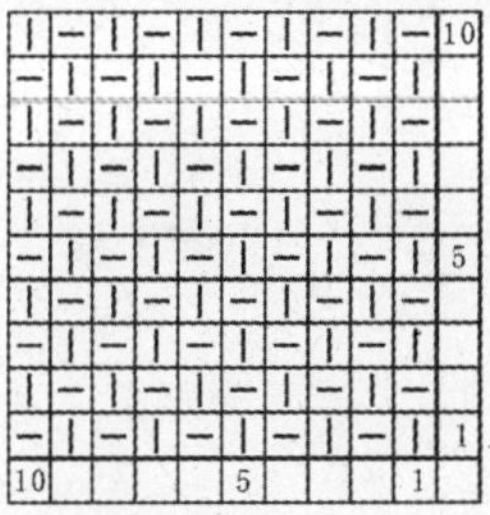

花样编织D

衣服 □=⊟

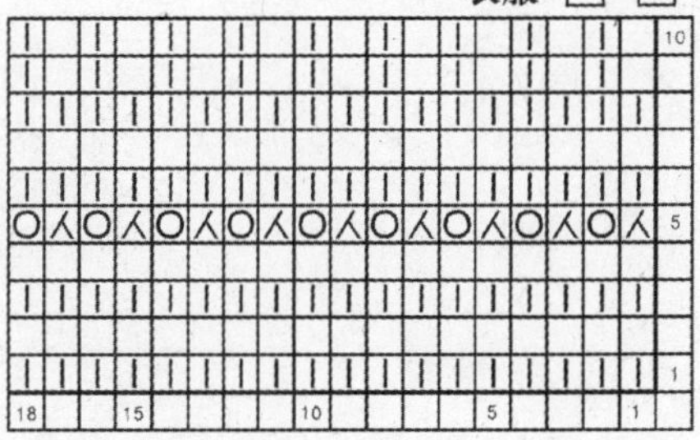

花样编织

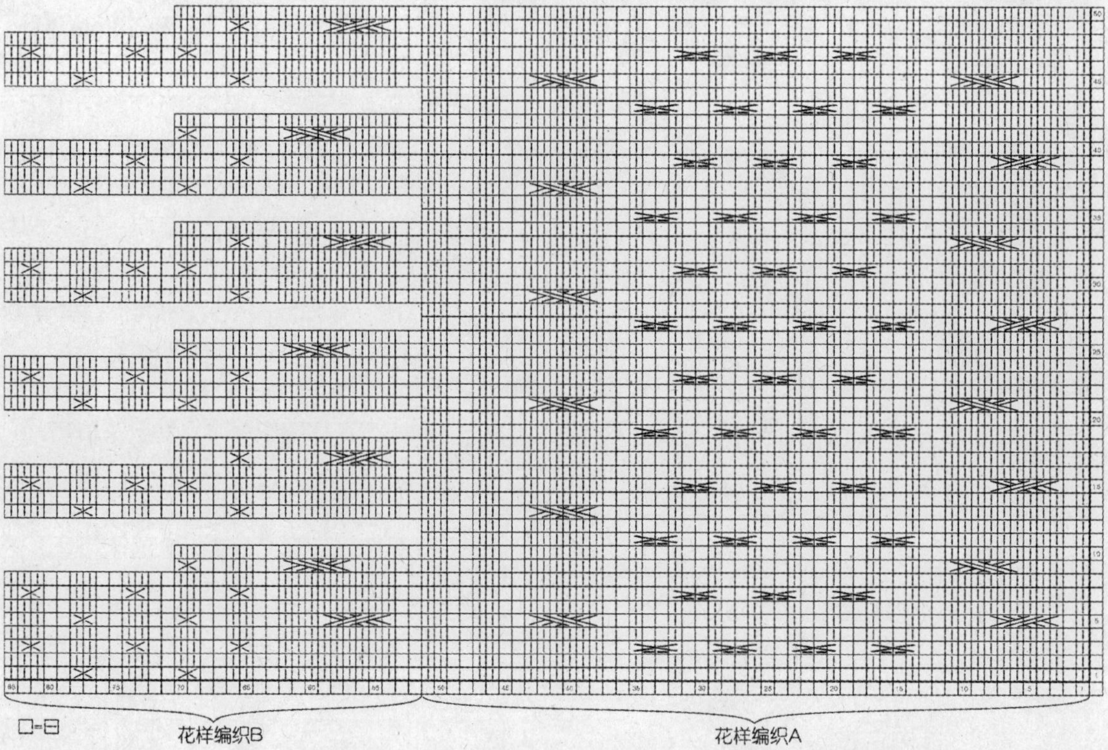
衣服
□=⊟
花样编织B
花样编织A

花样编织E

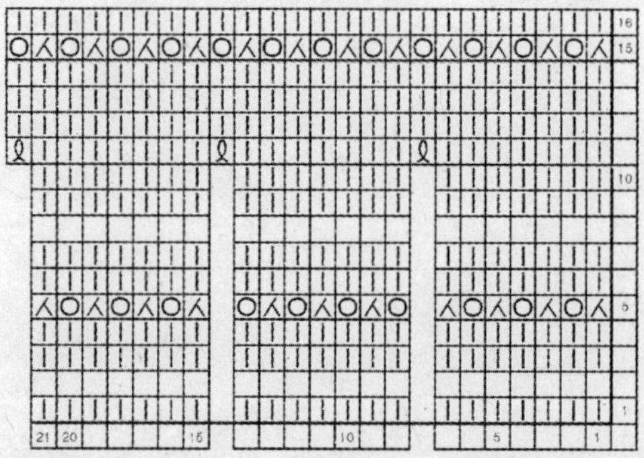
裙子
□=⊟

结构图

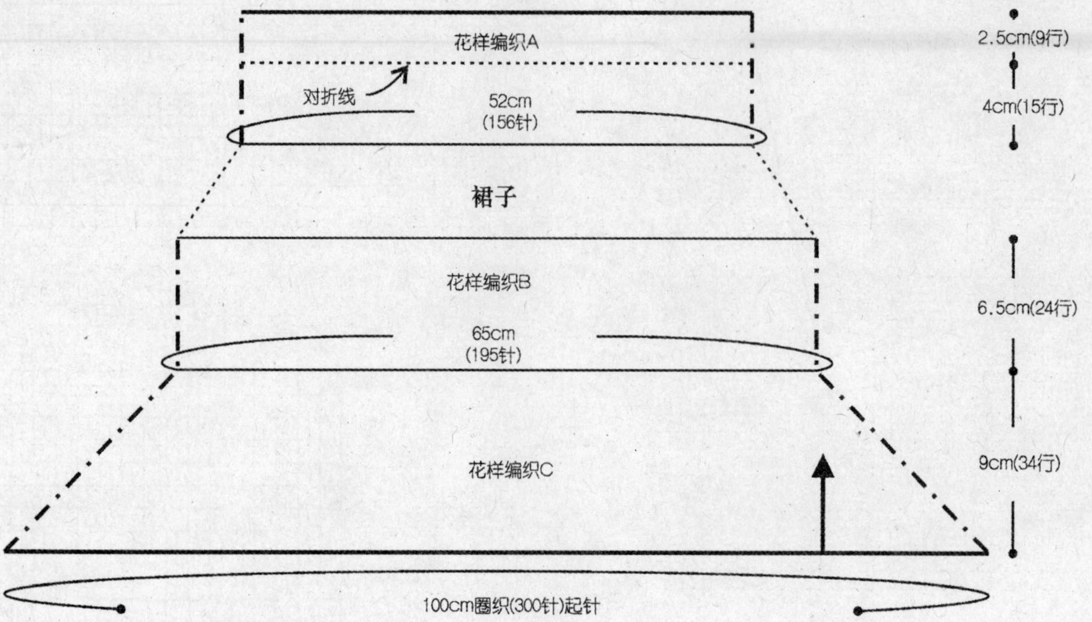
花样编织A
对折线
52cm
(156针)
2.5cm(9行)
4cm(15行)
裙子
花样编织B
65cm
(195针)
6.5cm(24行)
花样编织C
9cm(34行)
100cm圈织(300针)起针

款式图

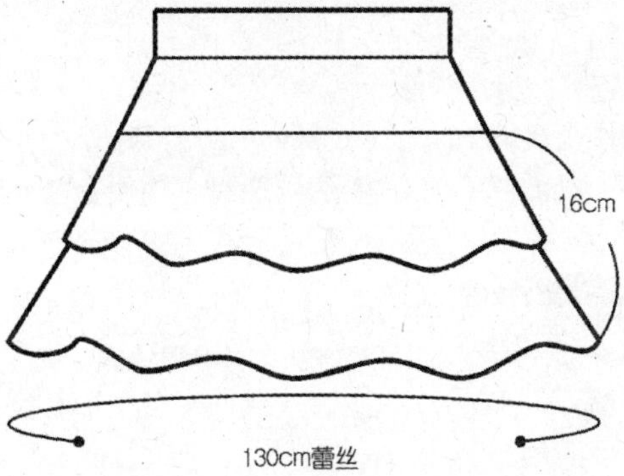

花样编织A

裙子

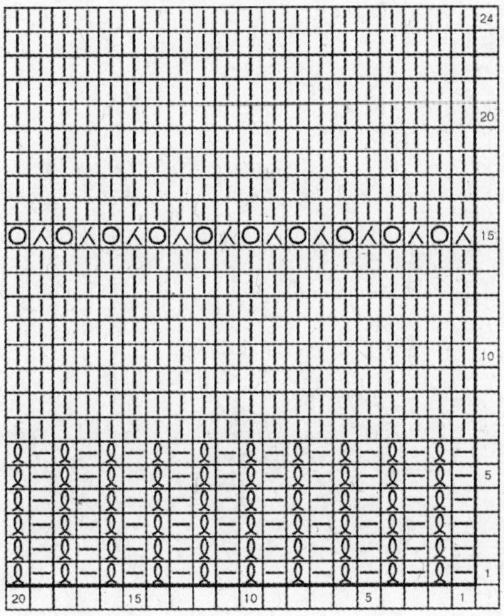

花样编织B

裙子

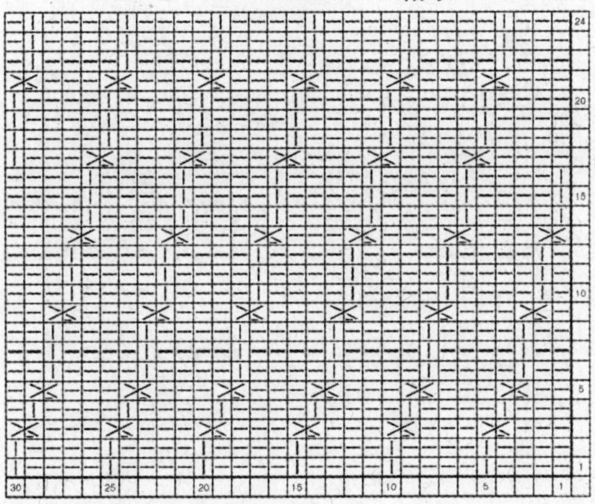

花样编织C

裙子

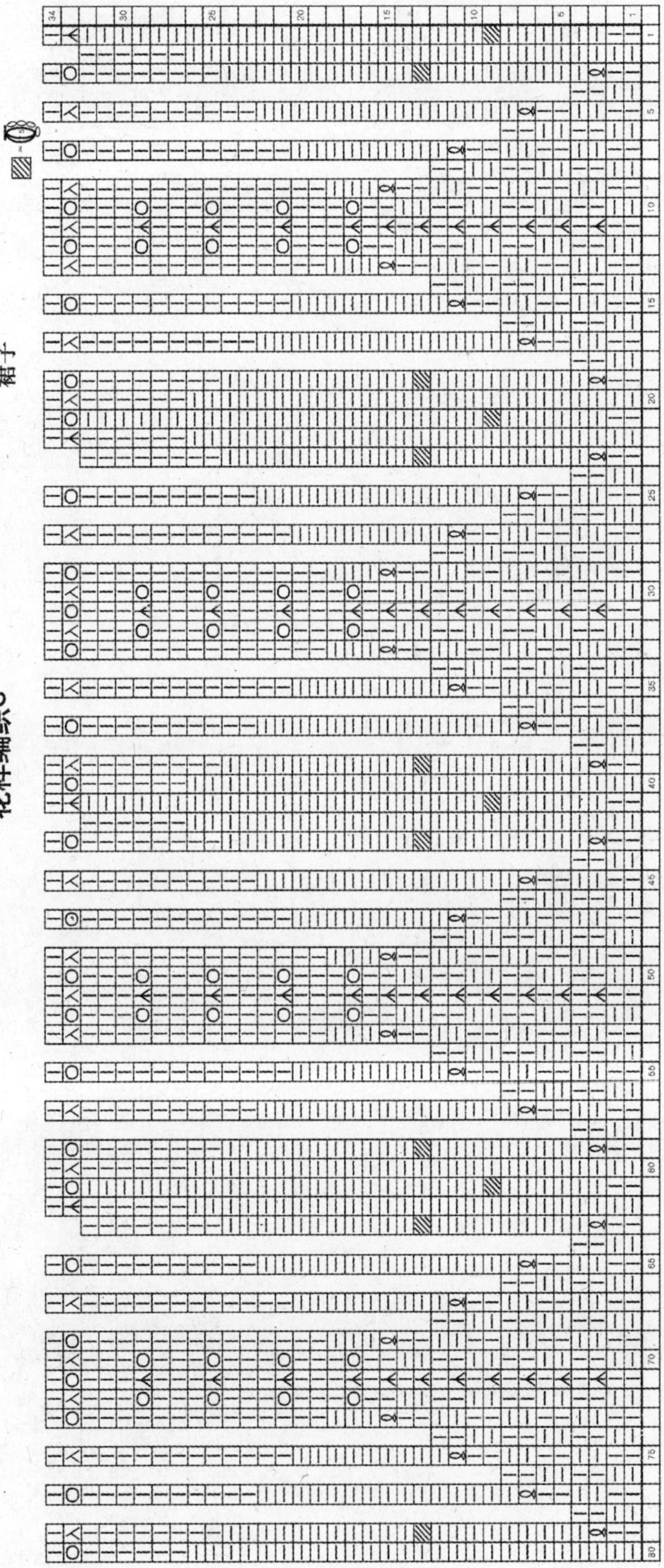

NO.20 黄色球球开衫短裙套装

彩图见 第28页

材料

衣服 中粗羊毛线黄色180g

裙子 中粗羊毛线黄色150g

工具

衣服 4.2mm棒针，裙子 3.9mm棒针

成品尺寸

衣服 衣长33.5cm、胸围54cm、背肩宽21cm

裙子 裙长24.5cm、腰围47.5cm、臀围60.5cm

编织密度

衣服 花样编织C 17针×30行/10cm

花样编织A、B、D、E、F 22针×30行/10cm

裙子 花样编织A～D 21针×32行/10cm

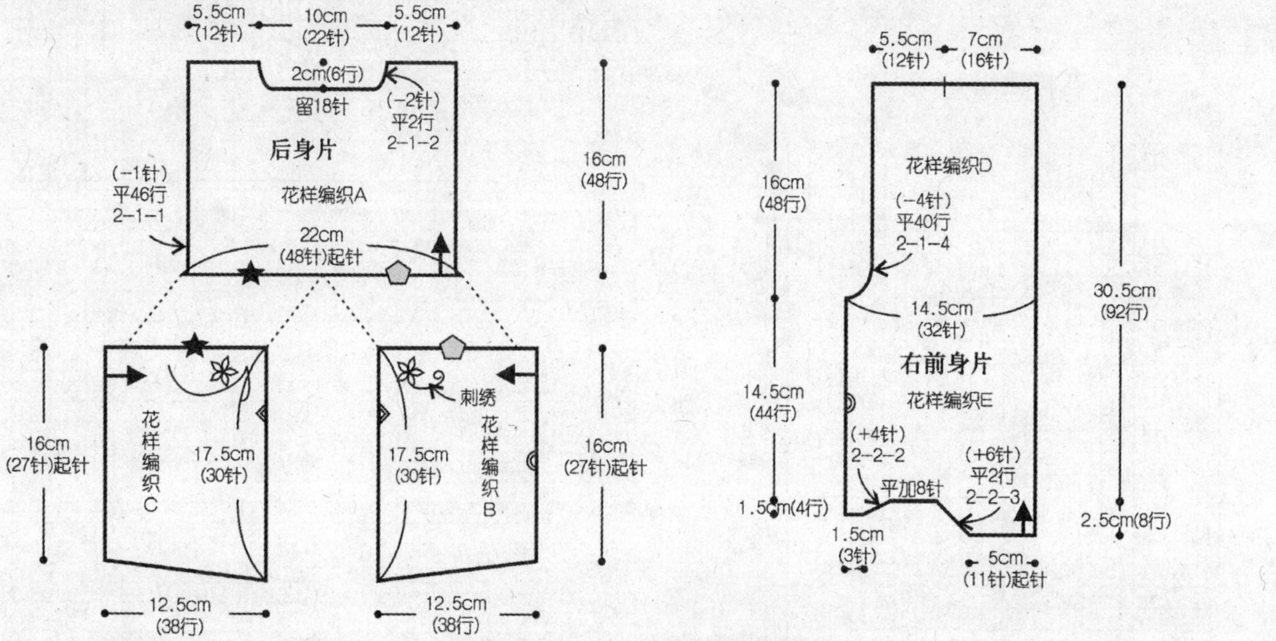

★/◎/◁/⬠=相同符号处拼接

花样编织A

衣服

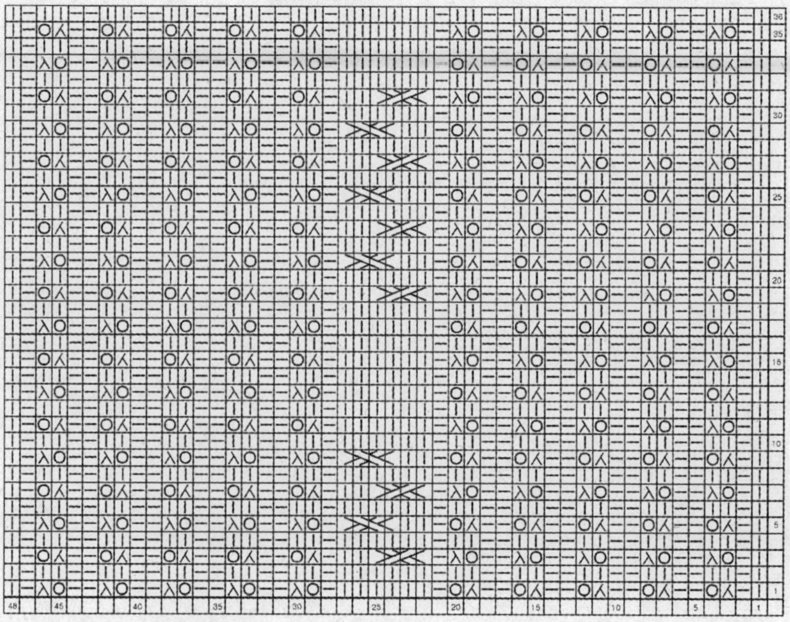

衣服款式图

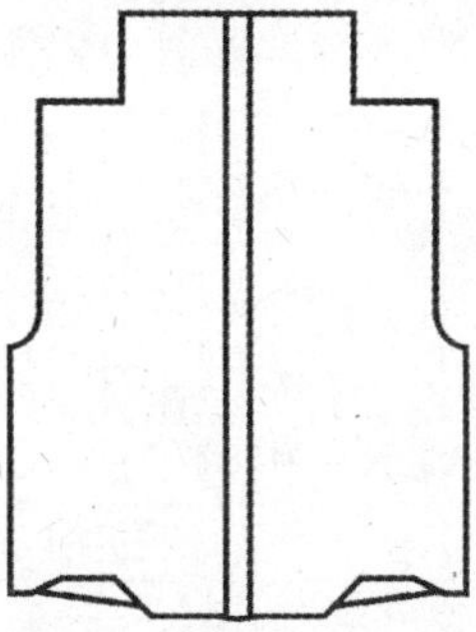

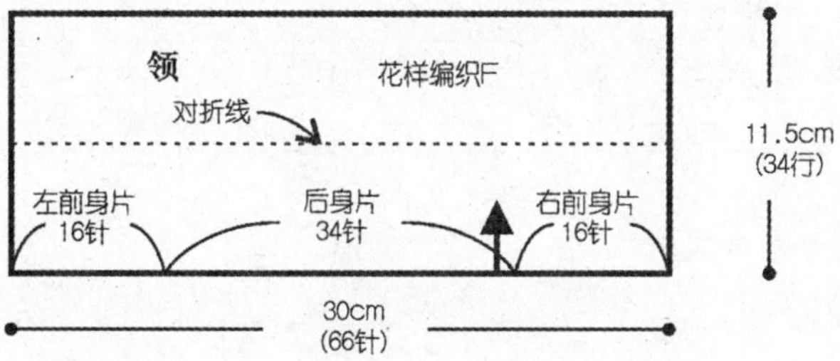

领
花样编织F
对折线
左前身片
16针
后身片
34针
右前身片
16针
11.5cm
(34行)
30cm
(66针)

花样编织D

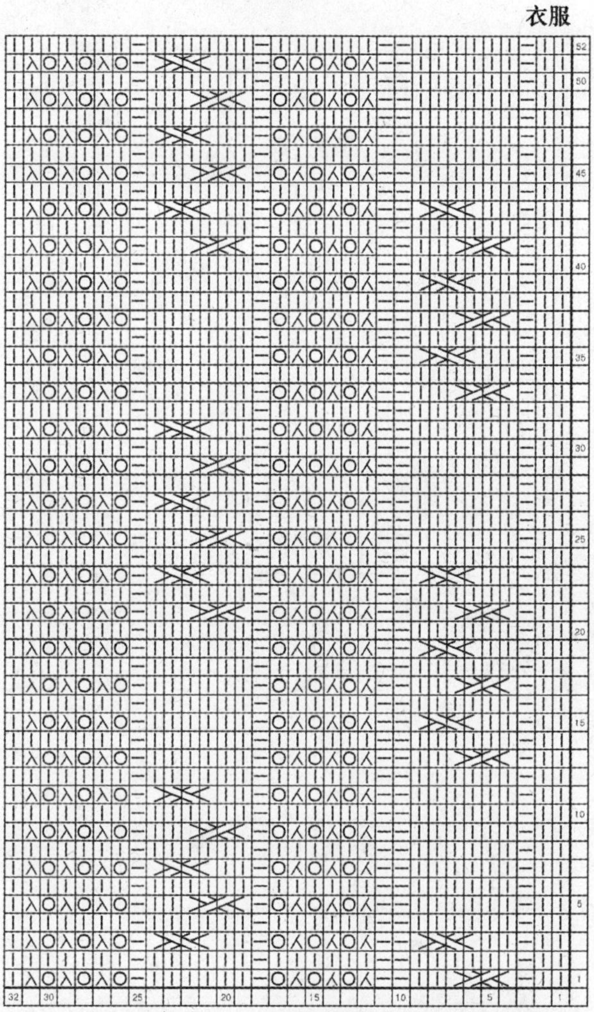

衣服

花样编织B

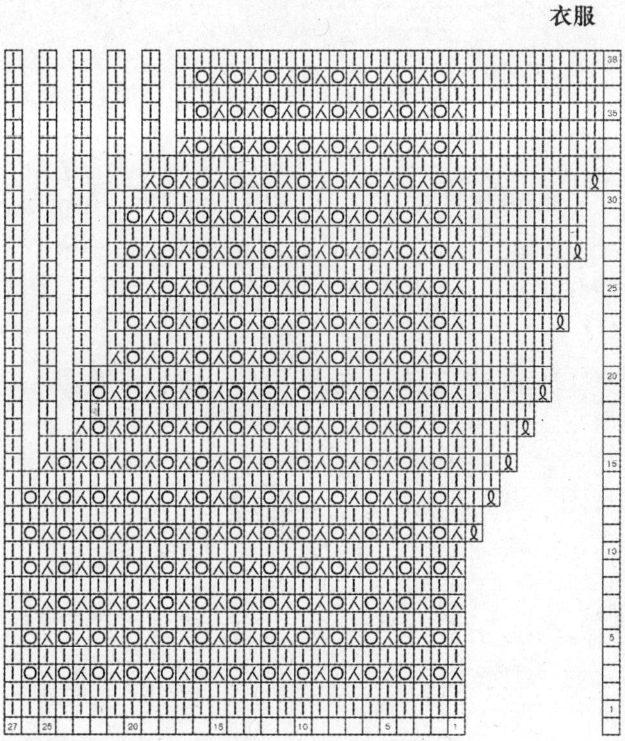

衣服

花样编织C

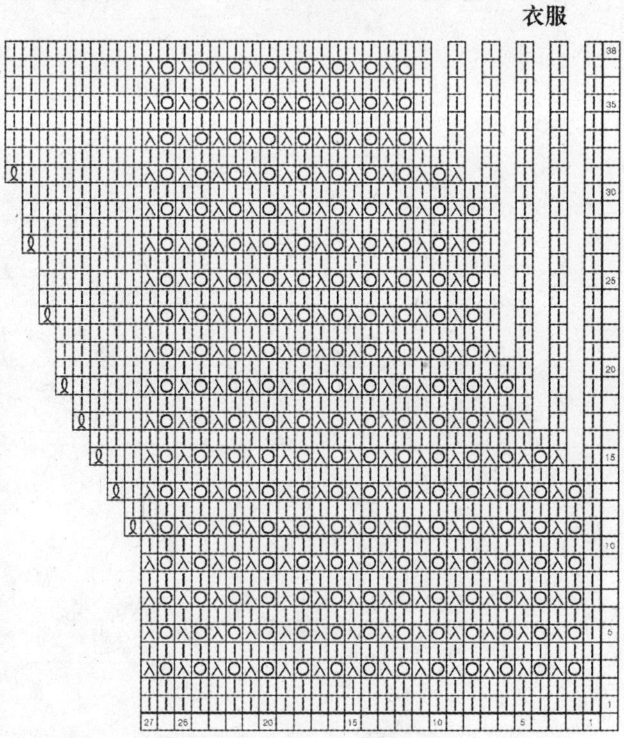

衣服

花样编织F

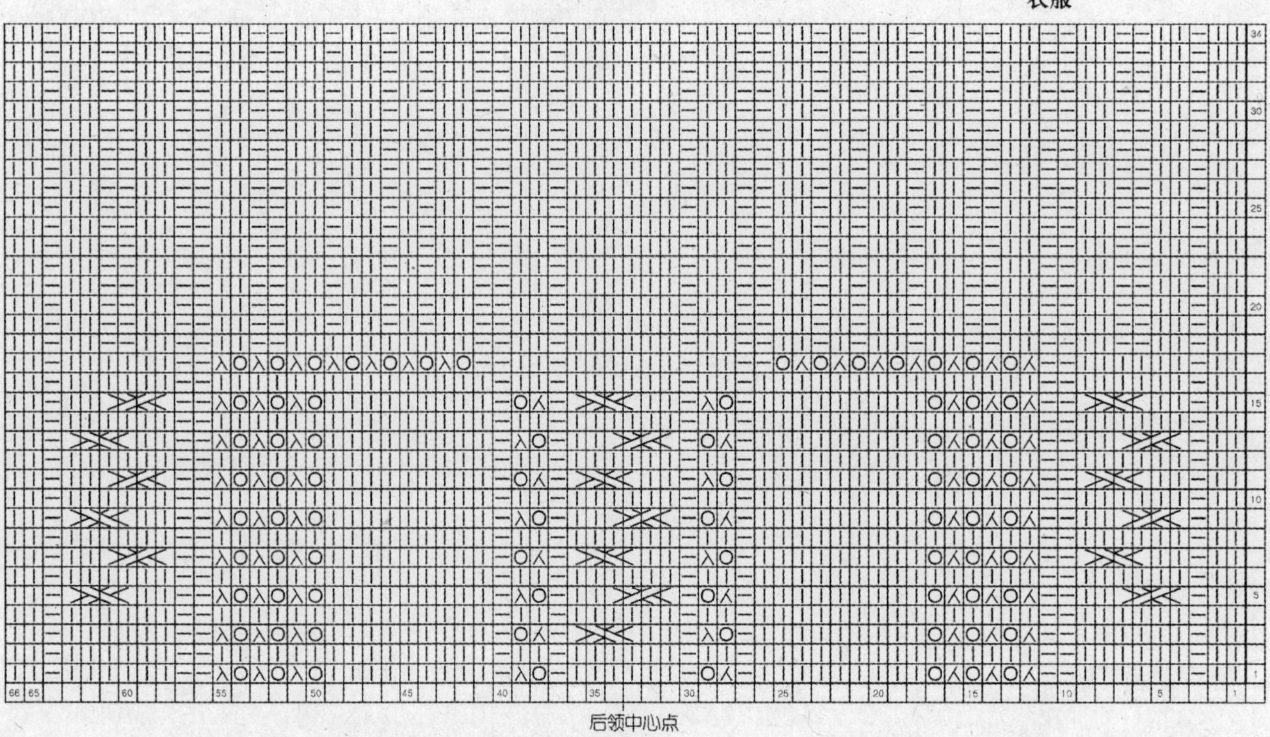

衣服
后领中心点

结构图

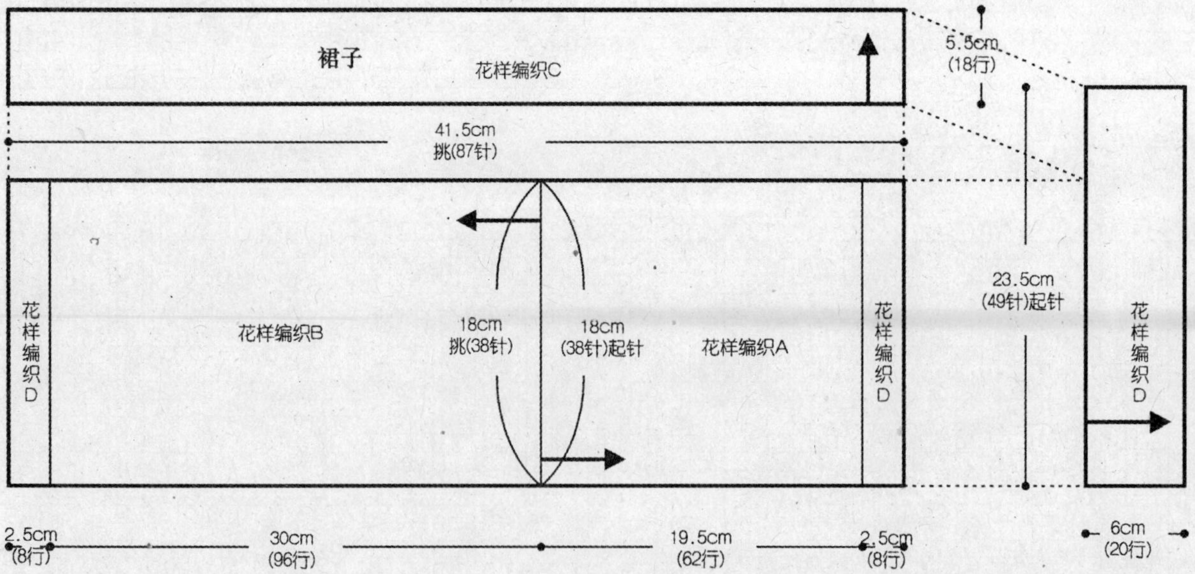

裙子
花样编织C
5.5cm
(18行)
41.5cm
挑(87针)
花样编织D
花样编织B
18cm
挑(38针)
18cm
(38针)起针
花样编织A
花样编织D
23.5cm
(49针)起针
花样编织D
2.5cm
(8行)
30cm
(96行)
19.5cm
(62行)
2.5cm
(8行)
6cm
(20行)

缘编织

裙子
1个缘编织

扣襻编织

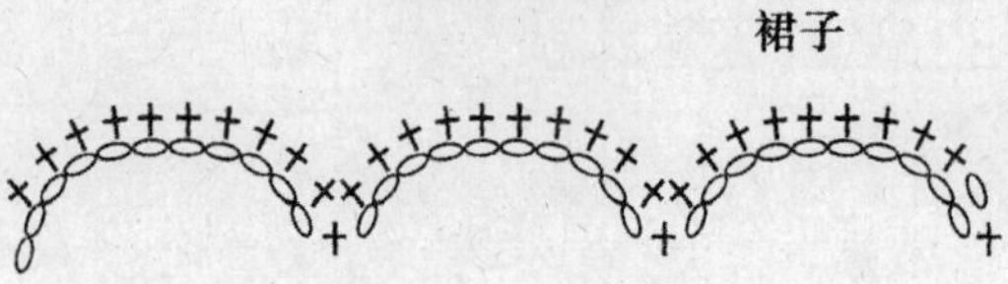

裙子

花样编织A

裙子

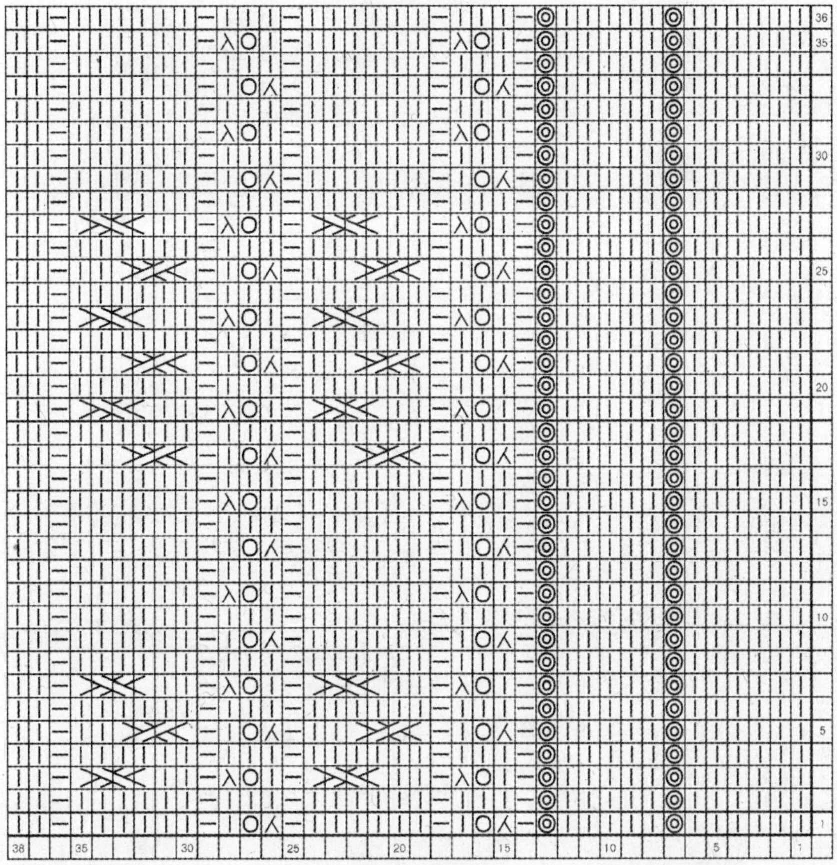

裙子款式图

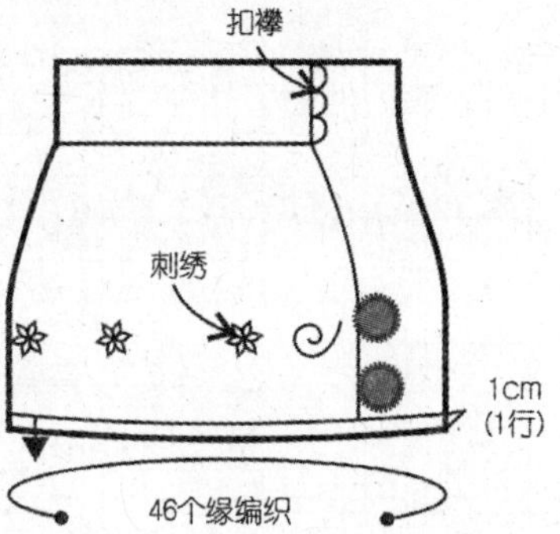

扣襻
刺绣
1cm
(1行)
46个缘编织

花样编织D

裙子

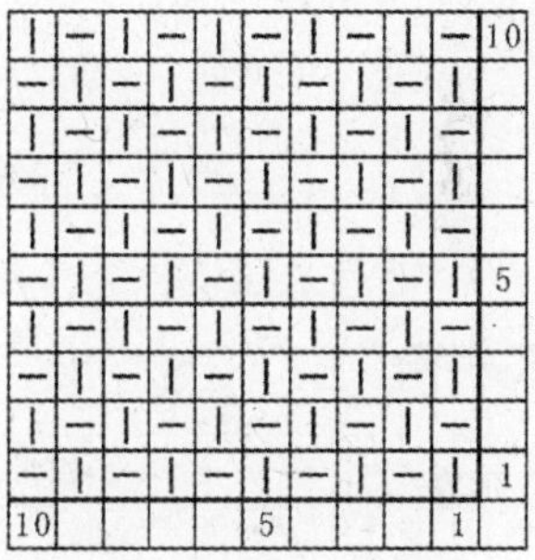

花样编织B

裙子

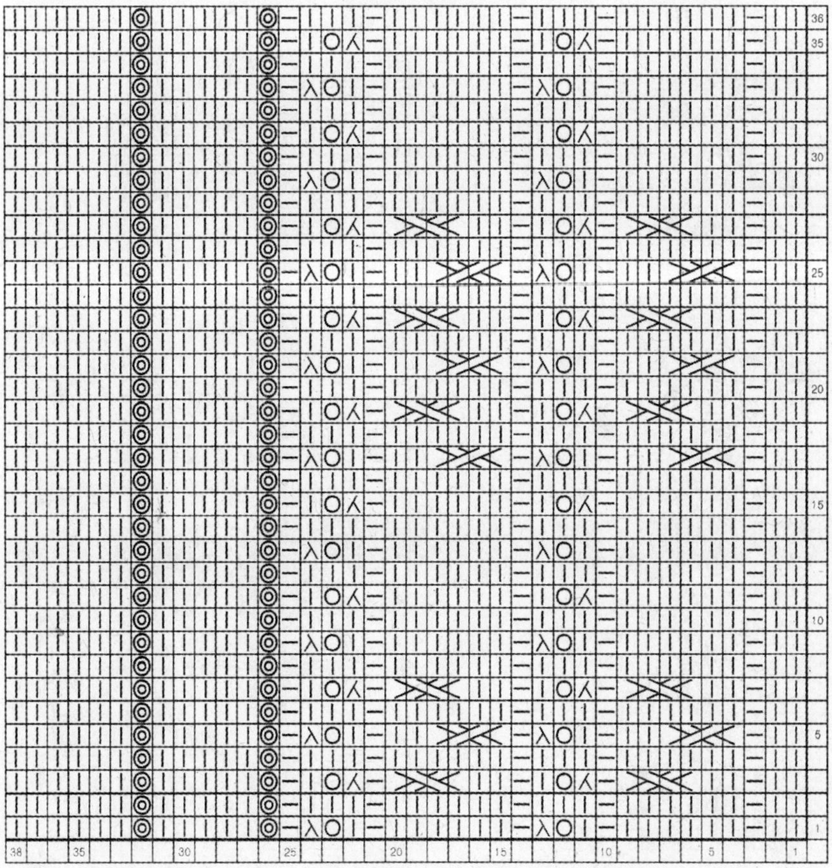

绒球的制作方法

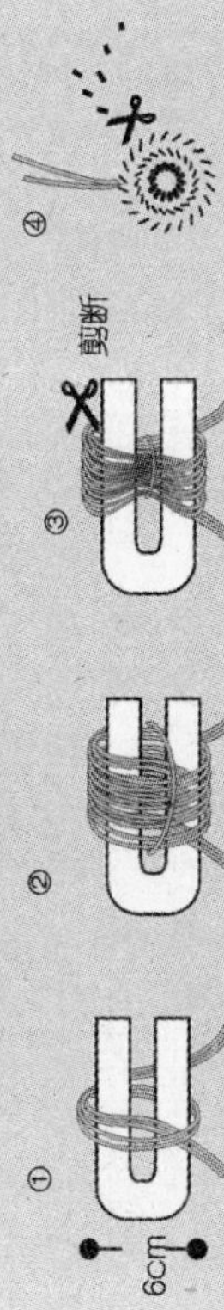

6cm
剪断

① 将厚纸板剪成“U”形，毛线卷绕40～50圈。

② 在中间扎紧打结。

③ 将上下两端剪开。

④ 修剪整齐。

花样编织C

裙子

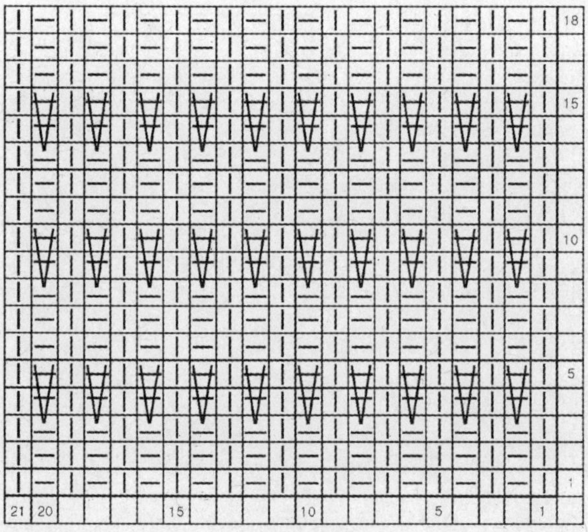

花样编织E

衣服

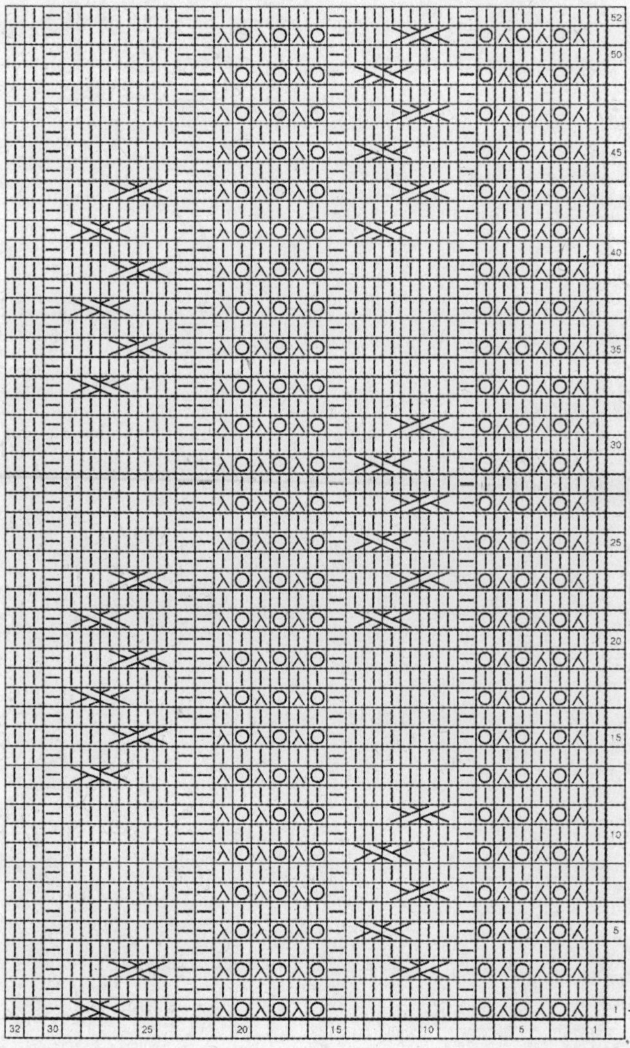

上接第133页

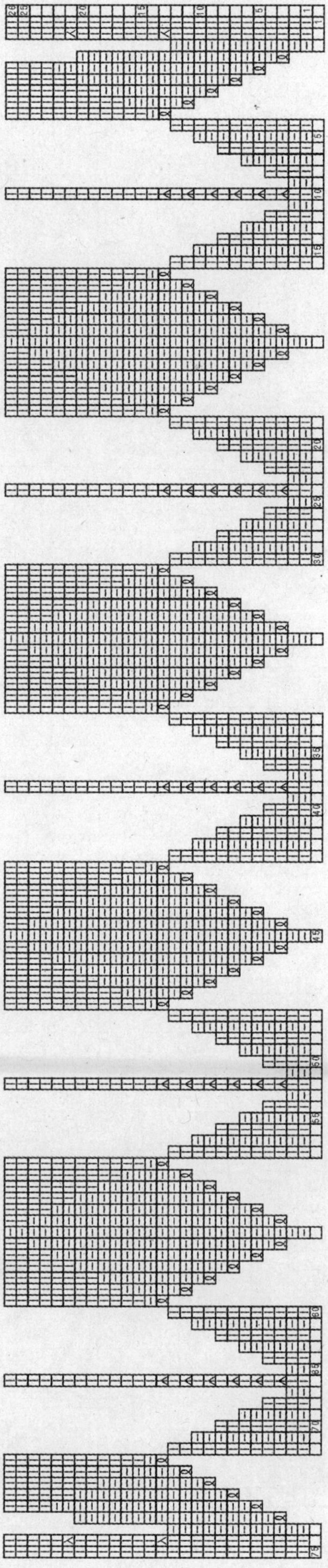

花样编织A

NO.21
绿色双排扣短裙套装

彩图见 第30页

材料

衣服 中粗羊毛线橄榄绿色180g，直径为15mm的纽扣10颗

裙子 中粗羊毛线橄榄绿色120g，宽松紧带48cm

工具

衣服 3.3mm棒针，裙子 2.7mm棒针

成品尺寸

衣服 衣长37cm、胸围58cm、背肩宽22cm

裙子 裙长26cm、腰围48cm、下摆围82cm

编织密度

衣服 花样编织A～D，下针编织

28针×40行/10cm

裙子 花样编织A 36针×27行/10cm

花样编织B 29针×38行/10cm

结构图

裙子

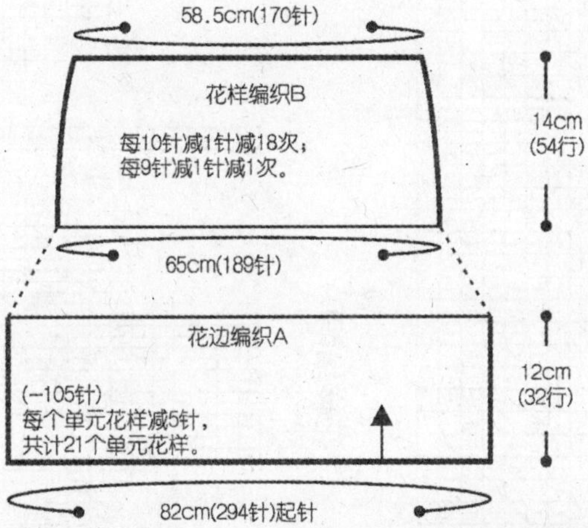

裙子款式图

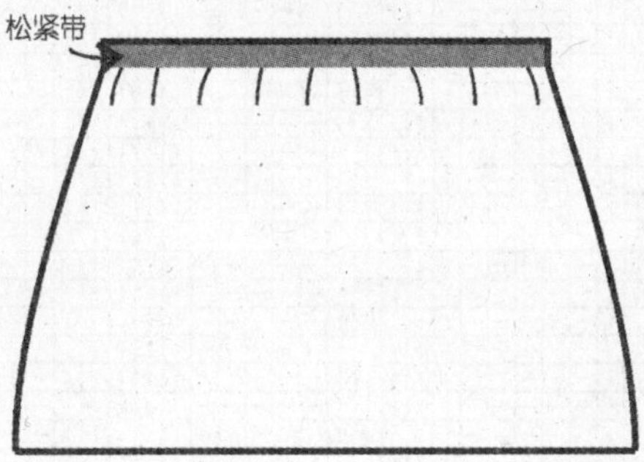

花样编织A

裙子

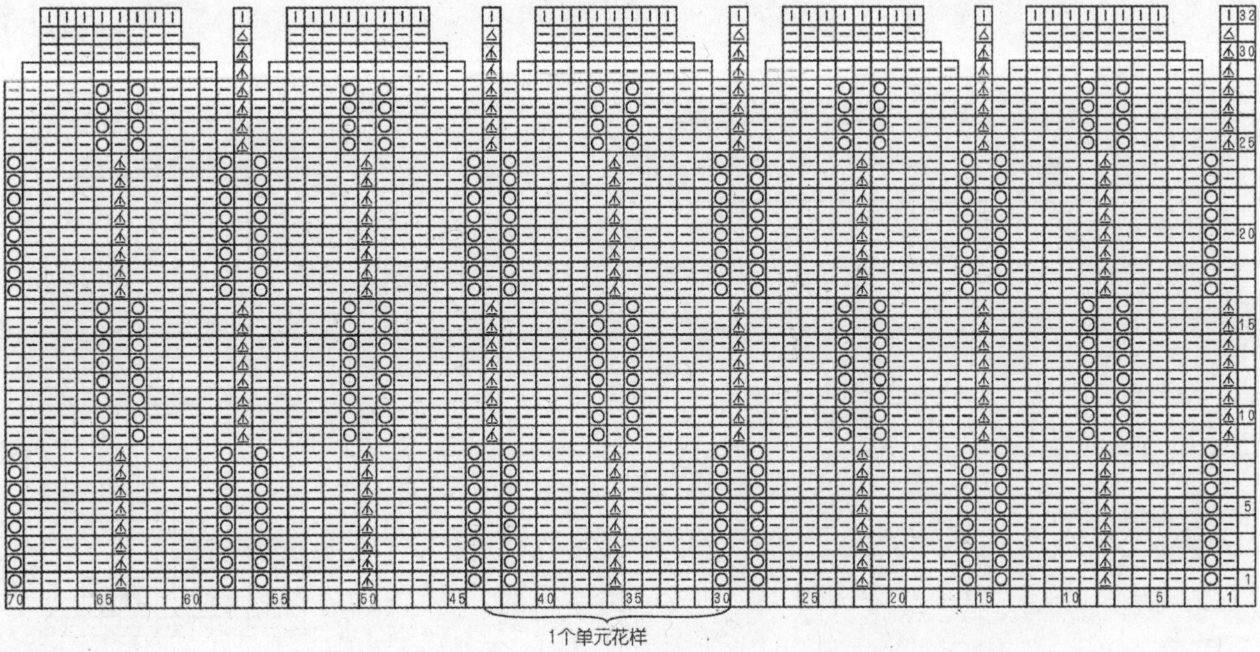

花样编织B

裙子

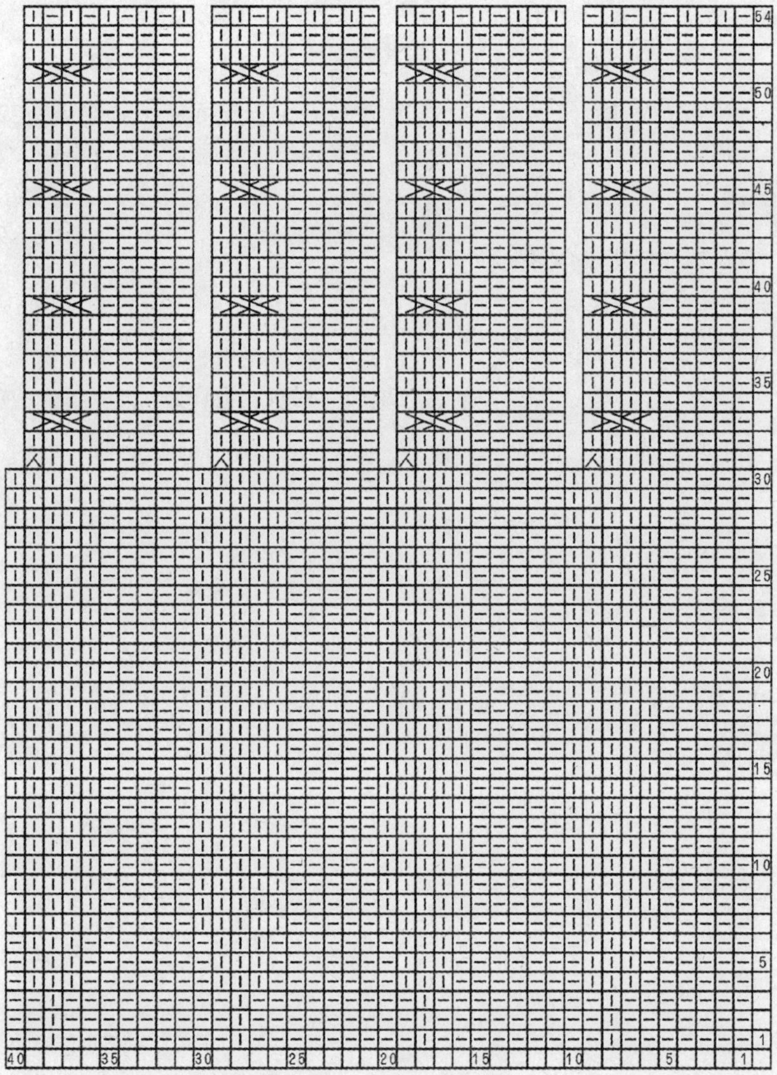

领

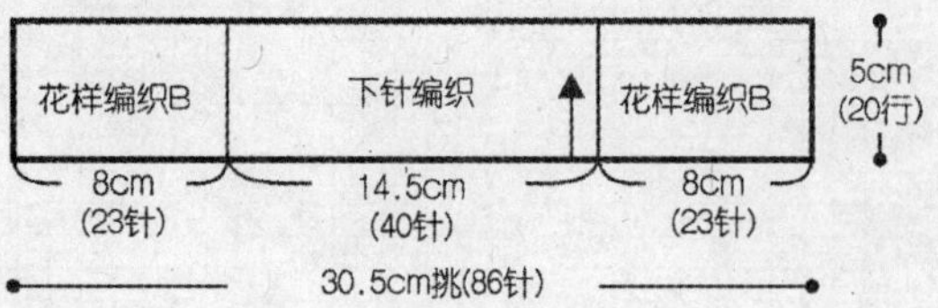
花样编织B
下针编织
花样编织B
5cm
(20行)
8cm
(23针)
14.5cm
(40针)
8cm
(23针)
30.5cm挑(86针)

饰边

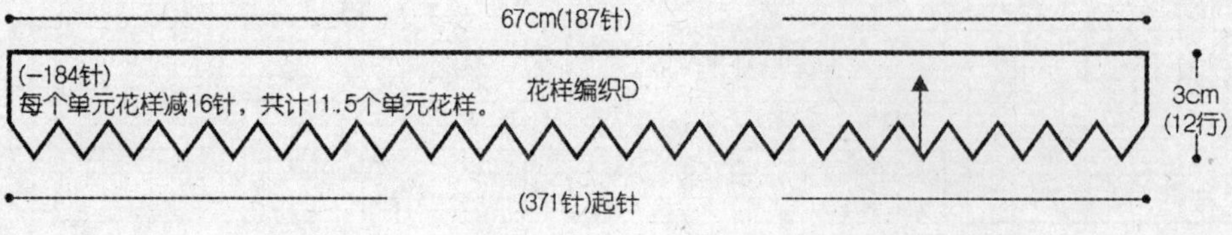
67cm(187针)
(−184针)
每个单元花样减16针，共计11.5个单元花样。
花样编织D
3cm
(12行)
(371针)起针

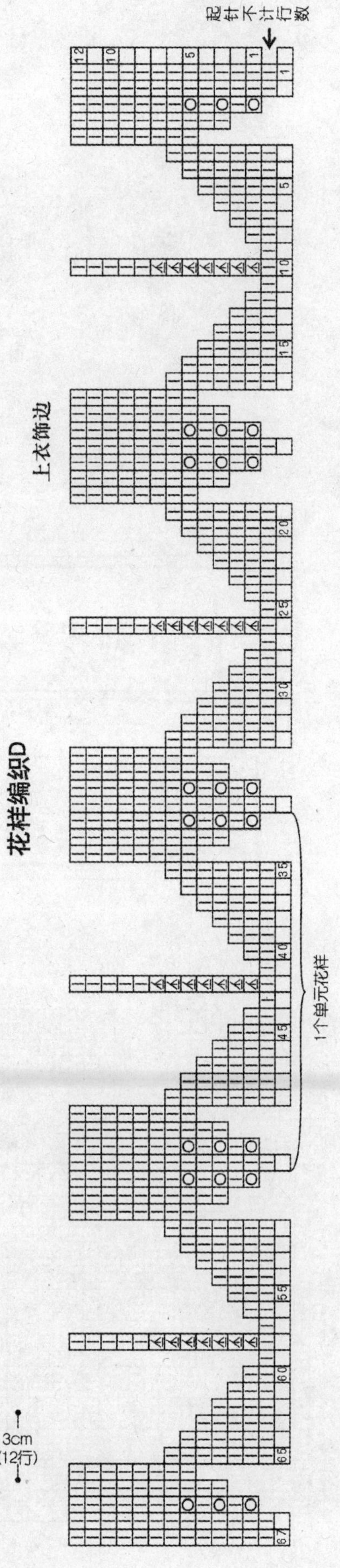
花样编织D
上衣饰边
起针不计行数
1个单元花样

结构图

上衣

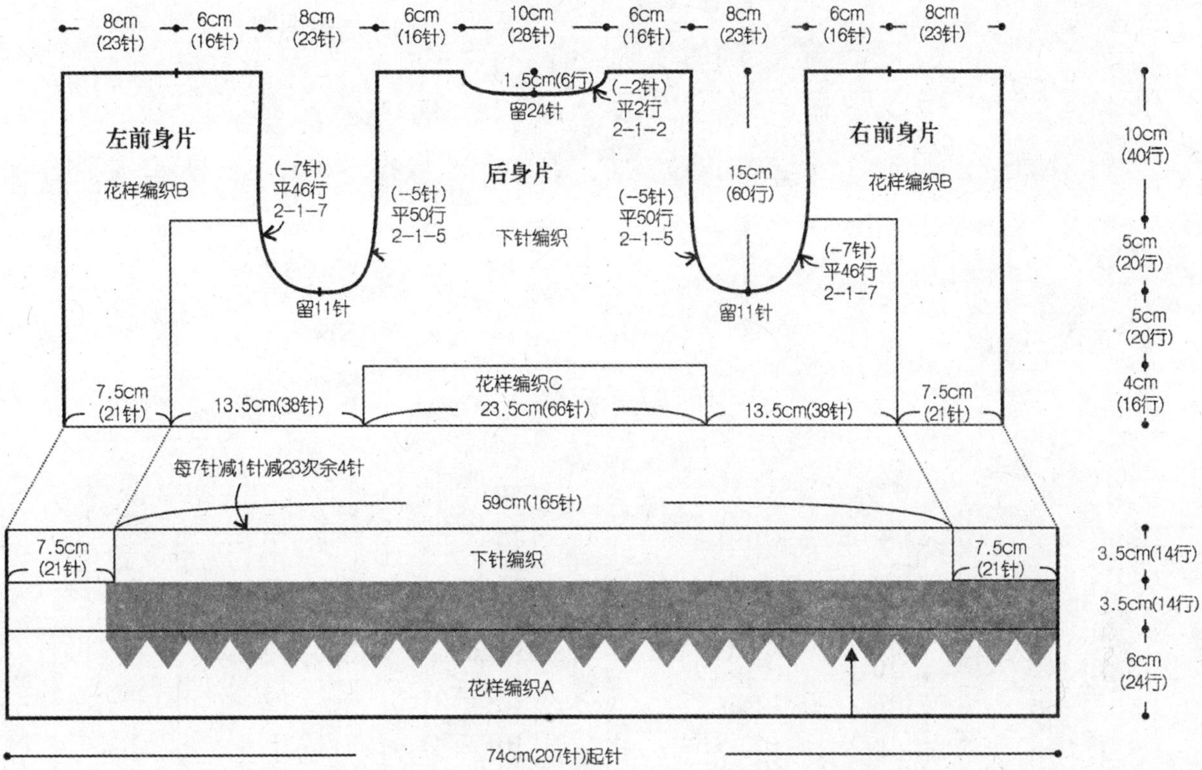

8cm (23针)
6cm (16针)
8cm (23针)
6cm (16针)
10cm (28针)
6cm (16针)
8cm (23针)
6cm (16针)
8cm (23针)
1.5cm(6行)
留24针
(−2针) 平2行 2−1−2
左前身片
花样编织B
(−7针) 平46行 2−1−7
后身片
(−5针) 平50行 2−1−5
下针编织
(−5针) 平50行 2−1−5
15cm (60行)
右前身片
花样编织B
(−7针) 平46行 2−1−7
留11针
留11针
10cm (40行)
5cm (20行)
5cm (20行)
4cm (16行)
花样编织C
7.5cm (21针)
13.5cm(38针)
23.5cm(66针)
13.5cm(38针)
7.5cm (21针)
每7针减1针减23次余4针
59cm(165针)
7.5cm (21针)
下针编织
7.5cm (21针)
3.5cm(14行)
3.5cm(14行)
6cm (24行)
花样编织A
74cm(207针)起针

款式图

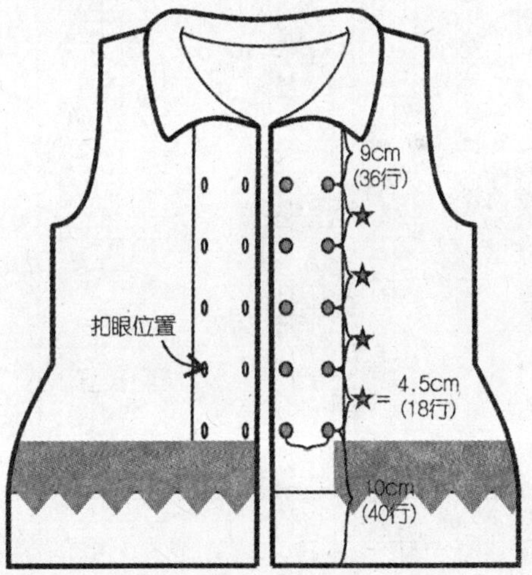

9cm (36行)
扣眼位置
★= 4.5cm (18行)
10cm (40行)

花样编织A

上衣

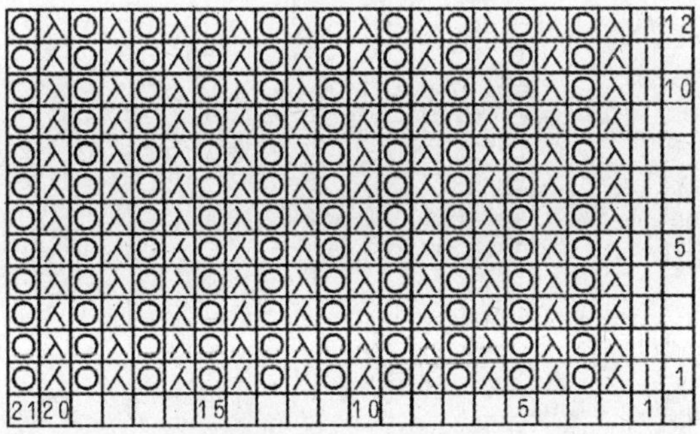

花样编织B

上衣

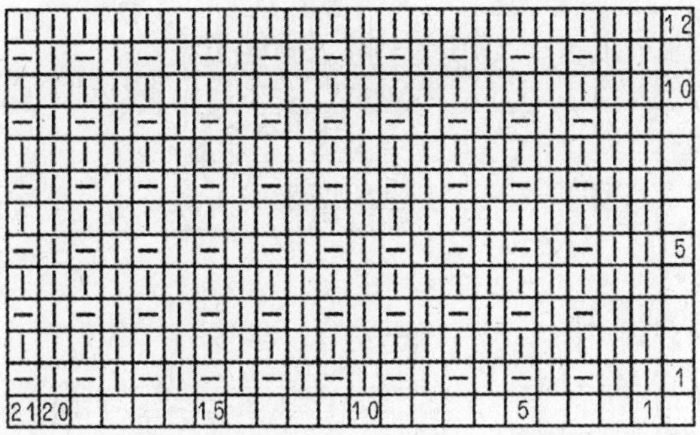

花样编织C

上衣

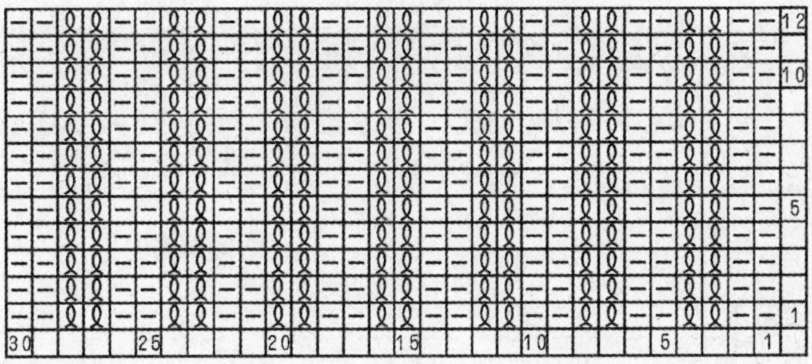

NO.22
橘色短袖连衣裙
彩图见 第32页

工具

3.3mm棒针

成品尺寸

衣长41cm、胸围59cm、肩袖长14cm

材料

中粗羊毛线橘色120g

编织密度

花样编织A、B、C 27针×42行/10cm

花样编织A

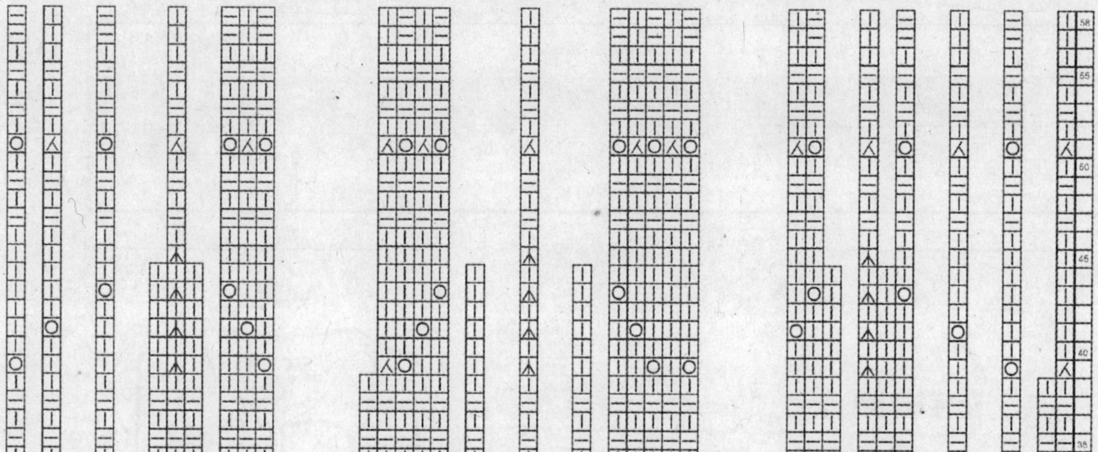

花样编织B

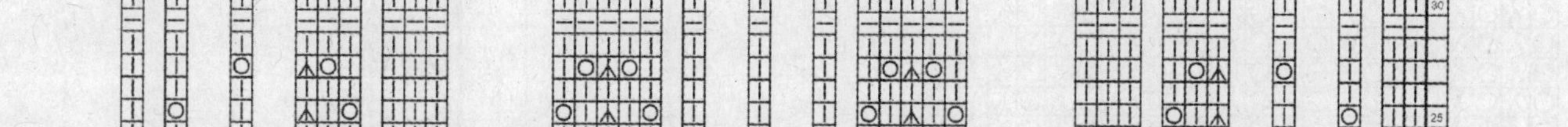

结构图

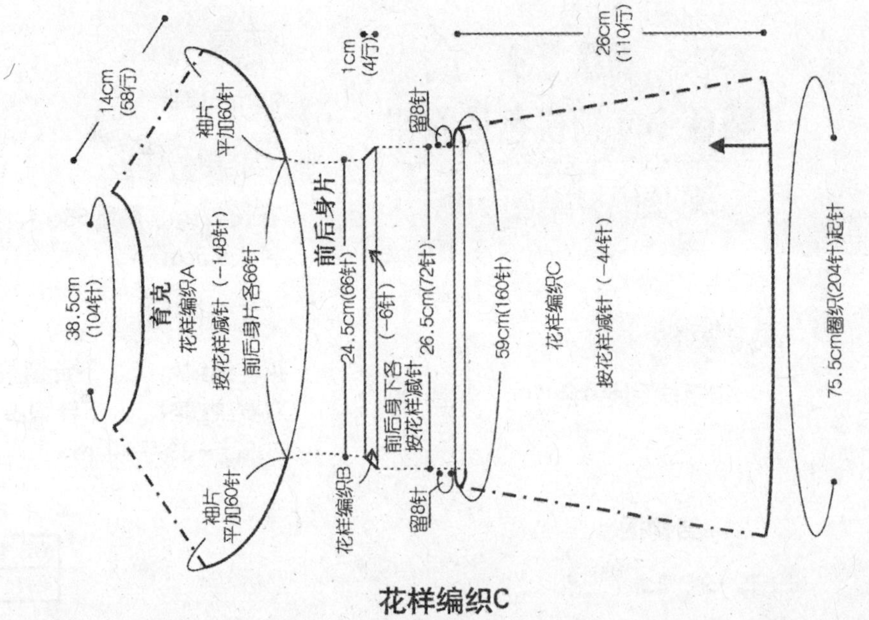

38.5cm (104针)
14cm (58行)
育克
花样编织A
按花样减针（-148针）
前后身片各66针
袖片 平加60针
袖片 平加60针
1cm (4行)
前后身片
24.5cm(66针)
前后身下各 按花样减针
（-6针）
26.5cm(72针)
花样编织B
留8针
留8针
59cm(160针)
花样编织C
按花样减针（-44针）
26cm (110行)
75.5cm圈织(204针)起针

花样编织C

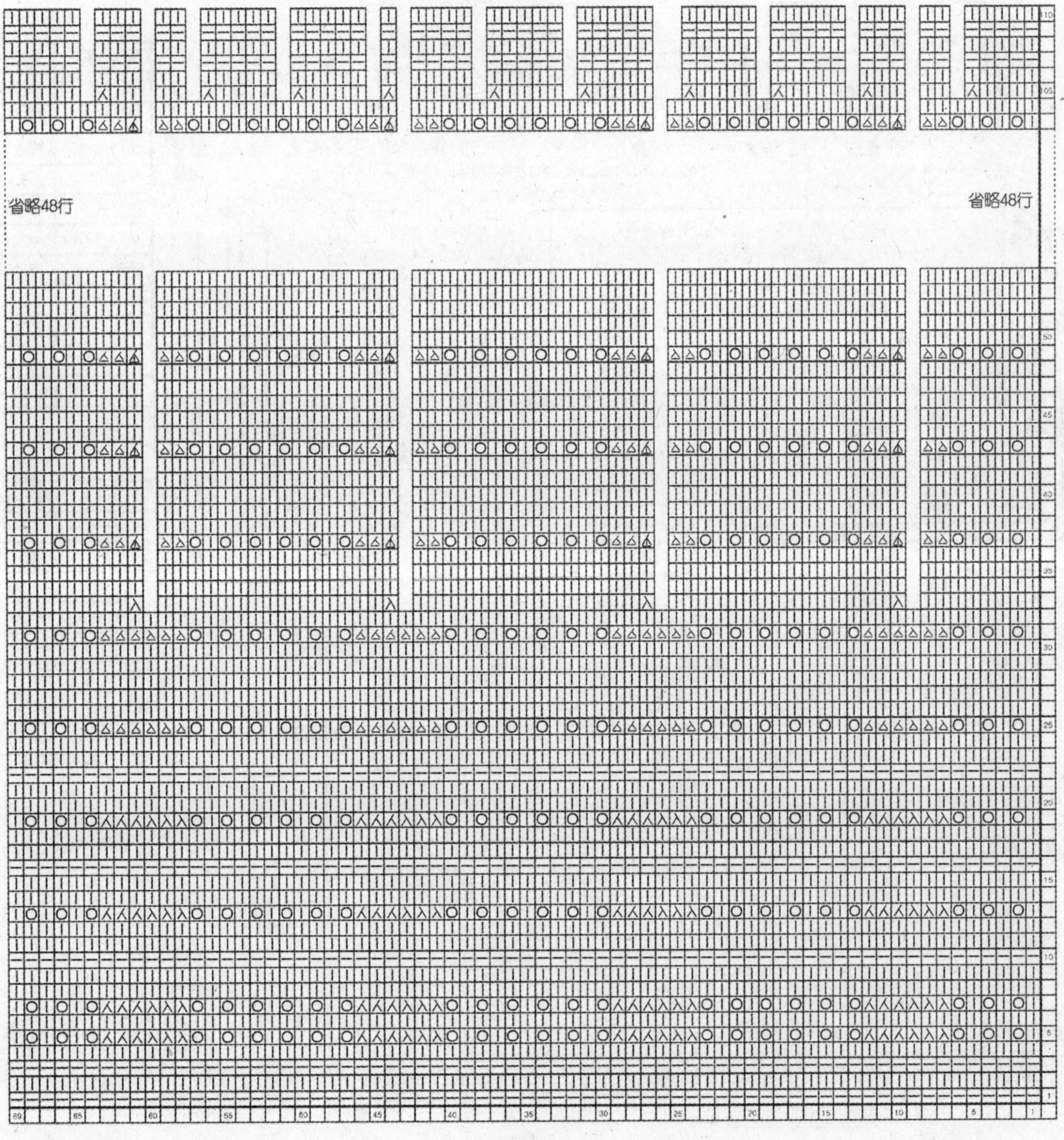

省略48行
省略48行

NO.23 橘色小立领拼色连衣裙

彩图见 第33页

材料

中粗羊毛线橘色120g、黑色100g

工具

4.5mm棒针

成品尺寸

衣长42cm、胸围55cm、背肩宽24.5cm、袖长5.5cm

编织密度

花样编织A～C、下针编织、单罗纹编织、双罗纹编织、上下针编织
18.5针×33行/10cm

结构图

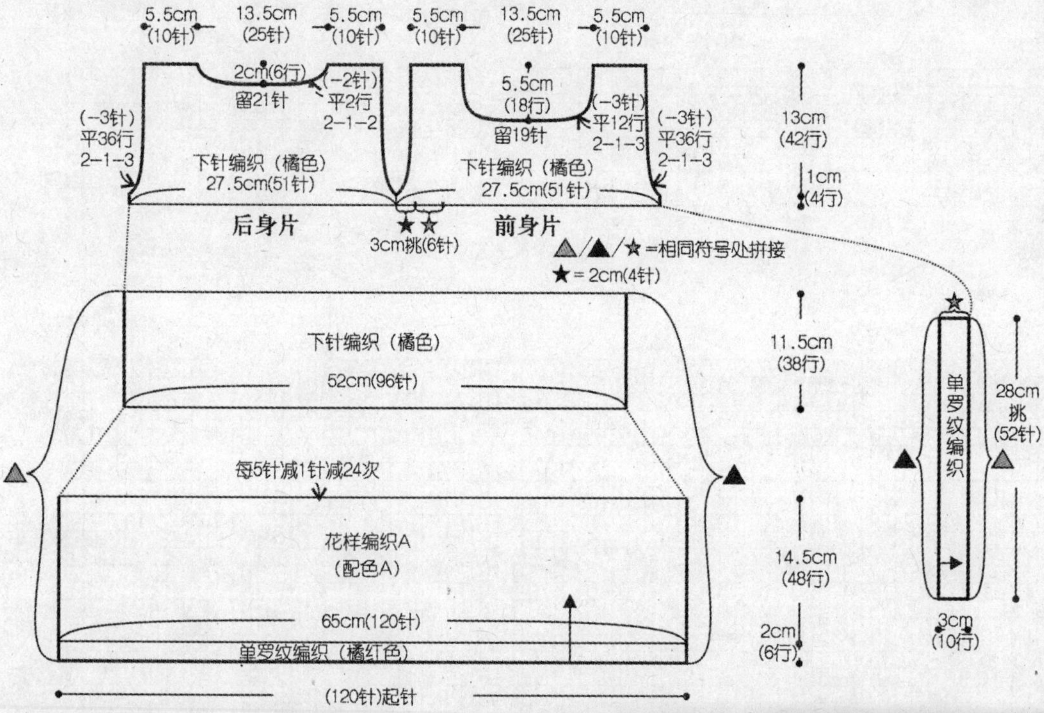

配色A

第1～42行	黑色42行
第43～48行	橘色6行

配色B

第1～2行	黑色2行
第3～4行	橘色2行
第5～6行	黑色2行
第7～8行	橘色2行
第9～10行	黑色2行
第11～12行	橘色2行
第13～32行	黑色20行
第33～34行	橘色2行
第35～36行	黑色2行
第37～38行	橘色2行
第39～40行	黑色2行
第41～42行	橘色2行

配色C

第1～2行	橘色2行
第3～4行	黑色2行
第5～6行	橘色2行
第7～8行	黑色2行
第9～10行	橘色2行
第11～12行	黑色2行
第13～14行	橘色2行
第15～16行	黑色2行
第17～18行	橘色2行

花样编织A

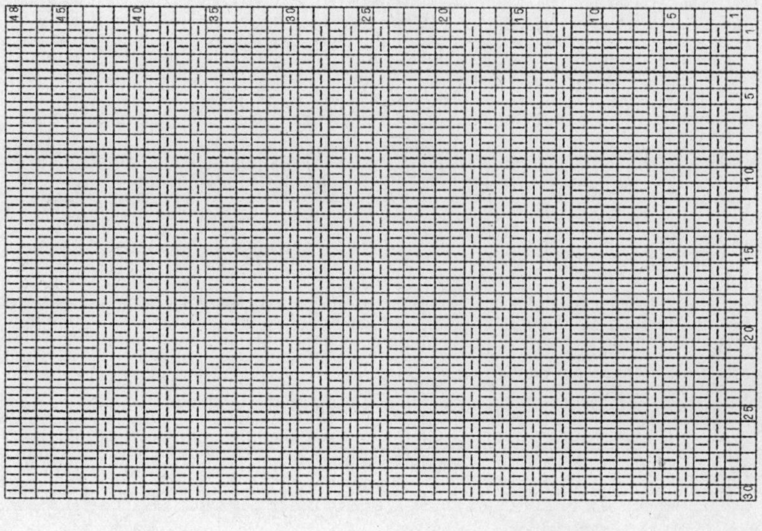

蝴蝶结A

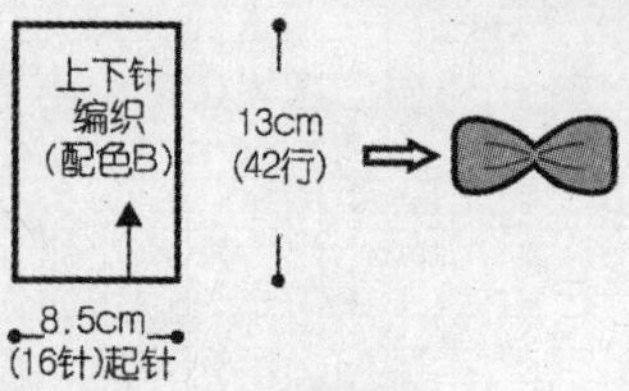

蝴蝶结B

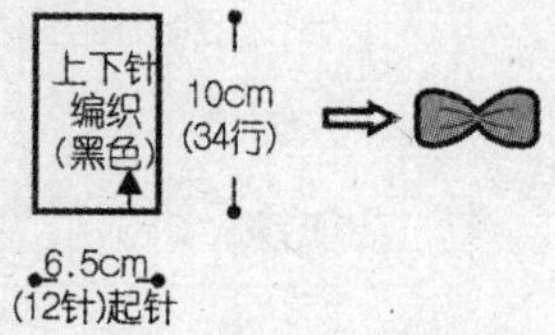

款式图

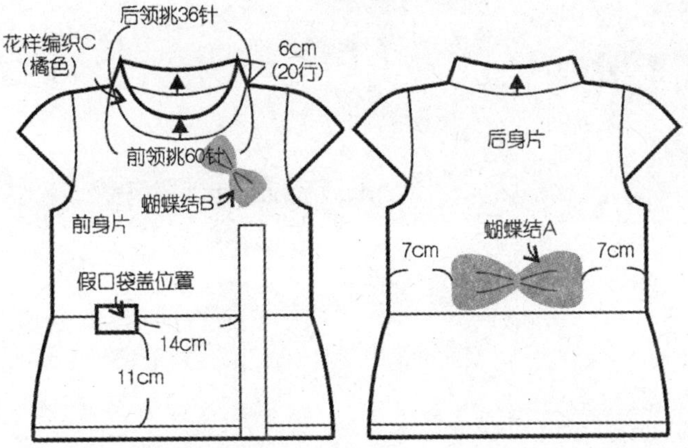

后领挑36针
花样编织C
(橘色)
6cm
(20行)
前领挑60针
蝴蝶结B
前身片
假口袋盖位置
14cm
11cm
后身片
蝴蝶结A
7cm
7cm

花样编织B

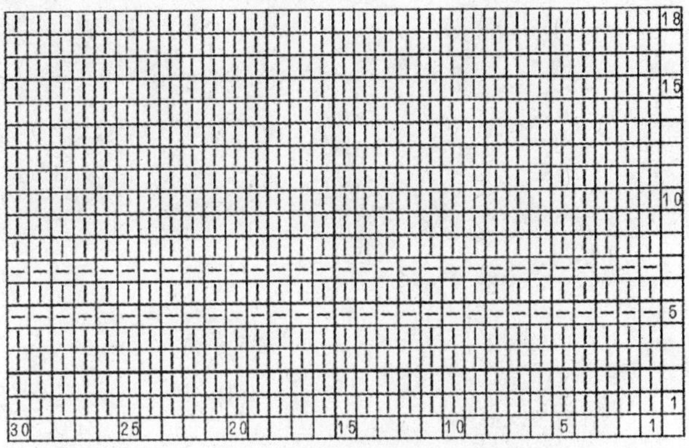

18
15
10
5
1
30
25
20
15
10
5
1

花样编织C

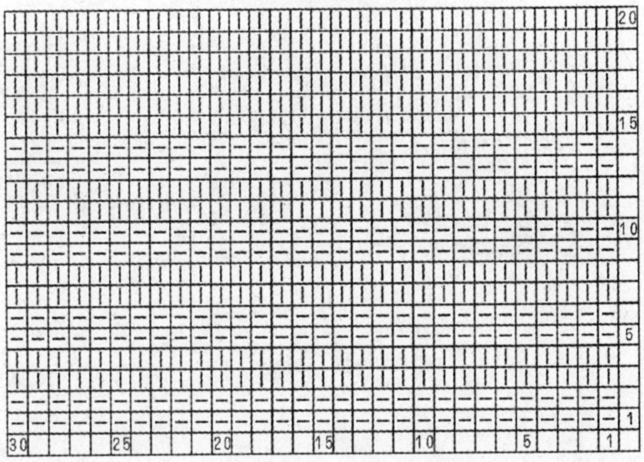

20
15
10
5
1
30
25
20
15
10
5
1

假口袋盖

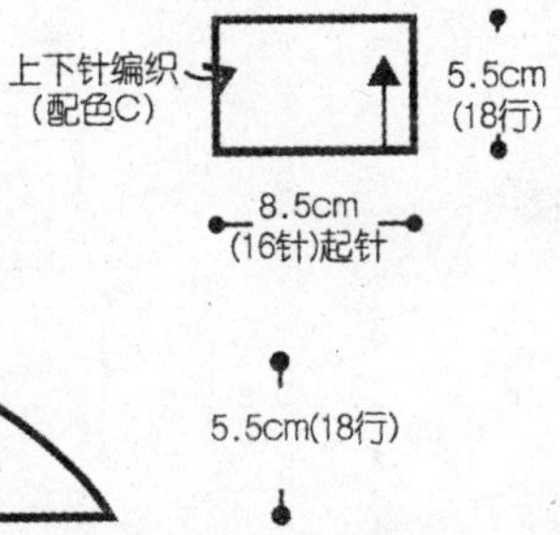

上下针编织
(配色C)
5.5cm
(18行)
8.5cm
(16针)起针
5.5cm(18行)

袖片

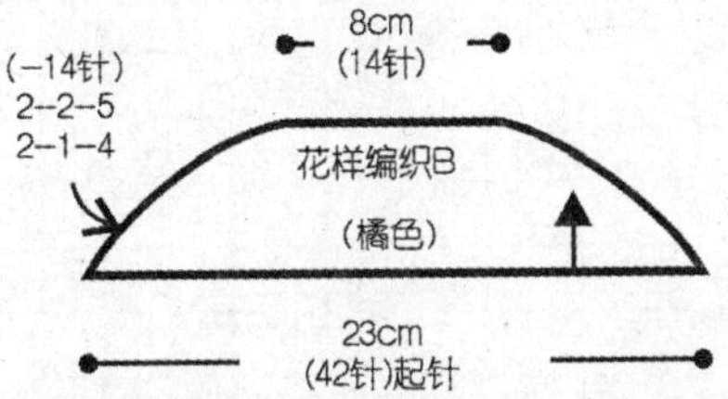

8cm
(14针)
(−14针)
2-2-5
2-1-4
花样编织B
(橘色)
23cm
(42针)起针

(上接第121页)

花样编织A

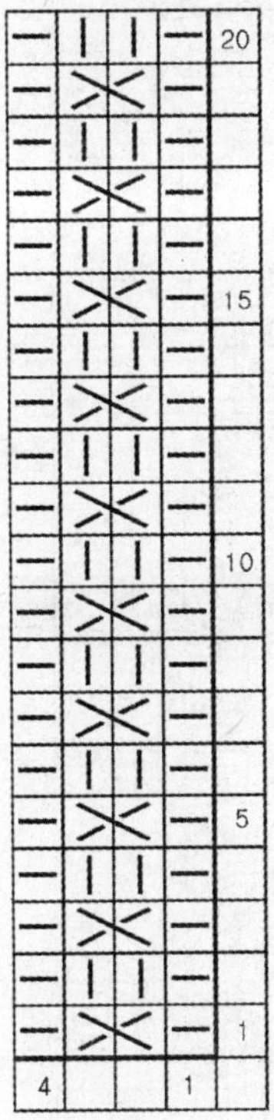

20
15
10
5
1
4
1

花样编织B

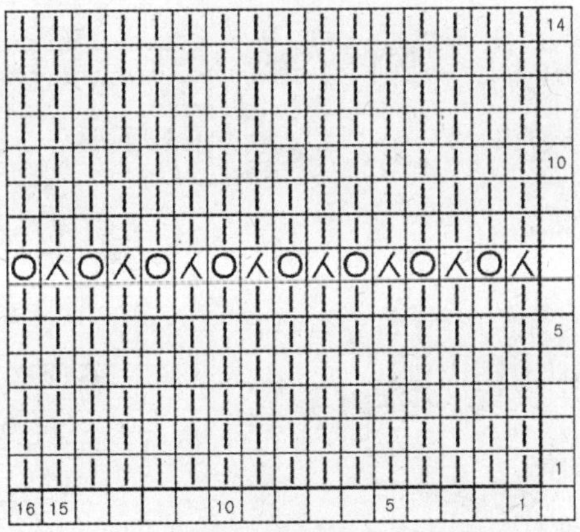

14
10
5
1
16
15
10
5
1

花样编织C

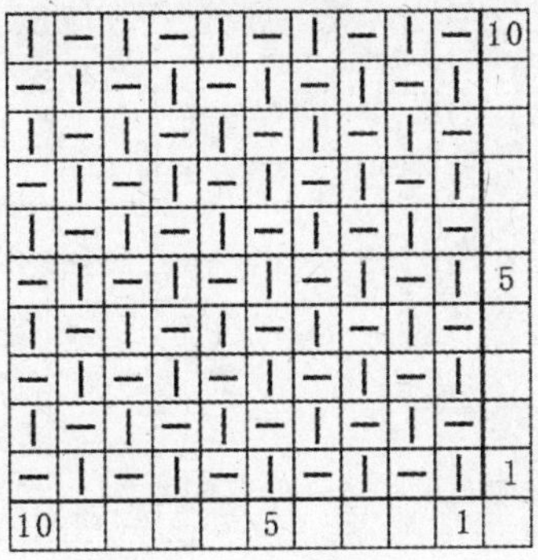

10
5
1
10
5
1

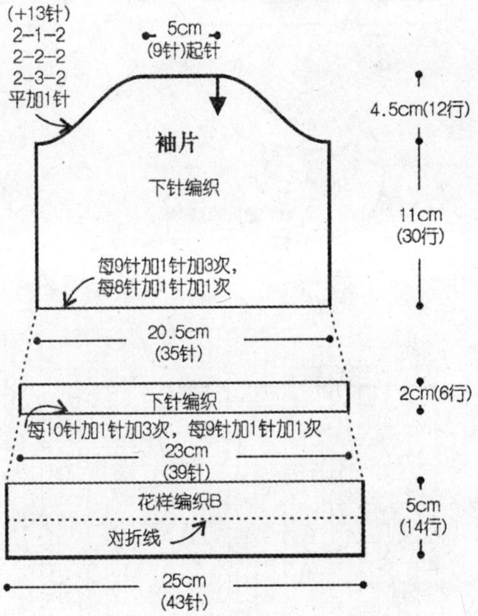

(+13针)
2-1-2
2-2-2
2-3-2
平加1针
5cm
(9针)起针
4.5cm(12行)
袖片
下针编织
11cm
(30行)
每9针加1针加3次,
每8针加1针加1次
20.5cm
(35针)
下针编织
2cm(6行)
每10针加1针加3次，每9针加1针加1次
23cm
(39针)
花样编织B
对折线
5cm
(14行)
25cm
(43针)

NO.24
玫红色麻花花样背心裙

彩图见 第34页

工具

4.2mm棒针

成品尺寸

衣长39cm、胸围65cm、背肩宽23cm

材料

中粗羊毛线玫红色160g

编织密度

花样编织A、B 24针×28行/10cm

结构图

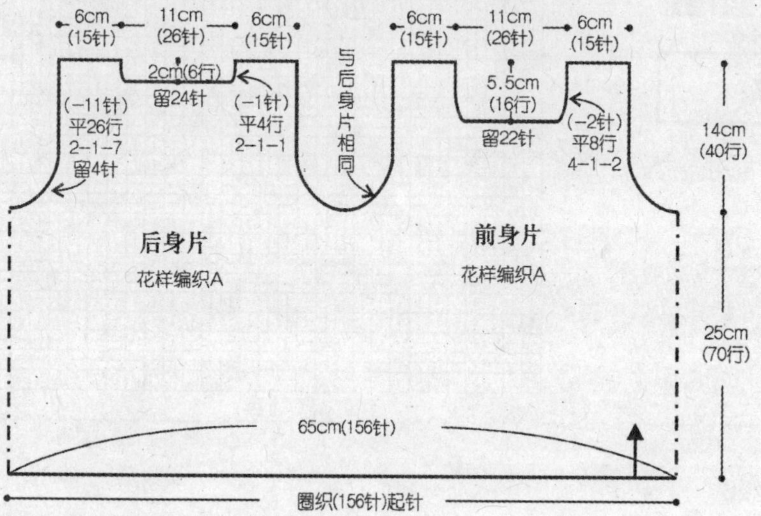

6cm (15针)
11cm (26针)
6cm (15针)
2cm(6行)
留24针
(−11针) 平26行 2-1-7 留4针
(−1针) 平4行 2-1-1
与后身片相同
6cm (15针)
11cm (26针)
6cm (15针)
5.5cm (16行)
留22针
(−2针) 平8行 4-1-2
14cm (40行)
后身片
花样编织A
前身片
花样编织A
25cm (70行)
65cm(156针)
圈织(156针)起针

领

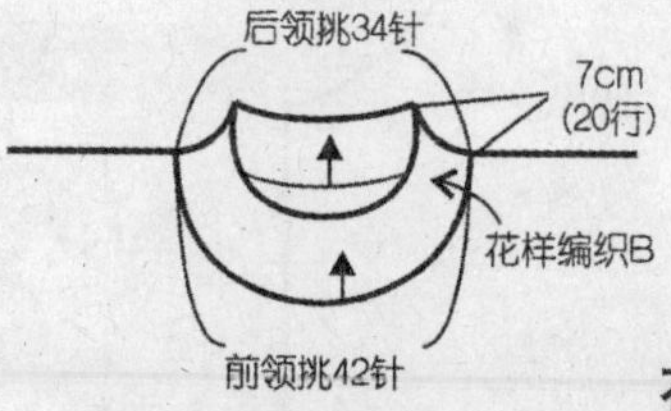

后领挑34针
7cm (20行)
花样编织B
前领挑42针

花样编织A

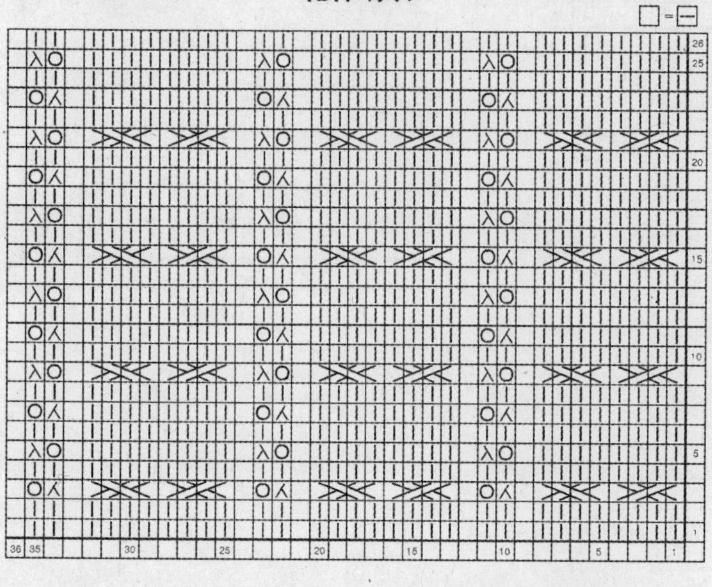

□=−

花样编织B

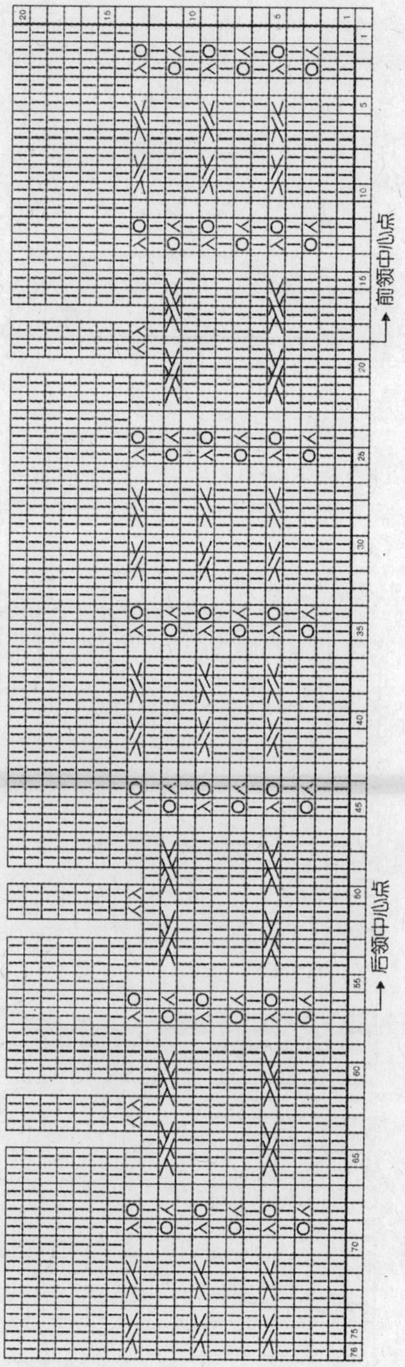

前领中心点
后领中心点

NO.25

棕色刺绣系带外套

彩图见 第35页

材料

中粗羊毛线棕色360g，彩色五角星纽扣4颗，羊毛线彩色适量

工具

4.5mm棒针

成品尺寸

衣长39.5cm、胸围59cm、背肩宽26cm、袖长20cm

编织密度

花样编织A、B、C，上下针编织，下针编织 17针×27行/10cm

结构图

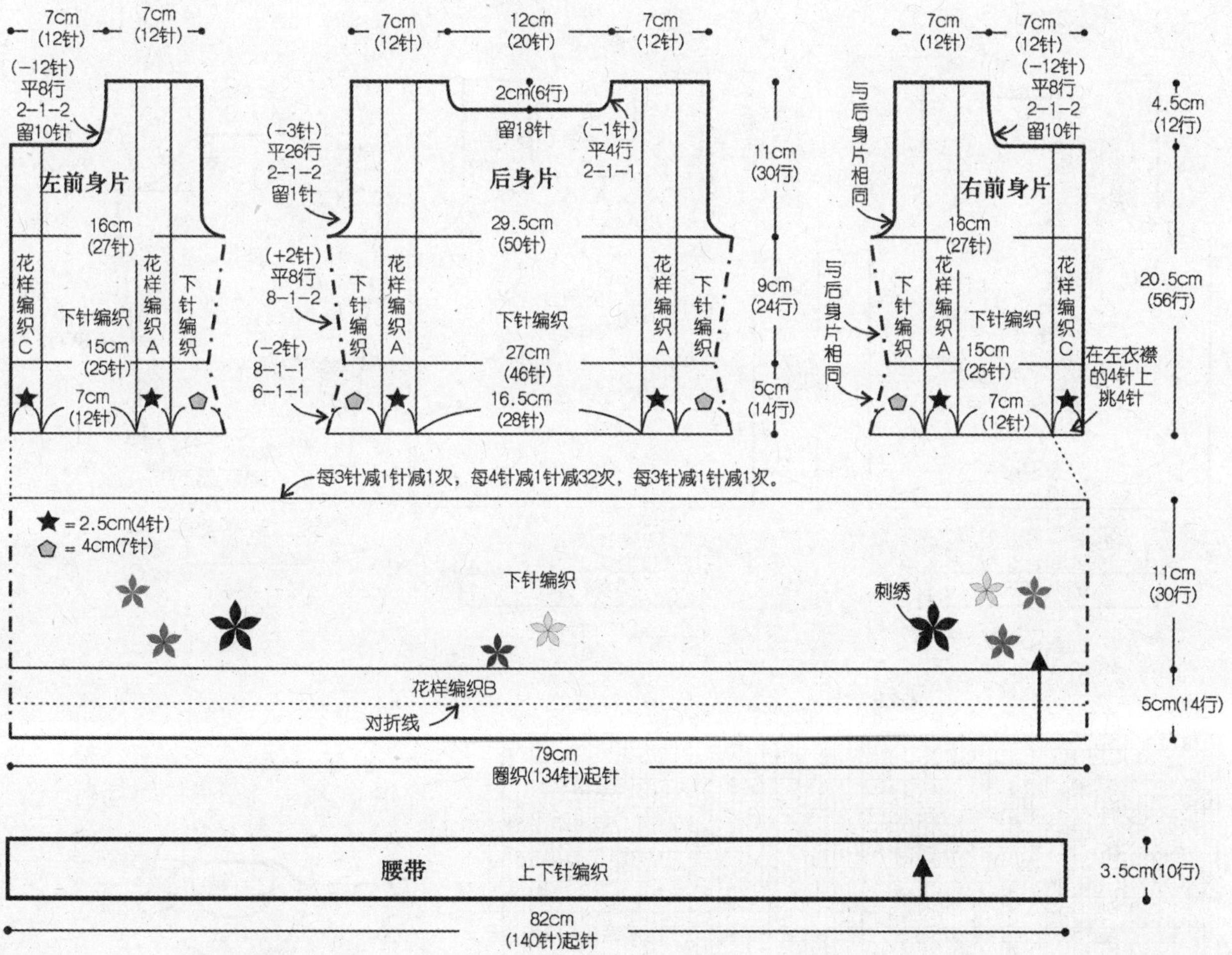

左前身片
后身片
右前身片
7cm (12针)
12cm (20针)
(−12针) 平8行 2−1−2 留10针
2cm(6行)
留18针
(−1针) 平4行 2−1−1
(−3针) 平26行 2−1−2 留1针
(+2针) 平8行 8−1−2
(−2针) 8−1−1 6−1−1
16cm (27针)
29.5cm (50针)
15cm (25针)
27cm (46针)
16.5cm (28针)
花样编织C
花样编织A
下针编织
与后身片相同
在左衣襟的4针上挑4针
11cm (30行)
9cm (24行)
5cm (14行)
4.5cm (12行)
20.5cm (56行)
每3针减1针减1次，每4针减1针减32次，每3针减1针减1次。
★=2.5cm(4针)
⬠=4cm(7针)
刺绣
花样编织B
对折线
5cm(14行)
79cm 圈织(134针)起针
腰带
上下针编织
3.5cm(10行)
82cm (140针)起针

款式图

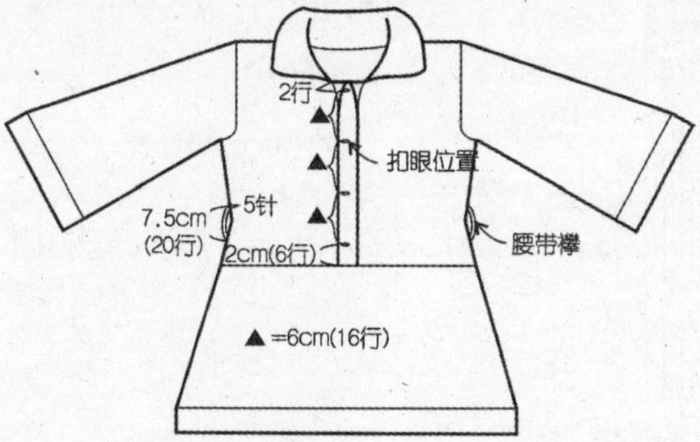

2行
扣眼位置
5针
7.5cm (20行)
2cm(6行)
腰带襻
▲=6cm(16行)

领

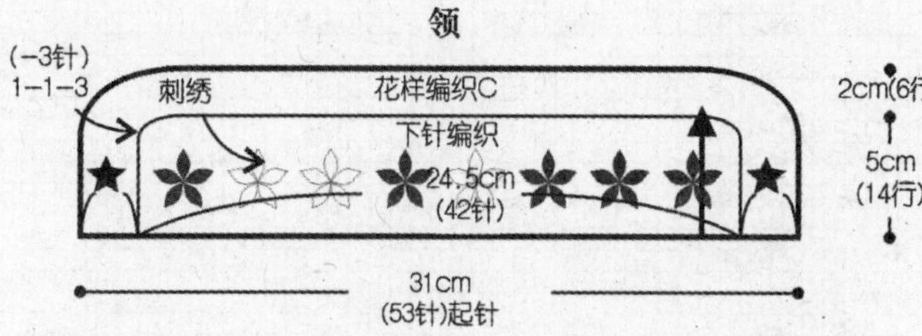

(−3针) 1−1−3
刺绣
花样编织C
下针编织
24.5cm (42针)
2cm(6行)
5cm (14行)
31cm (53针)起针

(下转第119页)

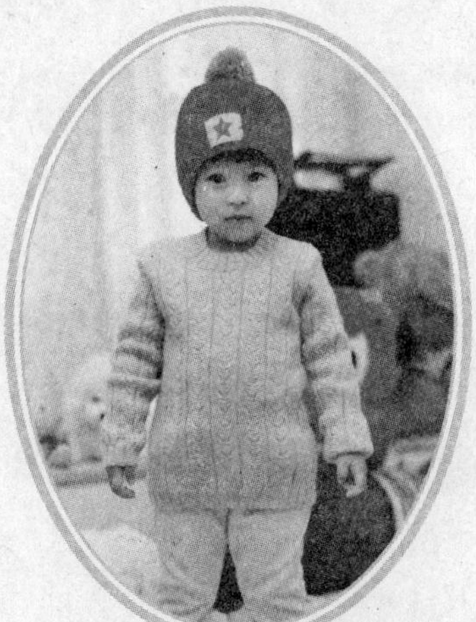

NO.26 浅灰色简约套头衫

彩图见 第36页

工具

2.4mm棒针

成品尺寸

衣长40.5cm、胸围62cm、背肩宽21.5cm、袖长32cm

材料

中粗羊毛线浅灰色280g

编织密度

花样编织、双罗纹编织

38针×44行/10cm

结构图

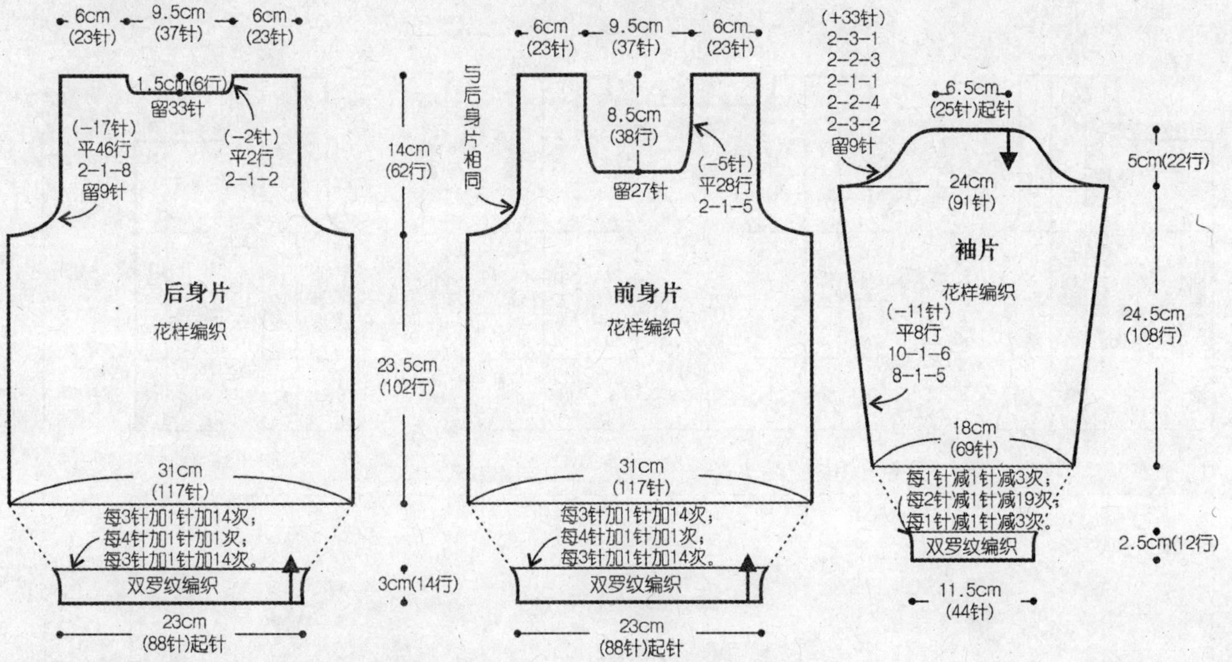
6cm (23针)
9.5cm (37针)
6cm (23针)
1.5cm(6行)
留33针
(−17针)
平46行
2-1-8
留9针
(−2针)
平2行
2-1-2
后身片
花样编织
31cm (117针)
每3针加1针加14次；
每4针加1针加1次；
每3针加1针加14次。
双罗纹编织
23cm (88针)起针
14cm (62行)
23.5cm (102行)
3cm(14行)
与后身片相同
6cm (23针)
9.5cm (37针)
6cm (23针)
8.5cm (38行)
留27针
(−5针)
平28行
2-1-5
前身片
花样编织
31cm (117针)
每3针加1针加14次；
每4针加1针加1次；
每3针加1针加14次。
双罗纹编织
23cm (88针)起针
(+33针)
2-3-1
2-2-3
2-1-1
2-2-4
2-3-2
留9针
6.5cm (25针)起针
24cm (91针)
袖片
花样编织
(−11针)
平8行
10-1-6
8-1-5
18cm (69针)
每1针减1针减3次；
每2针减1针减19次；
每1针减1针减3次。
双罗纹编织
11.5cm (44针)
5cm(22行)
24.5cm (108行)
2.5cm(12行)

花样编织

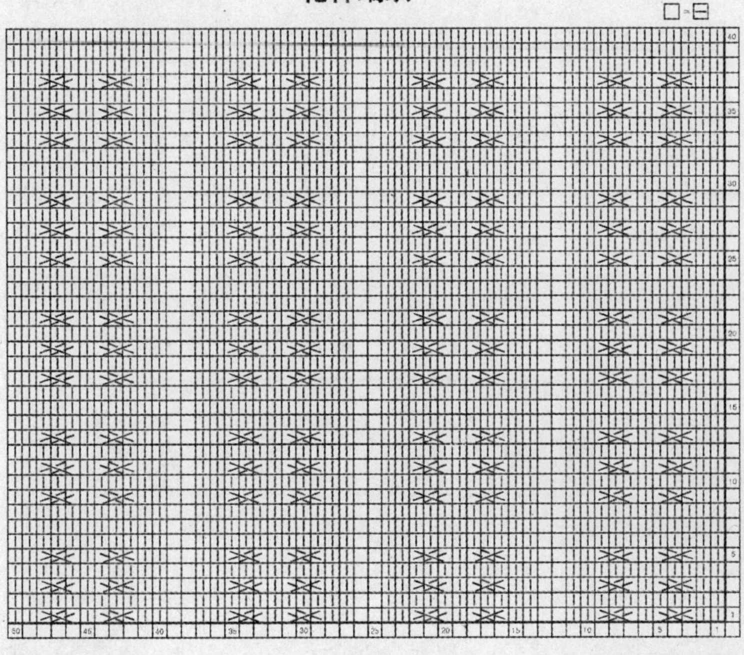
□=⊟

领

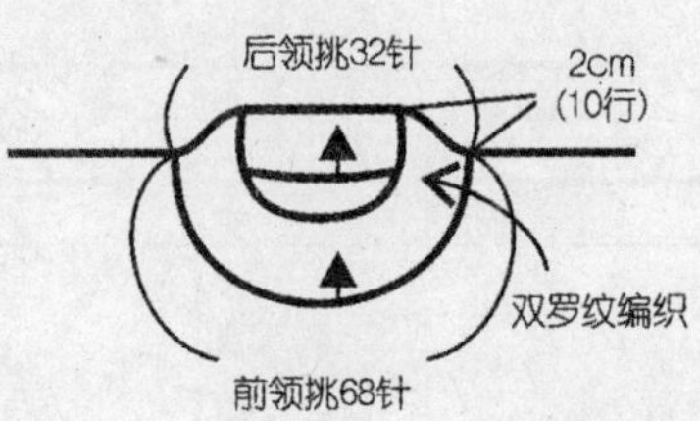
后领挑32针
2cm (10行)
双罗纹编织
前领挑68针

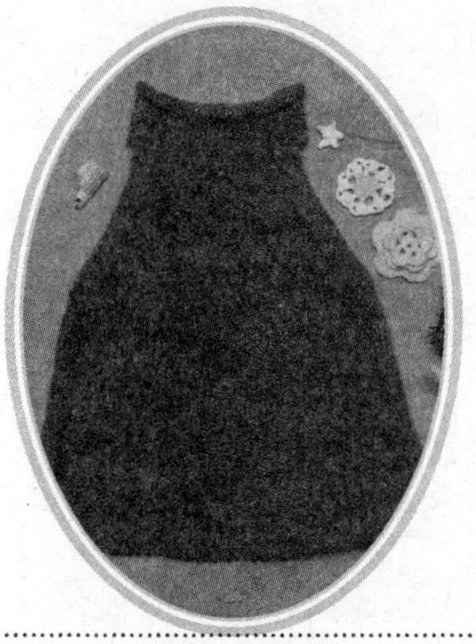

NO.27

棕红色
小圆球无袖立领衫

彩图见 第38页

工具

4.5mm棒针

成品尺寸

衣长36cm、胸围65cm

材料

中粗羊毛线棕红色220g

编织密度

花样编织A、B、C，单罗纹编织

17针×25行/10cm

结构图

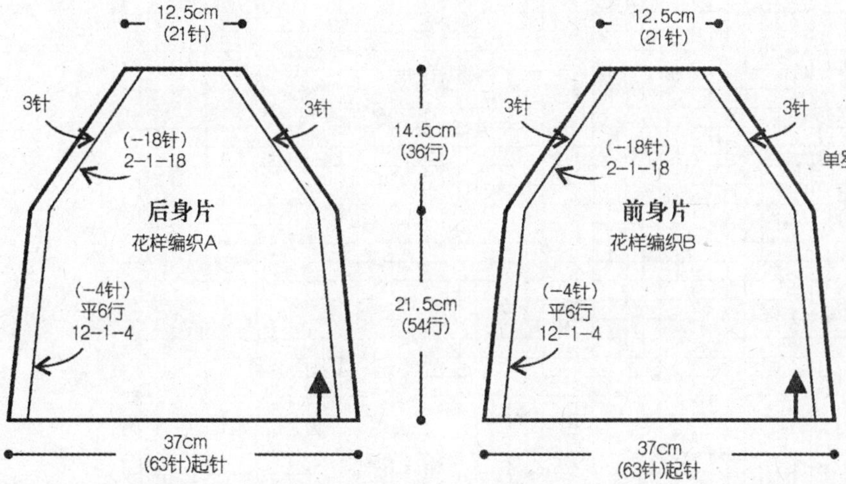
12.5cm
(21针)
3针
3针
(−18针)
2−1−18
后身片
花样编织A
(−4针)
平6行
12−1−4
37cm
(63针)起针
14.5cm
(36行)
21.5cm
(54行)
12.5cm
(21针)
3针
3针
(−18针)
2−1−18
前身片
花样编织B
(−4针)
平6行
12−1−4
37cm
(63针)起针

款式图

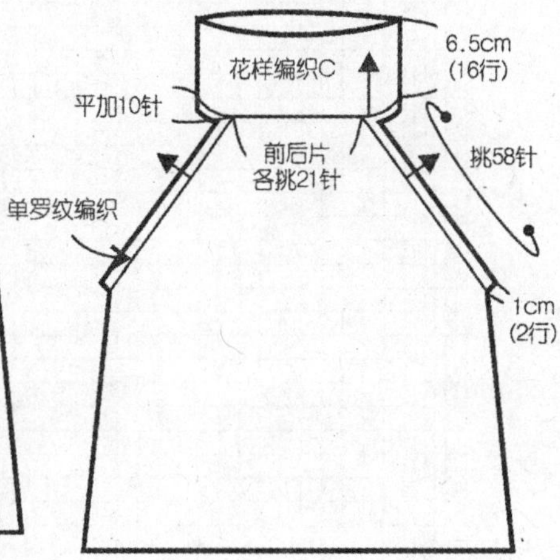
花样编织C
6.5cm
(16行)
平加10针
前后片
各挑21针
挑58针
单罗纹编织
1cm
(2行)

花样编织A

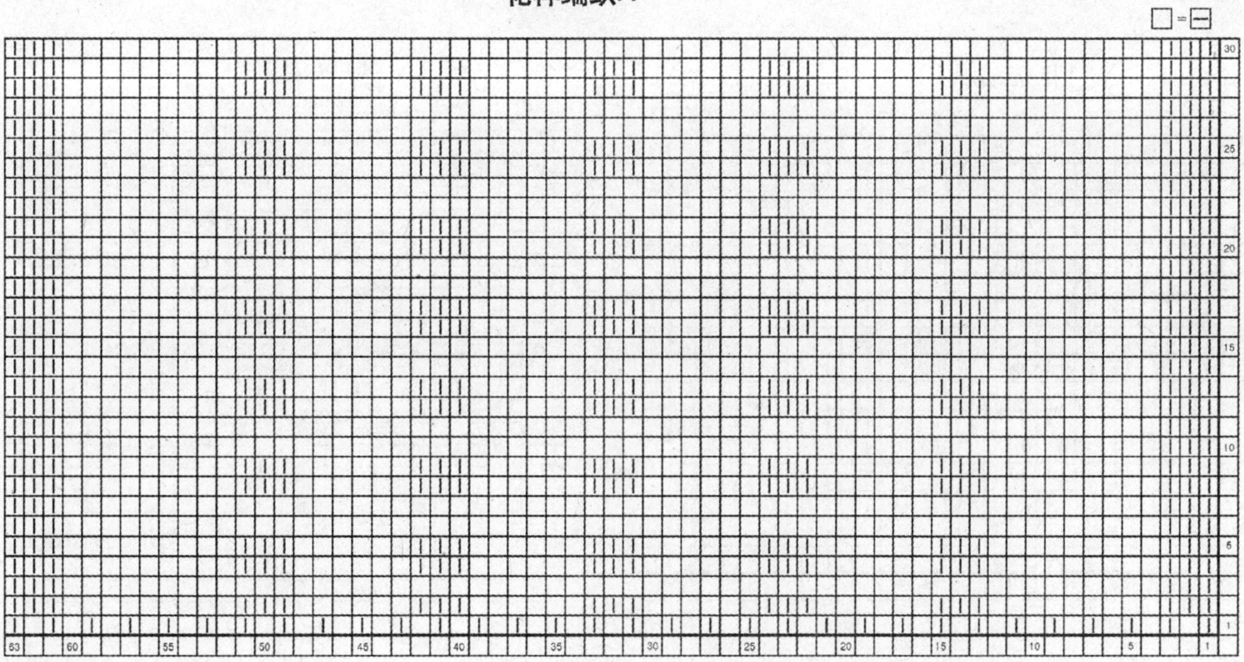
□=⊟
30
25
20
15
10
5
1
63
60
55
50
45
40
35
30
25
20
15
10
5
1

花样编织B

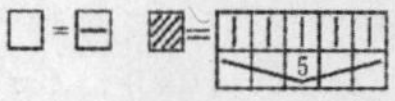

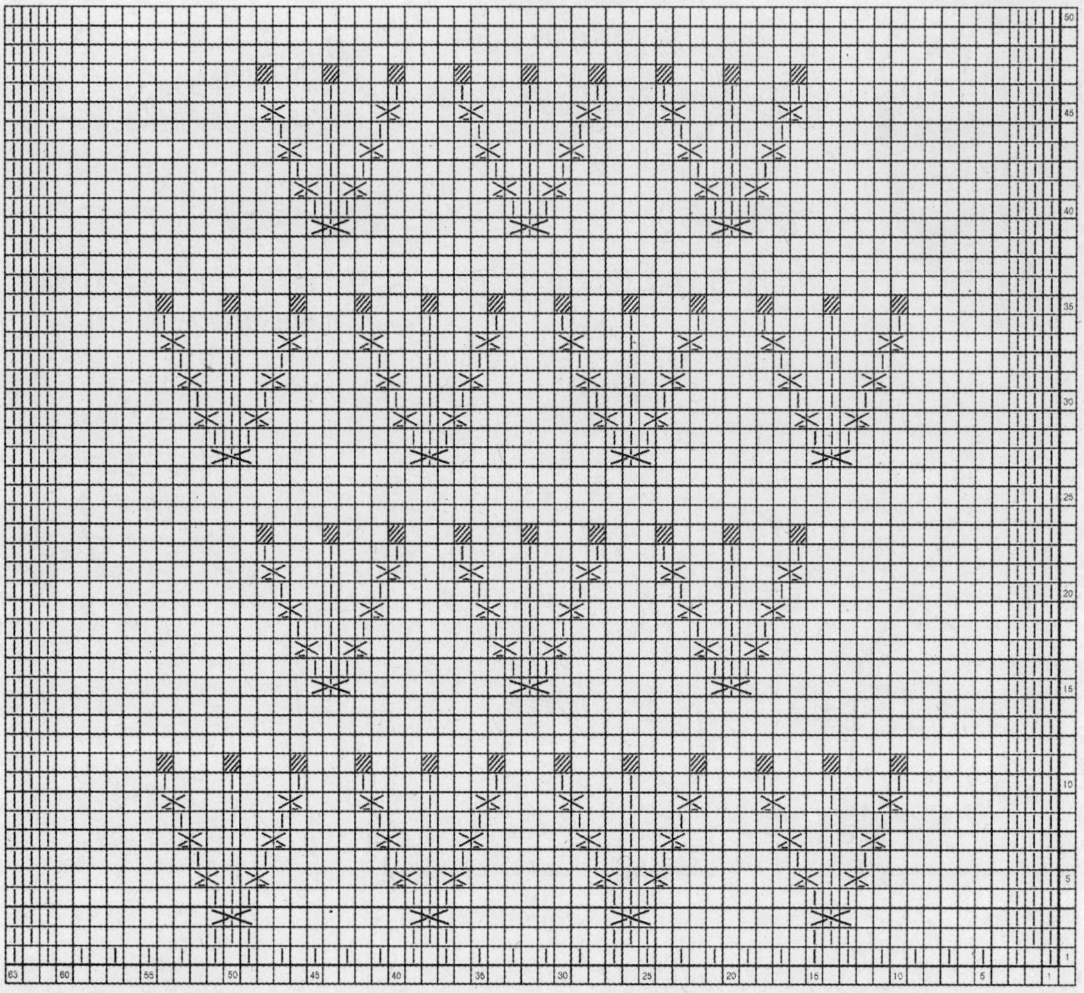

（上接第127页）

花样编织C

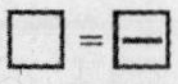

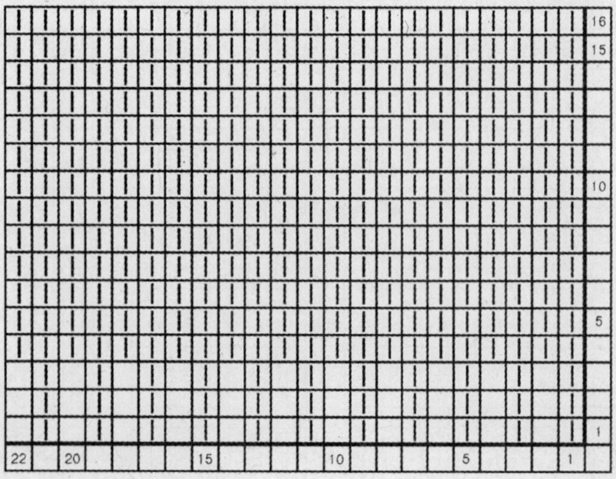

花样编织A

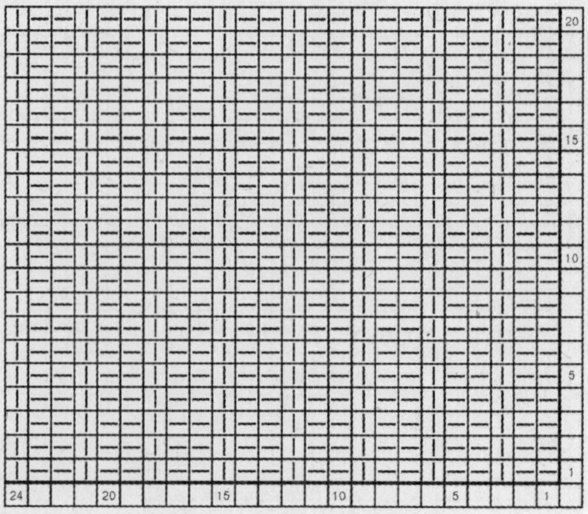

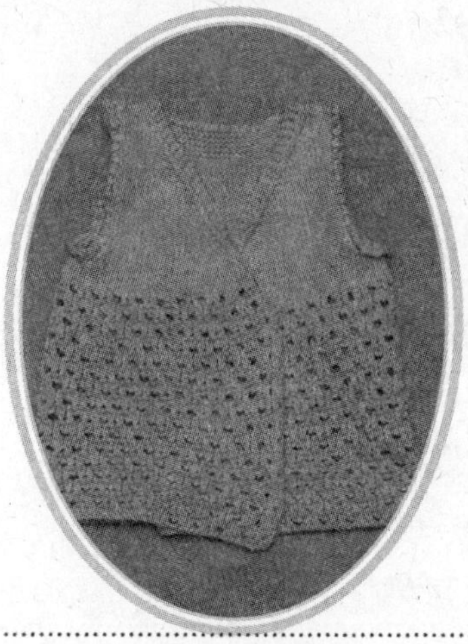

NO.28
肉粉色镂空花样背心

彩图见 第39页

工具
3.9mm棒针

成品尺寸
衣长37.5cm、胸围62cm、背肩宽24cm

材料
中粗羊毛线肉粉色200g

编织密度
花样编织A、B、C，下针编织，上下针编织 22针×32行/10cm

结构图

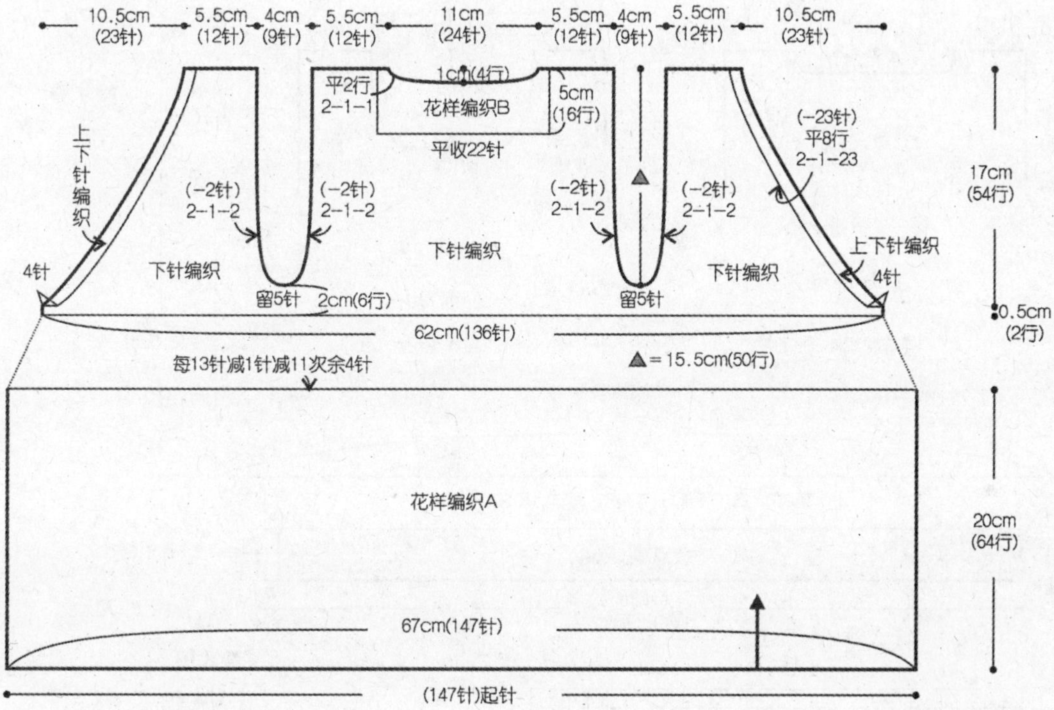

10.5cm (23针)
5.5cm (12针)
4cm (9针)
5.5cm (12针)
11cm (24针)
5.5cm (12针)
4cm (9针)
5.5cm (12针)
10.5cm (23针)
1cm(4行)
平2行
2-1-1
花样编织B
5cm (16行)
平收22针
(−23针)
平8行
2-1-23
17cm (54行)
上下针编织
(−2针)
2-1-2
(−2针)
2-1-2
(−2针)
2-1-2
(−2针)
2-1-2
下针编织
下针编织
下针编织
上下针编织
4针
4针
留5针
2cm(6行)
留5针
0.5cm (2行)
62cm(136针)
每13针减1针减11次余4针
▲=15.5cm(50行)
花样编织A
20cm (64行)
67cm(147针)
(147针)起针

花样编织A

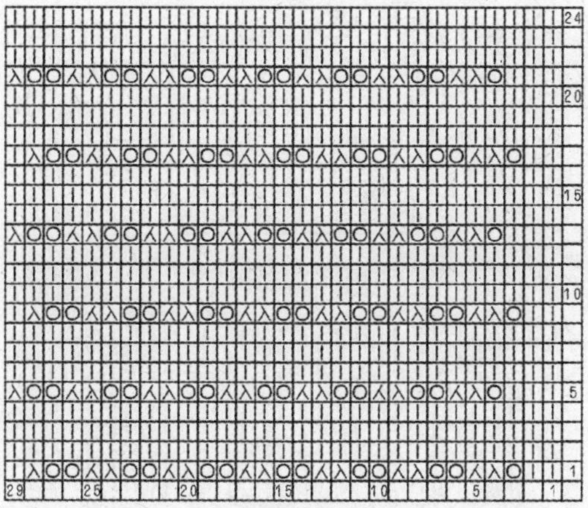

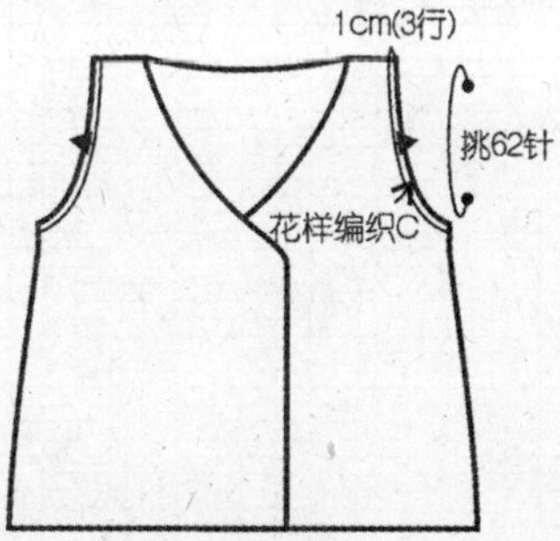

1cm(3行)
挑62针
花样编织C

花样编织B

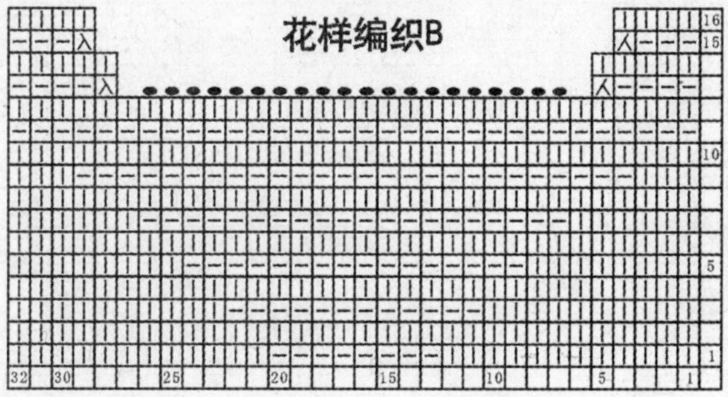

花样编织C

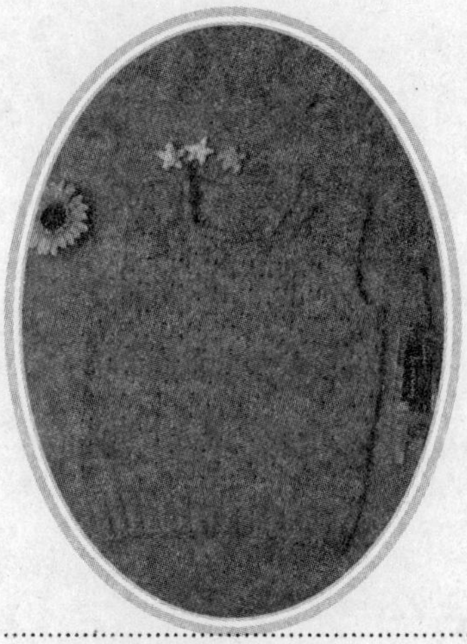

NO.29

浅紫色镂空花样背心

彩图见 第40页

工具

3.0mm棒针

成品尺寸

衣长32cm、胸围58.5cm、背肩宽24cm

材料

中粗羊毛线浅紫色120g

编织密度

花样编织A、B，双罗纹编织
26针×46行/10cm

结构图

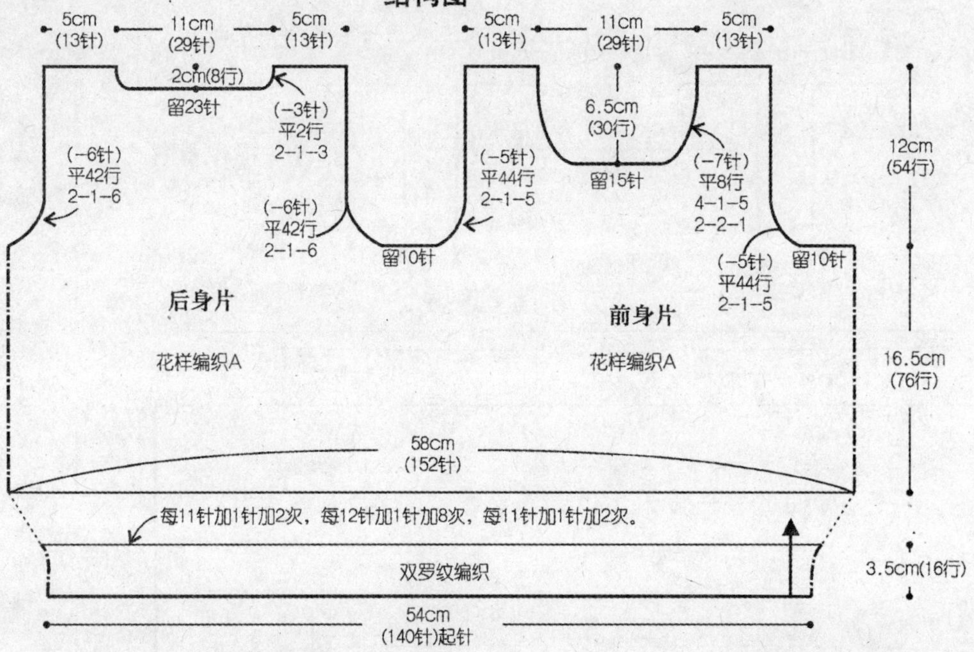

5cm (13针)
11cm (29针)
5cm (13针)
2cm(8行)
留23针
(-3针) 平2行 2-1-3
(-6针) 平42行 2-1-6
(-6针) 平42行 2-1-6
留10针
后身片
花样编织A
5cm (13针)
11cm (29针)
5cm (13针)
6.5cm (30行)
留15针
(-5针) 平44行 2-1-5
(-7针) 平8行 4-1-5 2-2-1
(-5针) 平44行 2-1-5
留10针
前身片
花样编织A
12cm (54行)
16.5cm (76行)
58cm (152针)
每11针加1针加2次，每12针加1针加8次，每11针加1针加2次。
双罗纹编织
3.5cm(16行)
54cm (140针)起针

款式图

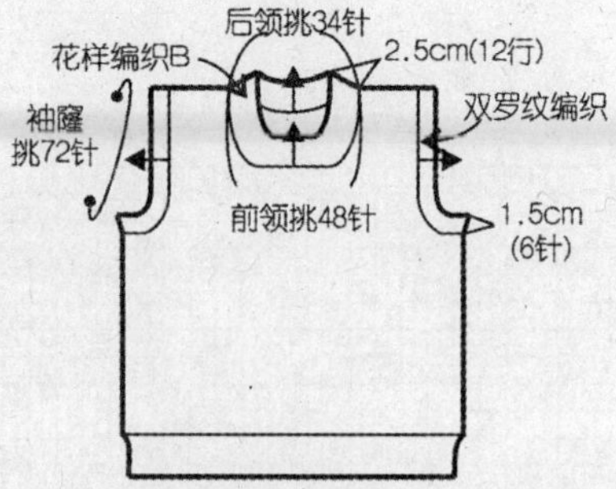

后领挑34针
花样编织B
2.5cm(12行)
袖窿 挑72针
双罗纹编织
前领挑48针
1.5cm (6针)

花样编织A

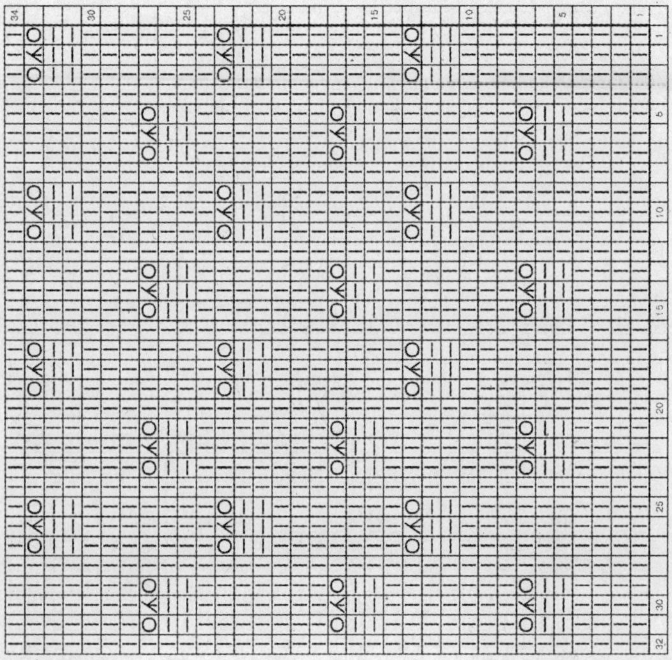

花样编织B

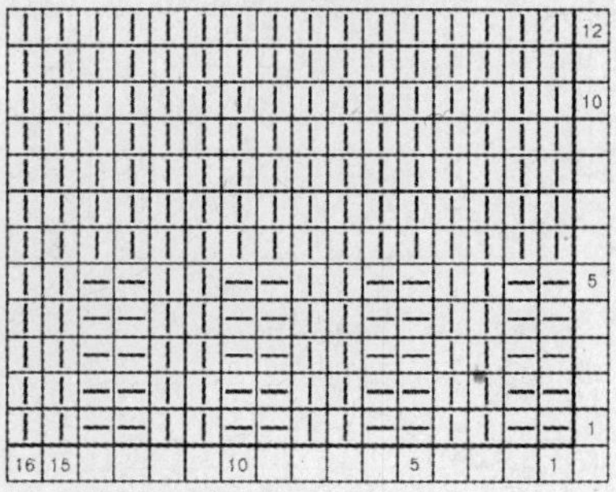

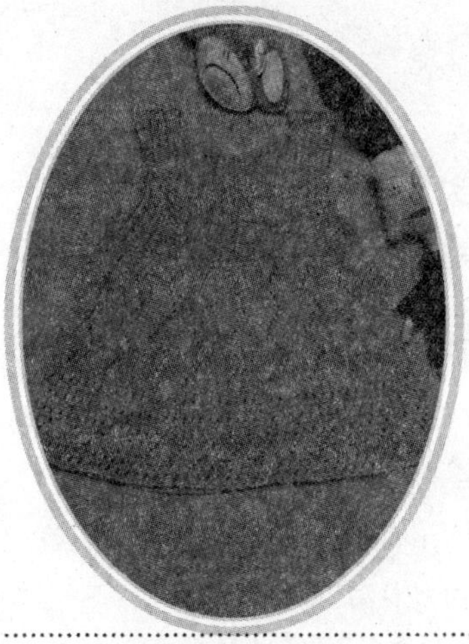

NO.30 桃红色背心裙

彩图见 第41页

材料

中粗羊毛线桃红色140g

工具

3.6mm棒针

成品尺寸

衣长37.5cm、胸围51cm、背肩宽23.5cm

编织密度

花样编织A、单罗纹编织
27针×34行/10cm
花样编织B 22针×34行/10cm

结构图

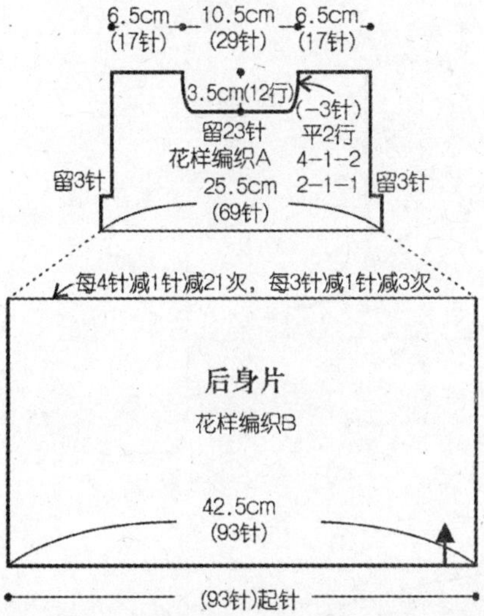

6.5cm (17针)
10.5cm (29针)
6.5cm (17针)
3.5cm(12行)
(-3针)
平2行
4-1-2
2-1-1
留23针
花样编织A
留3针
25.5cm (69针)
11cm (38行)
3cm(10行)
每4针减1针减21次，每3针减1针减3次。
后身片
花样编织B
42.5cm (93针)
23.5cm (80行)
(93针)起针

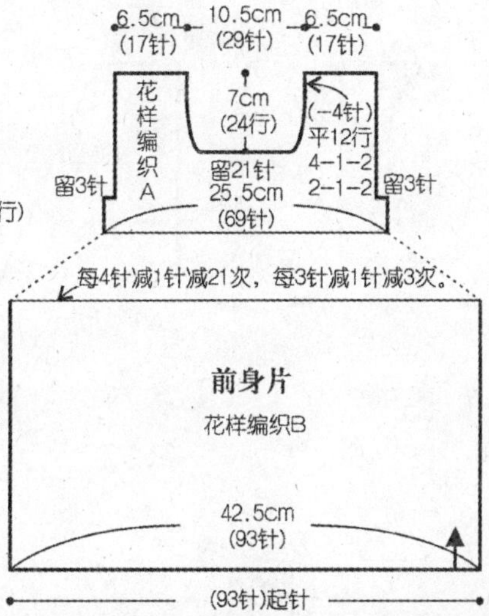

6.5cm (17针)
10.5cm (29针)
6.5cm (17针)
花样编织A
7cm (24行)
(-4针)
平12行
4-1-2
2-1-2
留21针
留3针
25.5cm (69针)
每4针减1针减21次，每3针减1针减3次。
前身片
花样编织B
42.5cm (93针)
(93针)起针

款式图

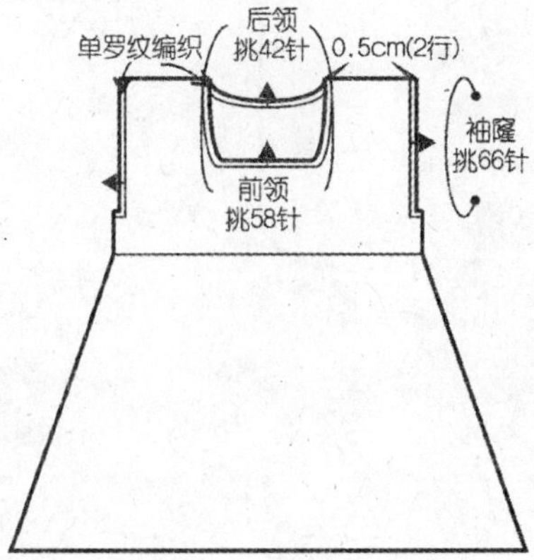

单罗纹编织
后领 挑42针
0.5cm(2行)
袖窿 挑66针
前领 挑58针

花样编织B

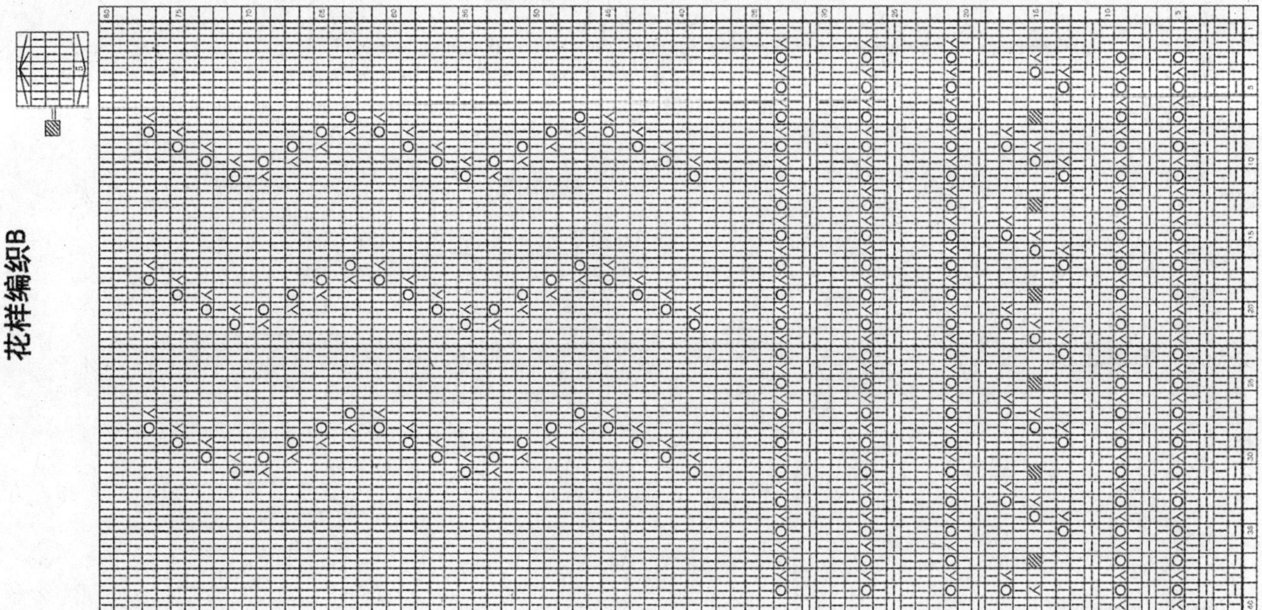

（下转第124页）

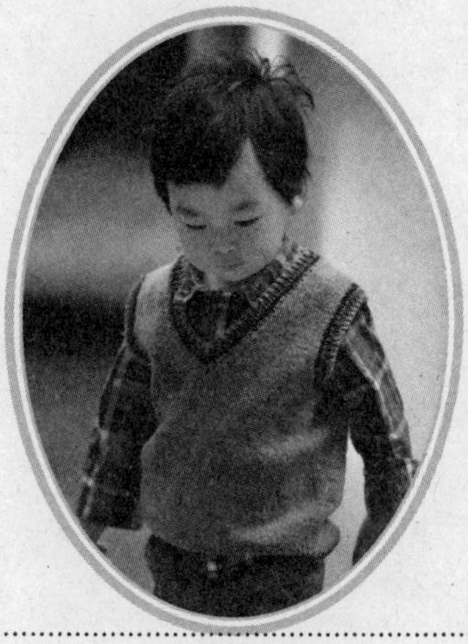

NO.31
灰色V领背心

彩图见 第42页

工具

3.6mm棒针

成品尺寸

衣长38cm、胸围68cm、背肩宽28cm

材料

中粗羊毛线灰色120g，蓝色、红色各适量

编织密度

下针编织、单罗纹编织
24针×36行/10cm

结构图

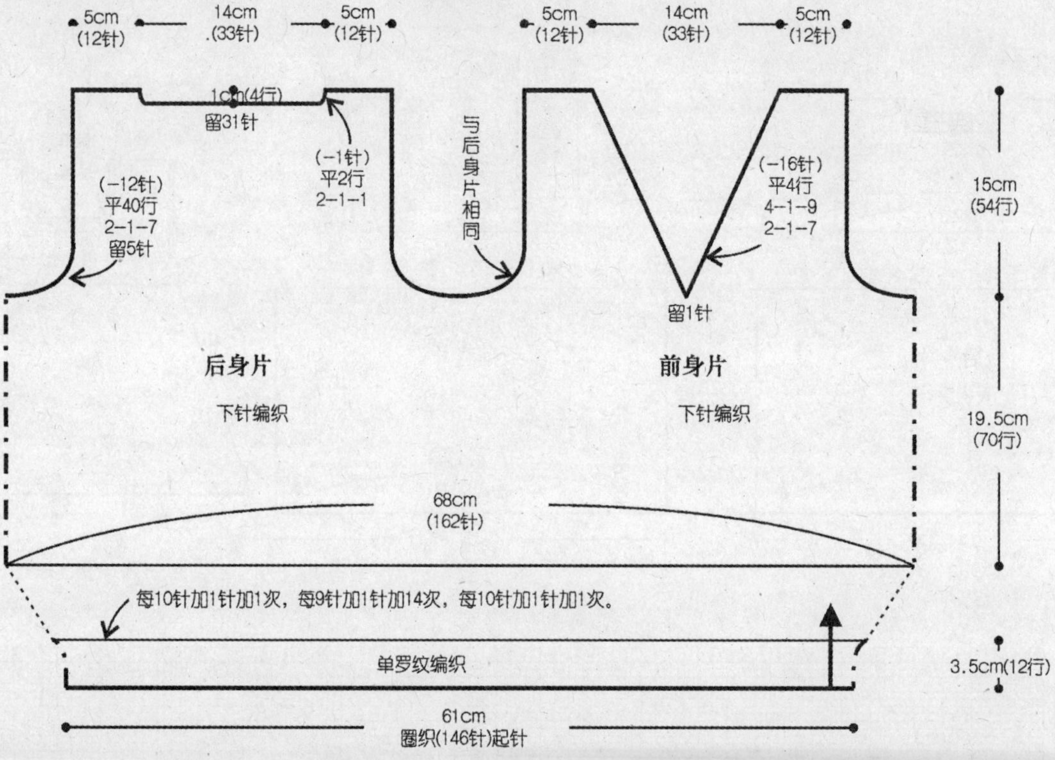

5cm (12针)
14cm (33针)
5cm (12针)
5cm (12针)
14cm (33针)
5cm (12针)
1cm(4行)
留31针
(−1针) 平2行 2−1−1
(−12针) 平40行 2−1−7 留5针
与后身片相同
(−16针) 平4行 4−1−9 2−1−7
留1针
15cm (54行)
后身片
下针编织
前身片
下针编织
19.5cm (70行)
68cm (162针)
每10针加1针加1次，每9针加1针加14次，每10针加1针加1次。
单罗纹编织
3.5cm(12行)
61cm
圈织(146针)起针

款式图

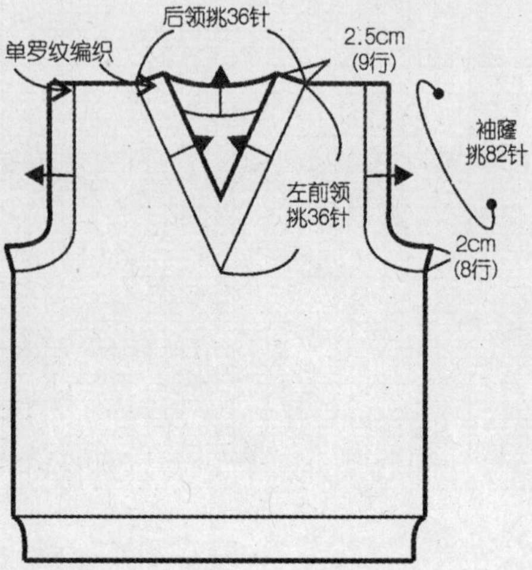

后领挑36针
单罗纹编织
2.5cm (9行)
袖窿 挑82针
左前领 挑36针
2cm (8行)

袖窿配色

灰色	2行
红色	2行
灰色	1行
蓝色	2行
灰色	1行

下摆配色

灰色	4行
红色	2行
蓝色	2行
灰色	4行

领口配色

灰色	2行
红色	2行
灰色	1行
蓝色	2行
灰色	2行

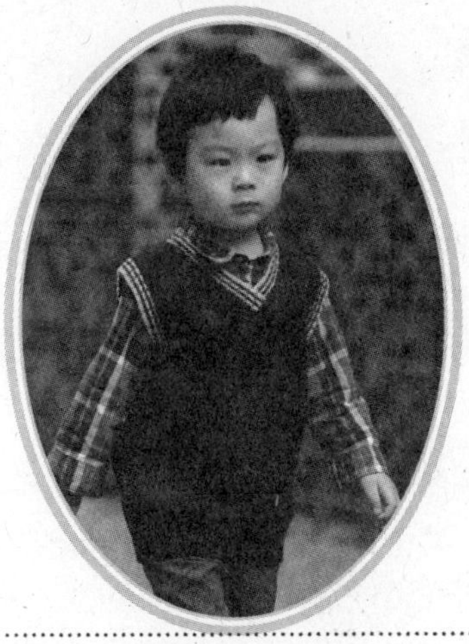

NO.32
棕色方块花样V领背心
彩图见 第44页

工具
2.7mm棒针

成品尺寸
衣长43cm、胸围70cm、背肩宽29cm

材料
中细羊毛线棕色200g、黄色适量

编织密度
花样编织A、B，下针编织，双罗纹编织 37针×51行/10cm

结构图
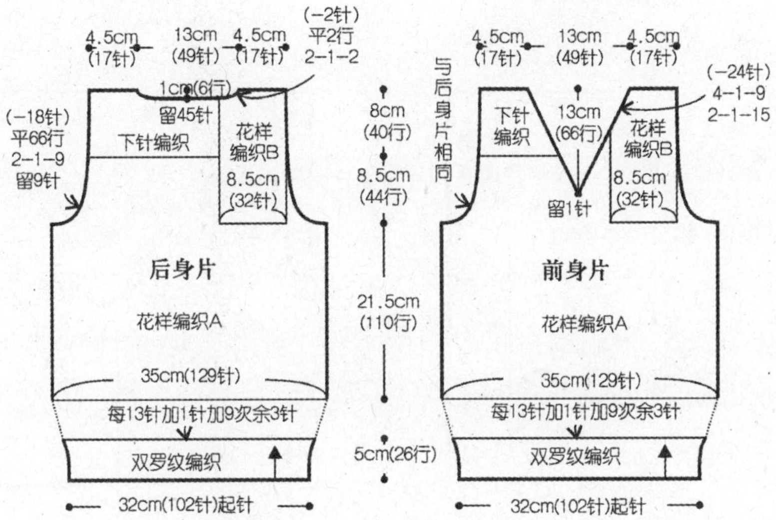

款式图
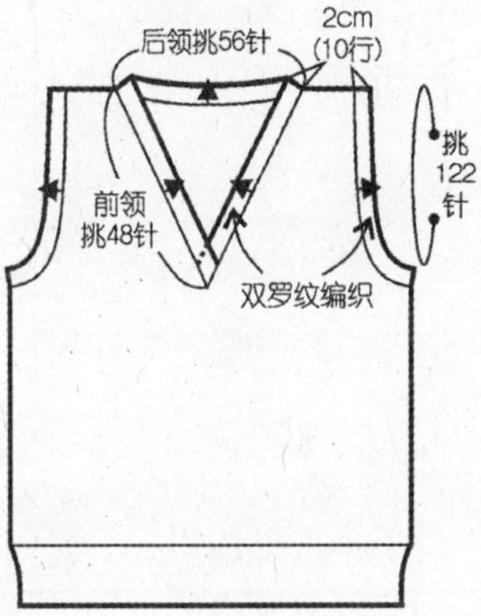

领口、袖口配色

第1～2行	黄色2行
第3～4行	棕色2行
第5～6行	黄色2行
第7～9行	棕色2行
第9～10行	黄色2行

花样编织A
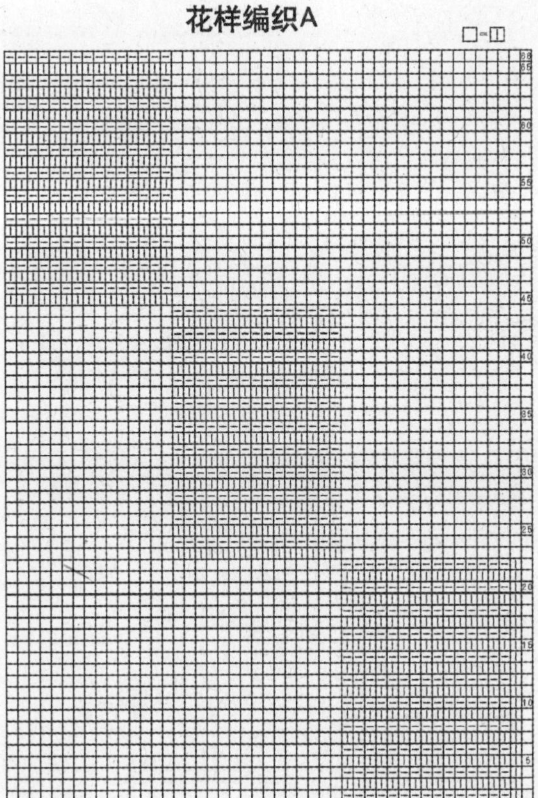

花样编织B
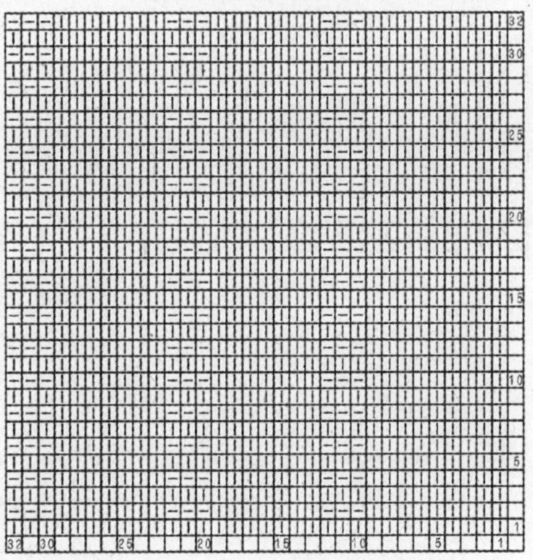

NO.33
蓝灰 拼接带帽背心

彩图见 第46页

工具
4.5mm棒针

成品尺寸
衣长37cm、胸围68cm、背肩宽24.5cm

材料
中粗羊毛线藏蓝色300g，灰色、白色、军绿色花线共100g

编织密度
花样编织、上下针编织、下针编织、双罗纹编织 39针×37行/10cm

结构图

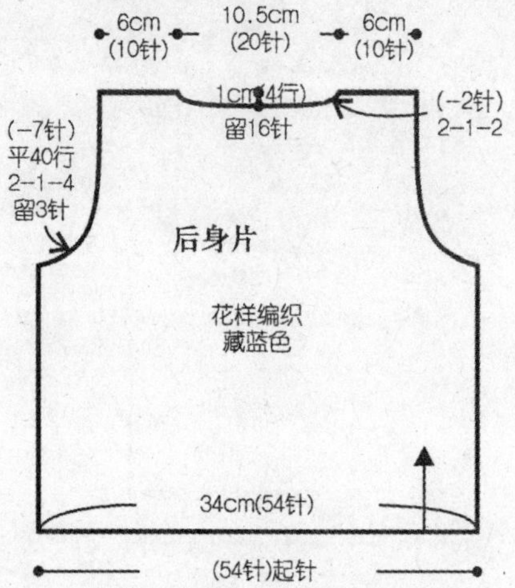

6cm (10针)
10.5cm (20针)
6cm (10针)
1cm(4行)
留16针
(−2针) 2−1−2
(−7针) 平40行 2−1−4 留3针
后身片
花样编织 藏蓝色
34cm(54针)
(54针)起针
13cm (48行)
20cm (74行)

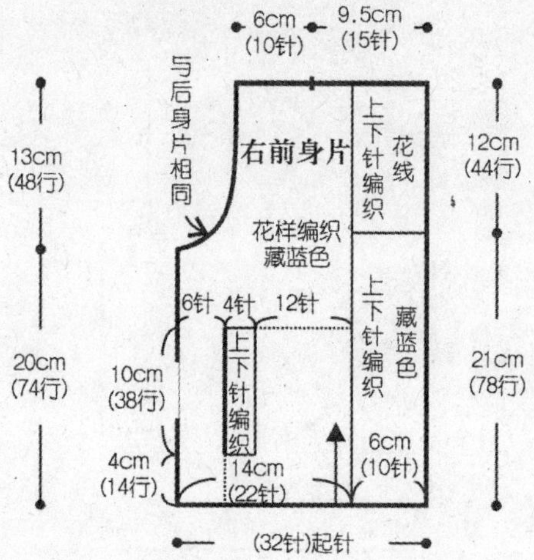

6cm (10针)
9.5cm (15针)
与后身片相同
右前身片
花样编织 藏蓝色
上下针编织 花线
上下针编织 藏蓝色
6针 4针 12针
上下针编织
10cm (38行)
4cm (14行)
14cm (22针)
6cm (10针)
(32针)起针
12cm (44行)
21cm (78行)

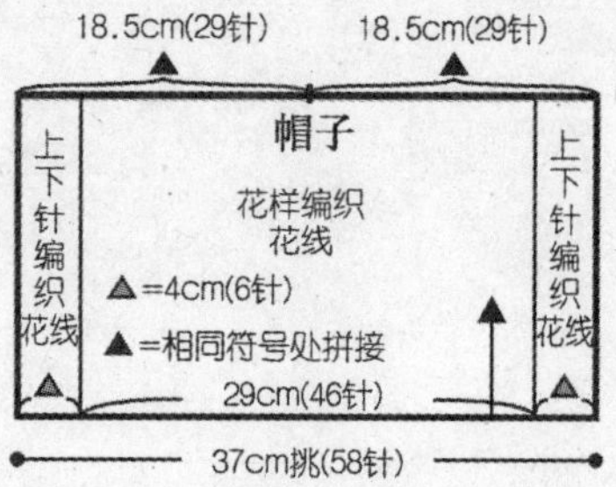

18.5cm(29针)
18.5cm(29针)
帽子
花样编织 花线
上下针编织 花线
▲=4cm(6针)
▲=相同符号处拼接
29cm(46针)
37cm挑(58针)

配色表

第1~4行	4行花线
第5~6行	2行藏蓝色
第7~8行	2行花线
第9~10行	2行藏蓝色
第11~14行	4行花线

花样编织

21
20
15
10
5
1
21 20
15
10
5
1

扣襻的制作方法：

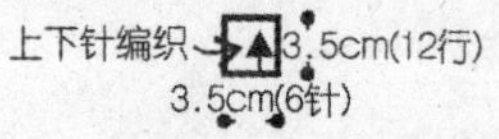

上下针编织
3.5cm(12行)
3.5cm(6针)

1. 上下针编织一个3.5cm的正方形。

2. 将正方形旋转45°，搓一条麻花绳对折打一个结，把绳子的两端固定在正方形的一个角上。
3. 另一边将纽扣和编织好的正方形固定在衣服上即可。

款式图

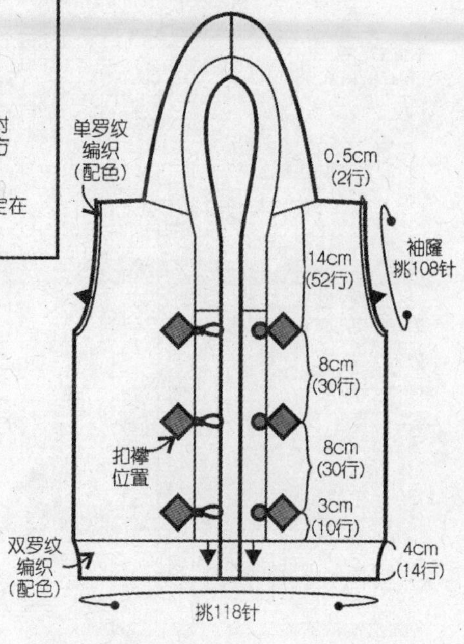

单罗纹编织(配色)
0.5cm (2行)
袖窿 挑108针
14cm (52行)
8cm (30行)
8cm (30行)
3cm (10行)
扣襻位置
双罗纹编织(配色)
4cm (14行)
挑118针

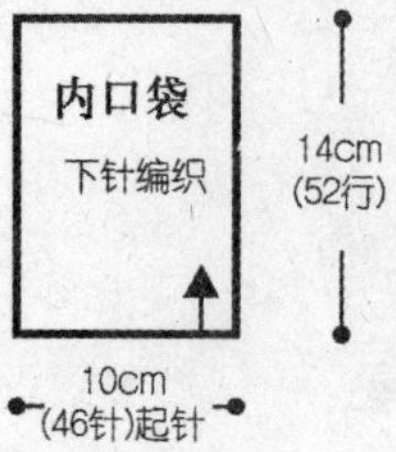

内口袋
下针编织
14cm (52行)
10cm (46针)起针

袖窿配色

第1行	1行花线
第2行	1行藏蓝色

NO.34 蓝色连帽开衫

彩图见 第48页

工具

3.9mm棒针

成品尺寸

衣长37cm、胸围72cm、肩袖长40cm

材料

中粗羊毛线深蓝色500g、浅蓝色40g

编织密度

花样编织A、B，下针编织，双罗纹编织
20针×32行/10cm

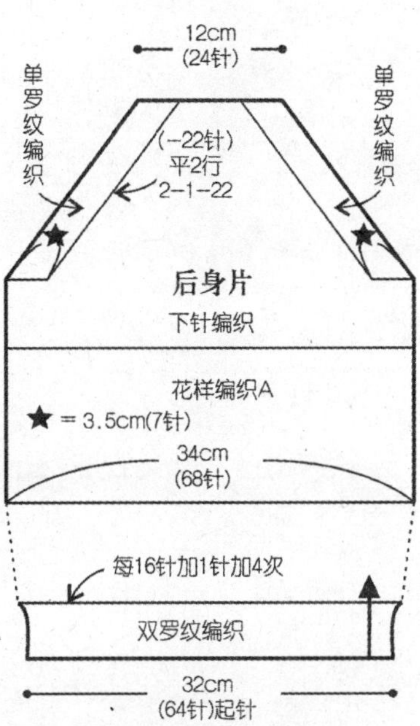

12cm
(24针)
单罗纹编织
单罗纹编织
(−22针)
平2行
2−1−22
后身片
下针编织
花样编织A
★＝3.5cm(7针)
34cm
(68针)
每16针加1针加4次
双罗纹编织
32cm
(64针)起针
14.5cm
(46行)
5.5cm(18行)
12.5cm
(40行)
4.5cm(14行)

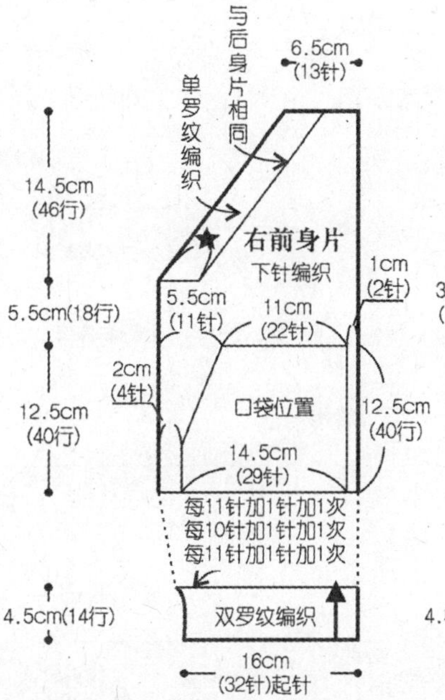

与后身片相同
6.5cm
(13针)
单罗纹编织
右前身片
下针编织
1cm
(2针)
5.5cm
(11针)
11cm
(22针)
2cm
(4针)
口袋位置
12.5cm
(40行)
14.5cm
(29针)
每11针加1针加1次
每10针加1针加1次
每11针加1针加1次
双罗纹编织
16cm
(32针)起针
32.5cm
(104行)
4.5cm(14行)

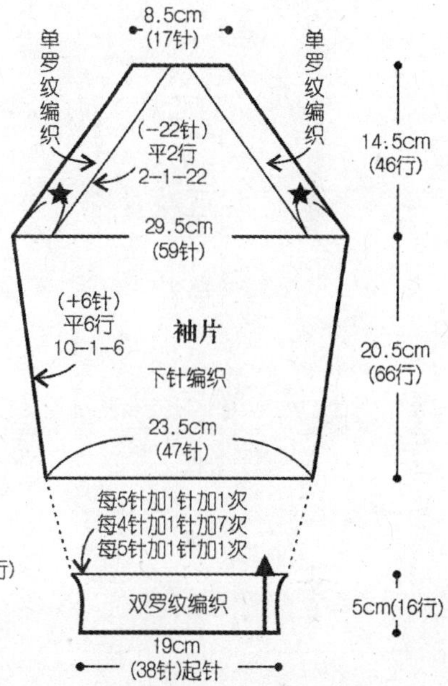

8.5cm
(17针)
单罗纹编织
单罗纹编织
(−22针)
平2行
2−1−22
29.5cm
(59针)
(+6针)
平6行
10−1−6
袖片
下针编织
23.5cm
(47针)
每5针加1针加1次
每4针加1针加7次
每5针加1针加1次
双罗纹编织
19cm
(38针)起针
14.5cm
(46行)
20.5cm
(66行)
5cm(16行)

帽檐、衣襟、下摆

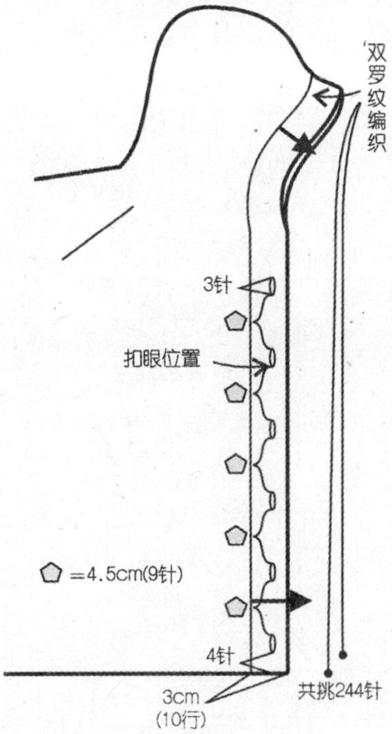

双罗纹编织
3针
扣眼位置
⬠＝4.5cm(9针)
4针
3cm
(10行)
共挑244针

前身片配色

深蓝色	20行
浅蓝色	2行
深蓝色	2行
浅蓝色	2行
深蓝色	2行
浅蓝色	22行
深蓝色	2行
浅蓝色	2行
深蓝色	2行
浅蓝色	2行
深蓝色	62行

帽子配色

深蓝色	2行
浅蓝色	2行
深蓝色	2行
浅蓝色	2行
深蓝色	2行
浅蓝色	2行
深蓝色	50行

花样编织B

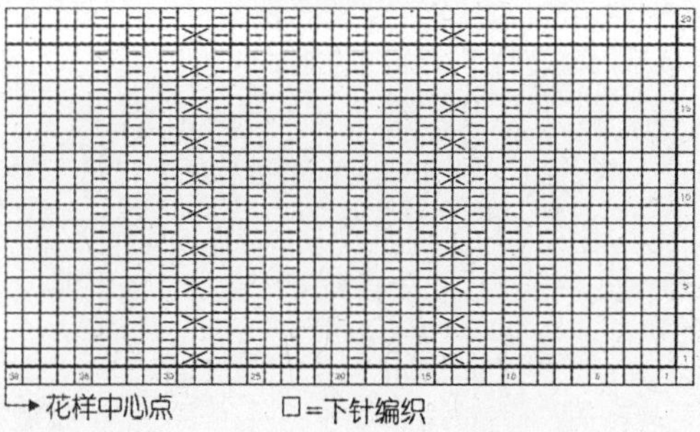

花样中心点
□＝下针编织

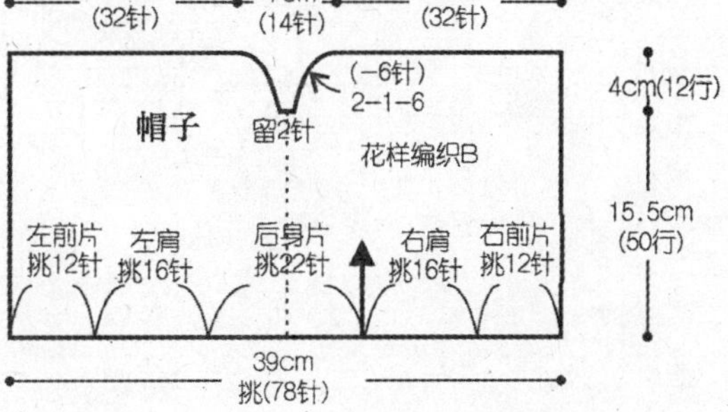

16cm
(32针)
7cm
(14针)
16cm
(32针)
(−6针)
2−1−6
帽子
留2针
花样编织B
左前片
挑12针
左肩
挑16针
后身片
挑22针
右肩
挑16针
右前片
挑12针
39cm
挑(78针)
4cm(12行)
15.5cm
(50行)

口袋

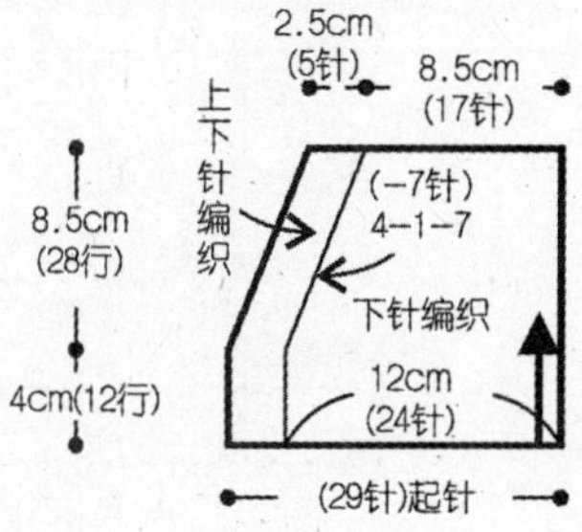

2.5cm
(5针)
8.5cm
(17针)
上下针编织
(−7针)
4−1−7
下针编织
12cm
(24针)
(29针)起针
8.5cm
(28行)
4cm(12行)

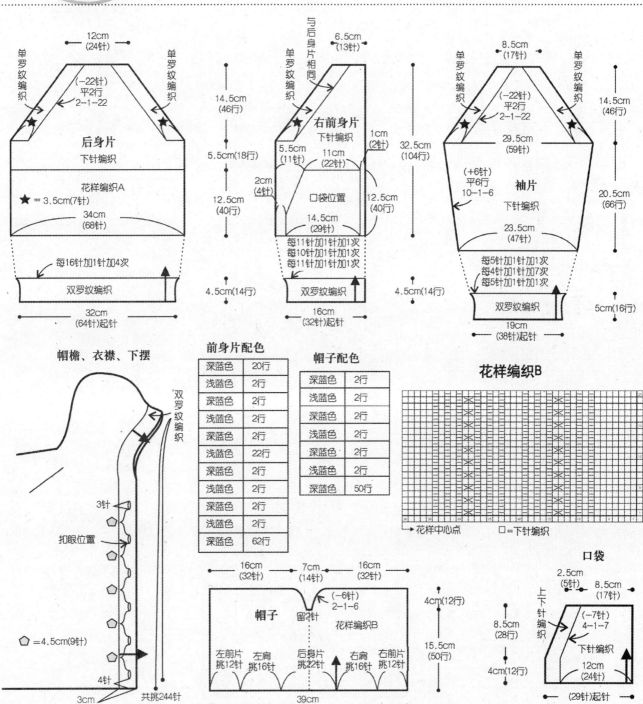

花样编织A

□ =浅蓝色下针编织　　⊠ =深蓝色下针编织

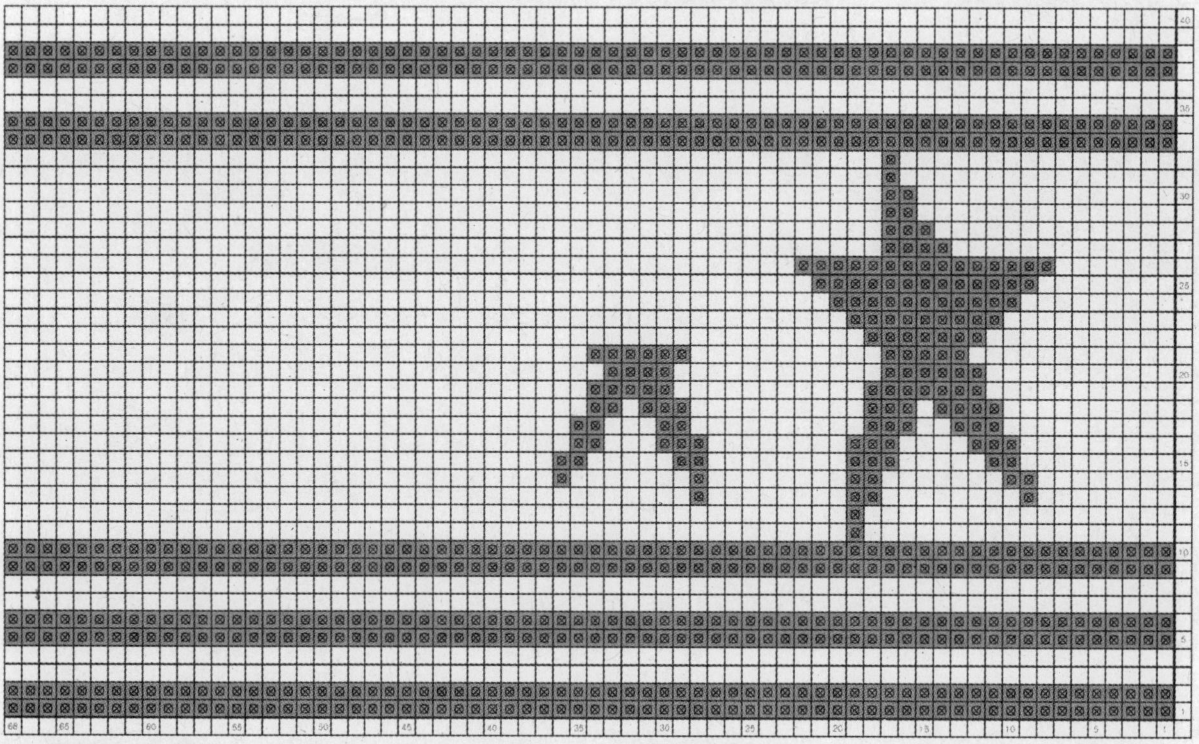

（上接第138页）

花样编织F

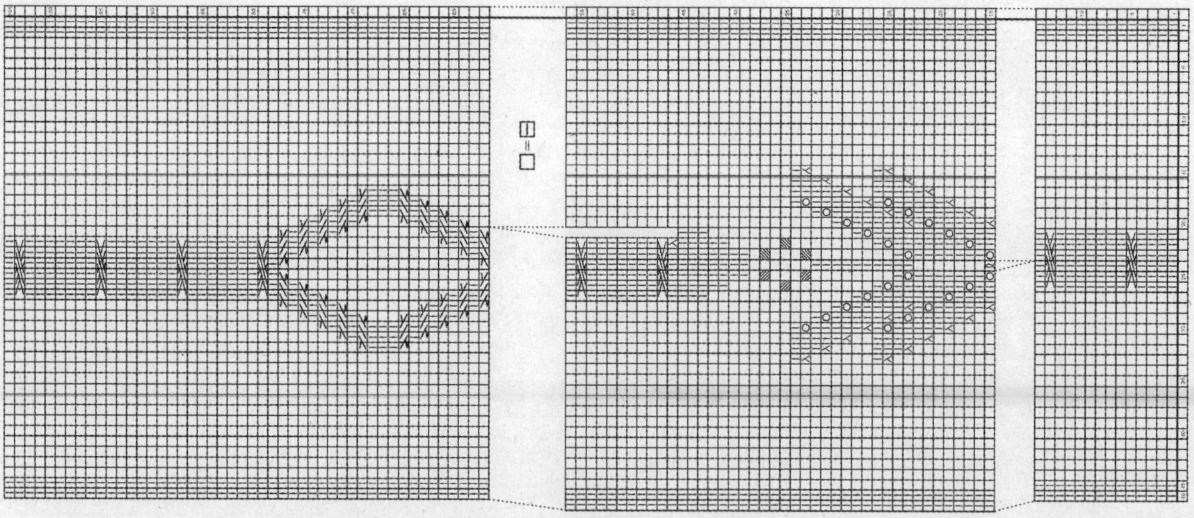

花样编织G

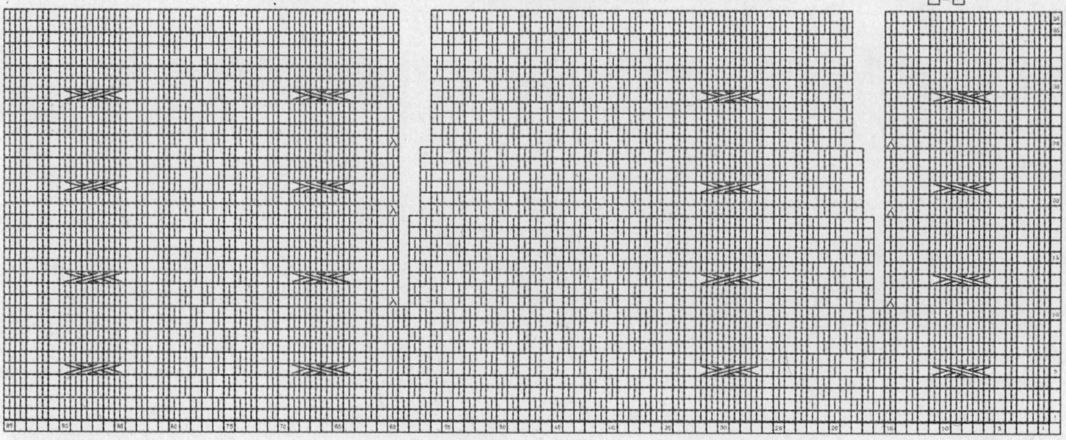

NO.35

灰色爱心口袋背心裙

彩图见 第50页

工具

4.5mm棒针，3/0号钩针

成品尺寸

衣长45.5cm、胸围64cm、背肩宽29cm

材料

中粗羊毛线灰色200g、黑色适量，彩色饰珠20颗

编织密度

花样编织A、B、C，下针编织
17针×25行/10cm

结构图

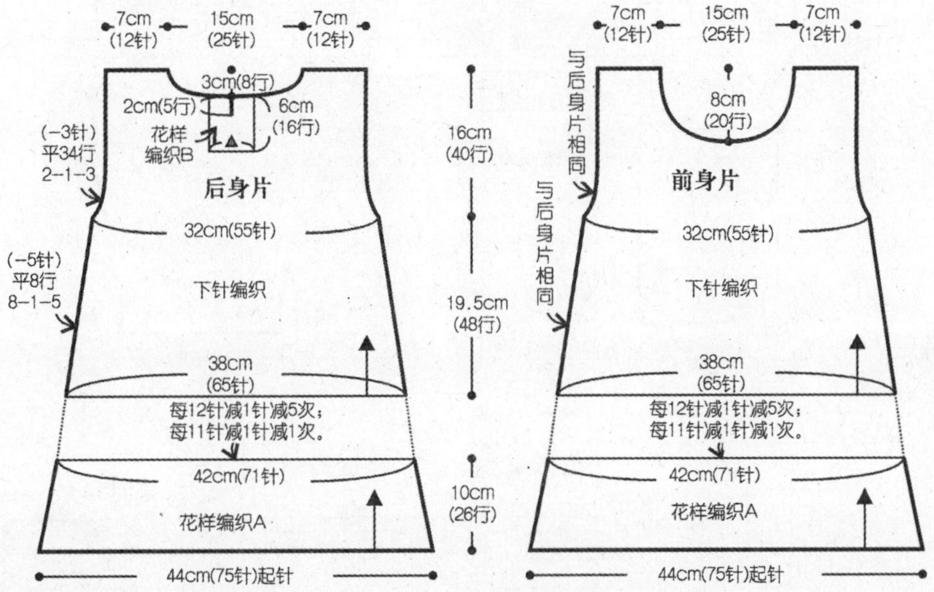
7cm
(12针)
15cm
(25针)
7cm
(12针)
3cm(8行)
2cm(5行)
6cm
(16行)
(−3针)
平34行
2-1-3
花样
编织B
后身片
32cm(55针)
(−5针)
平8行
8-1-5
下针编织
38cm
(65针)
每12针减1针减5次；
每11针减1针减1次。
42cm(71针)
花样编织A
44cm(75针)起针
16cm
(40行)
19.5cm
(48行)
10cm
(26行)
与后身片相同
8cm
(20行)
前身片
32cm(55针)
下针编织
38cm
(65针)
每12针减1针减5次；
每11针减1针减1次。
42cm(71针)
花样编织A
44cm(75针)起针

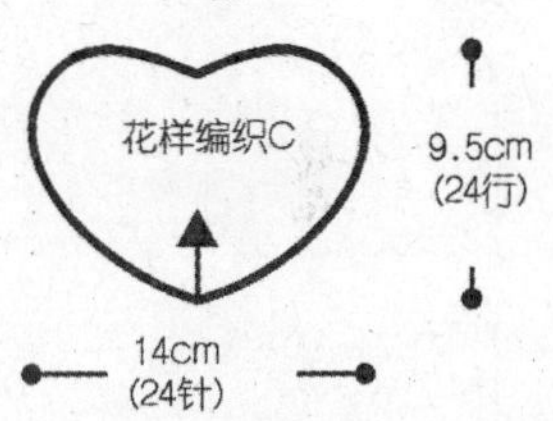
口袋
花样编织C
9.5cm
(24行)
14cm
(24针)

缘编织

1个缘编织

款式图

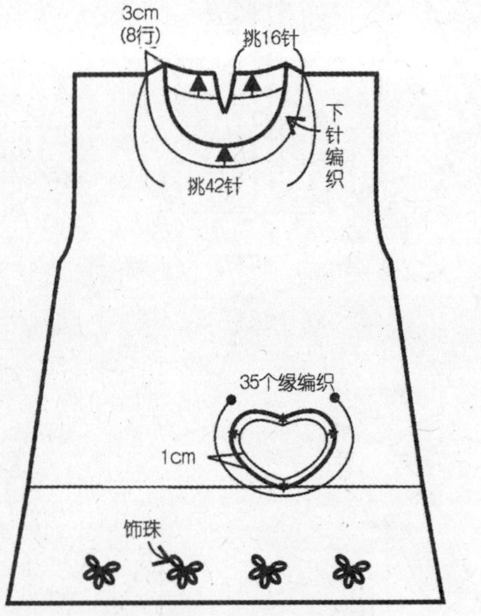
3cm
(8行)
挑16针
下针编织
挑42针
35个缘编织
1cm
饰珠

※用毛线把5颗饰珠串在一起固定在衣服上。

花样编织C

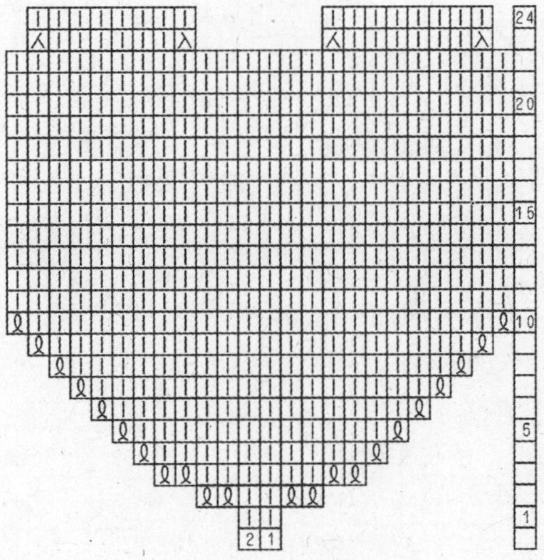

花样编织B

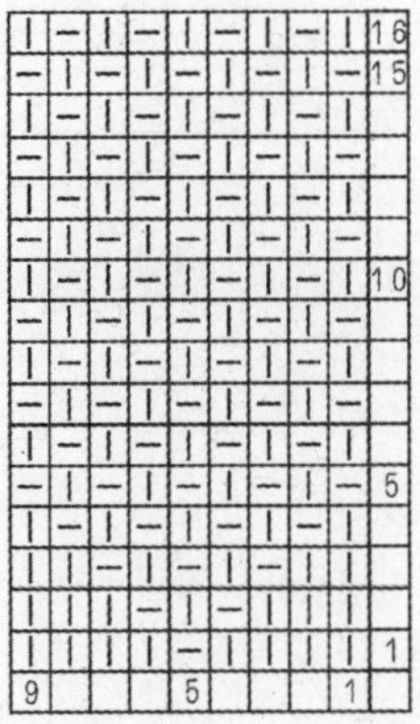

（下转第112页）

NO.36 粉色绒线拼接开衫

彩图见 第52页

工具

4.5mm棒针

成品尺寸

衣长39.5cm、胸围74.5cm、肩袖长39.5cm

材料

中粗羊毛线粉色300g、时装线白色60g，纽扣2颗

编织密度

花样编织A～D，下针编织，双罗纹编织
16针×26行/10cm

结构图

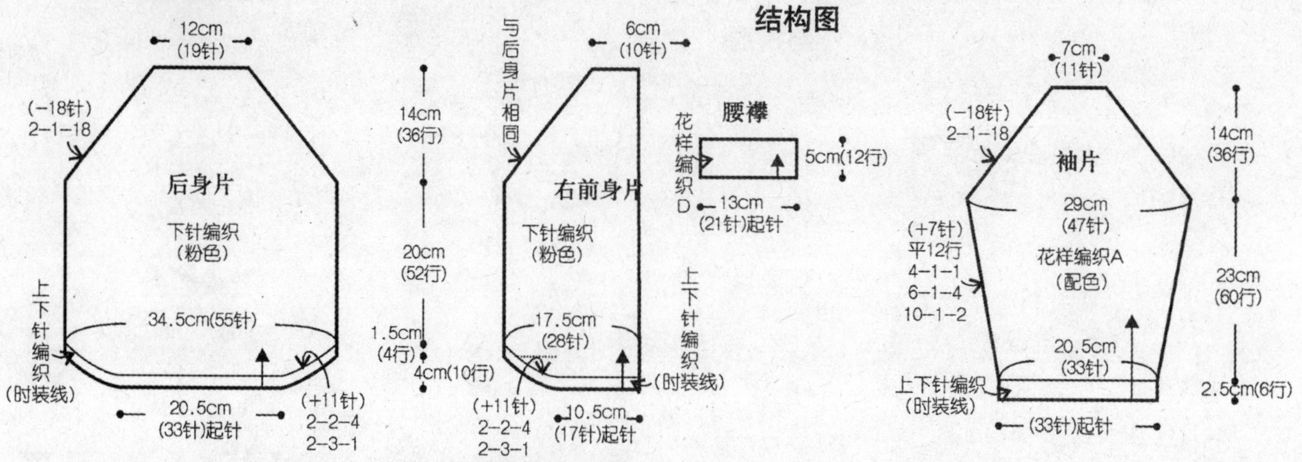

12cm (19针)
(−18针) 2−1−18
后身片
下针编织 (粉色)
34.5cm(55针)
上下针编织 (时装线)
20.5cm (33针)起针
(+11针) 2−2−4 2−3−1
14cm (36行)
20cm (52行)
1.5cm (4行)
4cm(10行)
与后身片相同
6cm (10针)
右前身片
下针编织 (粉色)
17.5cm (28针)
(+11针) 2−2−4 2−3−1
10.5cm (17针)起针
上下针编织 (时装线)
腰襻
花样编织D
5cm(12行)
13cm (21针)起针
7cm (11针)
(−18针) 2−1−18
袖片
29cm (47针)
(+7针) 平12行 4−1−1 6−1−4 10−1−2
花样编织A (配色)
20.5cm (33针)
上下针编织 (时装线)
(33针)起针
14cm (36行)
23cm (60行)
2.5cm(6行)

………=粉色线第七行13针上针编织。

款式图

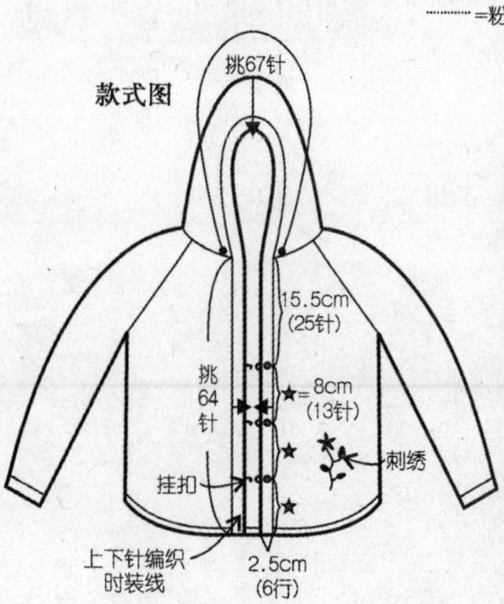

挑67针
15.5cm (25针)
挑64针
★=8cm (13针)
刺绣
挂扣
上下针编织 时装线
2.5cm (6行)

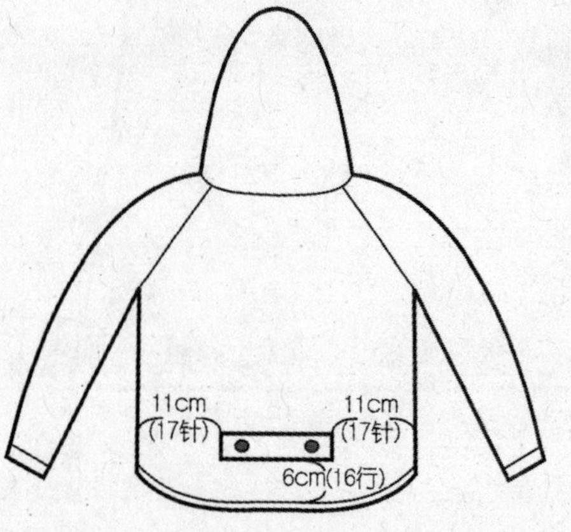

11cm (17针)
11cm (17针)
6cm(16行)

花样编织A

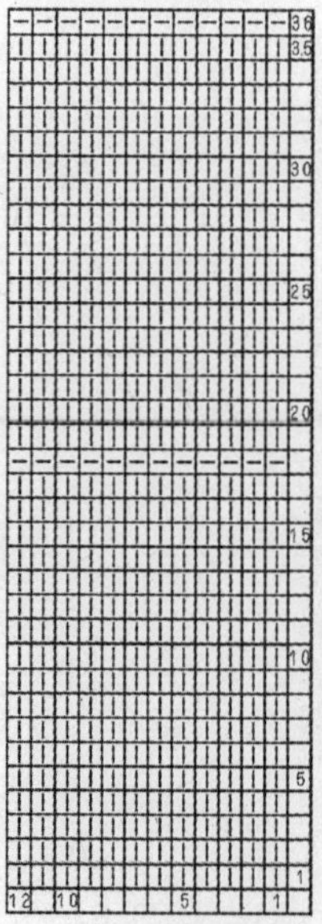

花样编织B

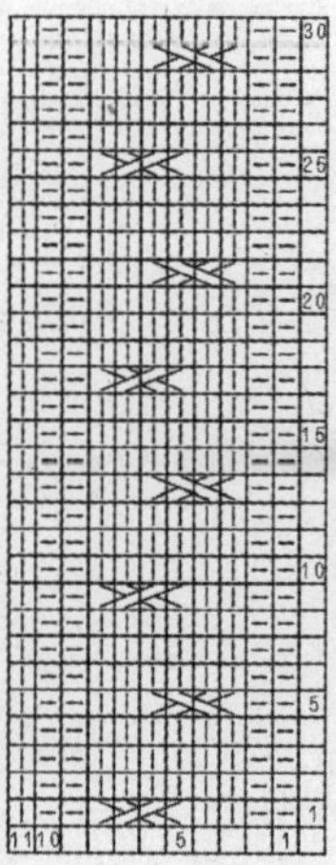

花样编织C

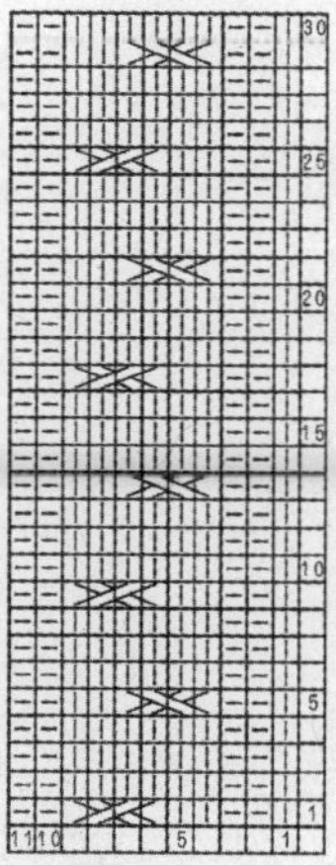

袖片配色

第1～16行	粉色16行
第17～18行	时装线2行
第19～34行	粉色16行
第35～36行	时装线2行
第37～52行	粉色16行
第53～54行	时装线2行
第55～70行	粉色16行
第71～72行	时装线2行
第73～88行	粉色16行
第89～90行	时装线2行
第91～96行	粉色6行

花样编织D

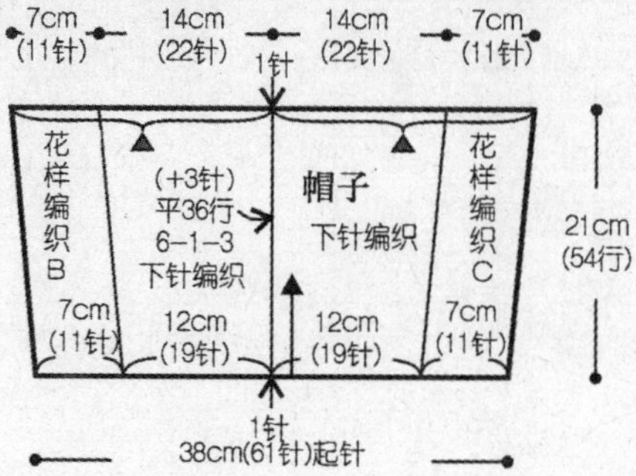

7cm (11针)
14cm (22针)
1针
14cm (22针)
7cm (11针)
花样编织B
(+3针) 平36行 6−1−3 下针编织
帽子
下针编织
花样编织C
7cm (11针)
12cm (19针)
12cm (19针)
7cm (11针)
21cm (54行)
1针
38cm(61针)起针

▲=相同符号处拼接

NO.37 浅黄色条纹背心裙

彩图见 第54页

工具

3.6mm棒针

成品尺寸

衣长46.5cm、胸围77cm、背肩宽28cm

材料

中粗羊毛线浅黄色220g，彩色饰珠适量

编织密度

花样编织A、B，单罗纹编织
25针×40行/10cm

结构图

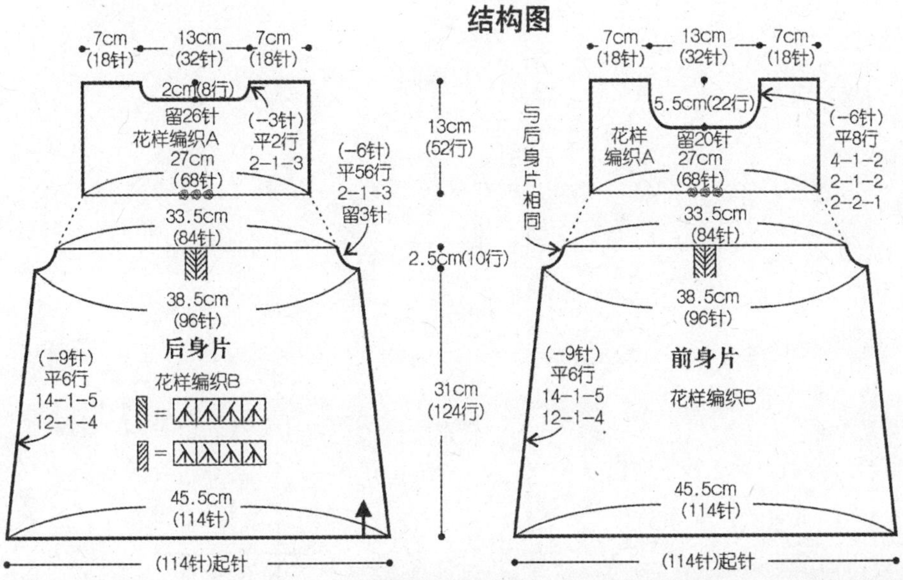

7cm (18针)
13cm (32针)
7cm (18针)
2cm(8行)
留26针
花样编织A
27cm (68针)
(-3针) 平2行 2-1-3
(-6针) 平56行 2-1-3 留3针
33.5cm (84针)
38.5cm (96针)
后身片
花样编织B
(-9针) 平6行 14-1-5 12-1-4
45.5cm (114针)
(114针)起针
13cm (52行)
2.5cm(10行)
31cm (124行)
与后身片相同
5.5cm(22行)
花样编织A
留20针
(-6针) 平8行 4-1-2 2-1-2 2-2-1
前身片

款式图

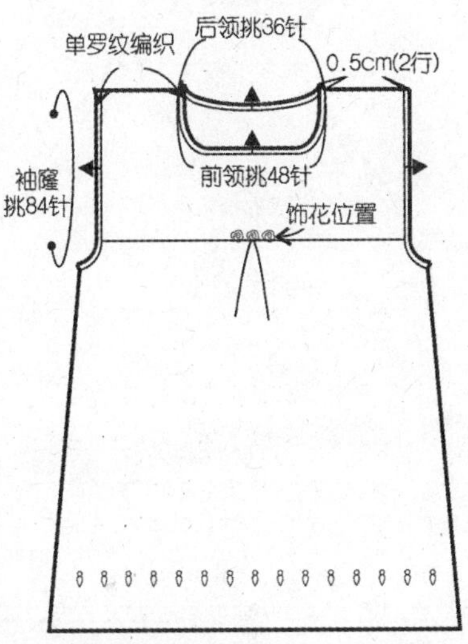

单罗纹编织
后领挑36针
0.5cm(2行)
前领挑48针
袖窿挑84针
饰花位置

花样编织A

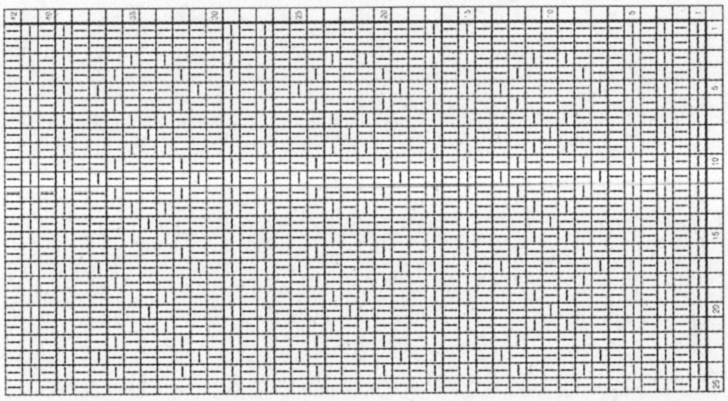

花样编织B

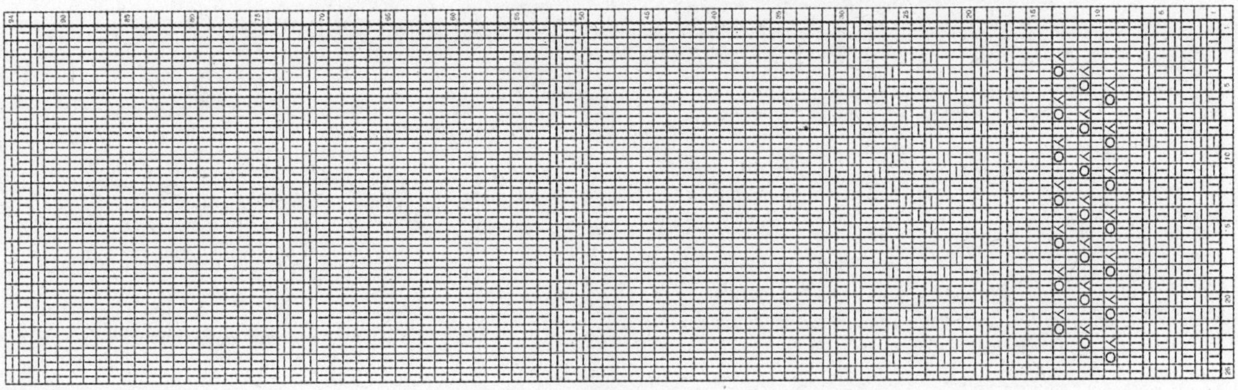

NO.38 蓝灰色牛角扣外套

彩图见 第56页

工具

3.9mm棒针，2.5/0号钩针

成品尺寸

衣长44.5cm、胸围80cm、肩袖长41cm

材料

中粗羊毛线蓝灰色600g，牛角扣5颗，暗扣5颗

编织密度

花样编织A～G　20针×32行/10cm

结构图

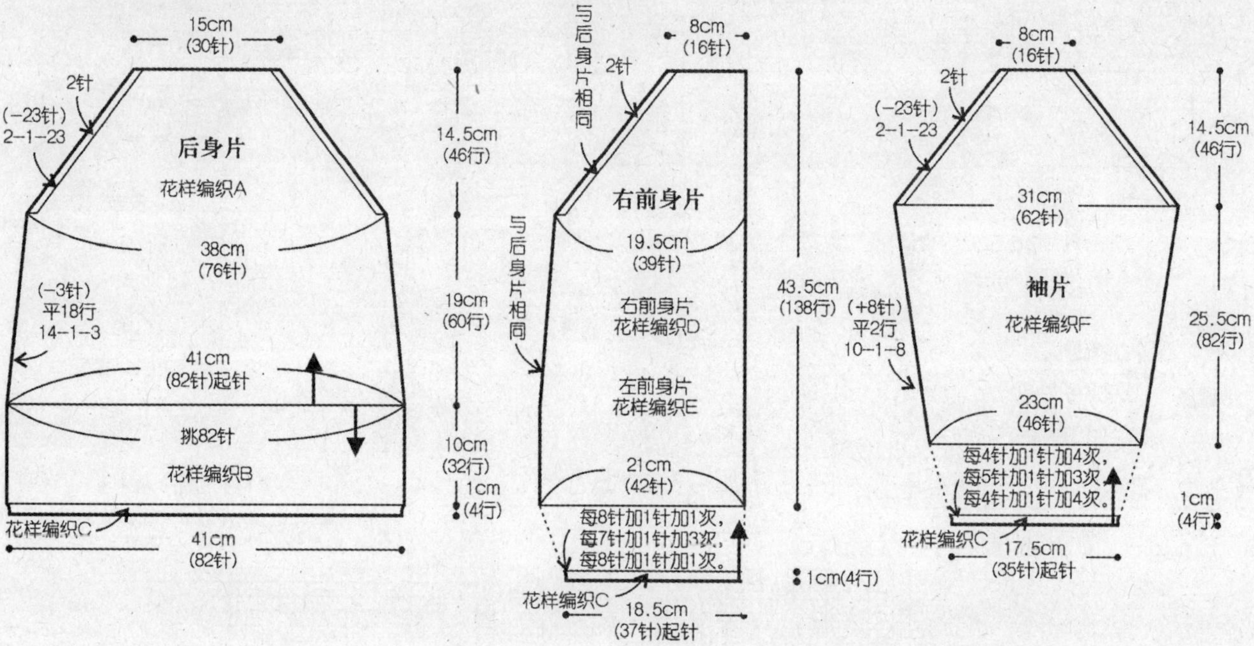

15cm (30针)
2针
(−23针) 2-1-23
后身片
花样编织A
38cm (76针)
(−3针) 平18行 14-1-3
41cm (82针)起针
挑82针
花样编织B
花样编织C
41cm (82针)
14.5cm (46行)
19cm (60行)
10cm (32行)
1cm (4行)
与后身片相同
8cm (16针)
2针
右前身片
19.5cm (39针)
右前身片 花样编织D
左前身片 花样编织E
21cm (42针)
每8针加1针加1次，
每7针加1针加3次，
每8针加1针加1次。
花样编织C
18.5cm (37针)起针
43.5cm (138行)
1cm(4行)
8cm (16针)
2针
(−23针) 2-1-23
31cm (62针)
袖片
花样编织F
(+8针) 平2行 10-1-8
23cm (46针)
每4针加1针加4次，
每5针加1针加3次，
每4针加1针加4次。
花样编织C
17.5cm (35针)起针
14.5cm (46行)
25.5cm (82行)
1cm (4行)

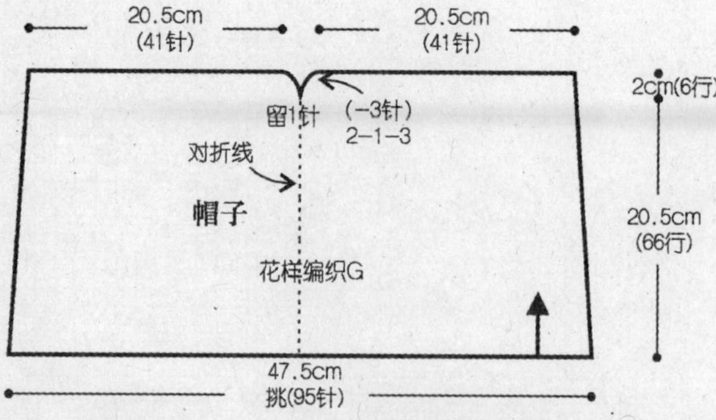

20.5cm (41针)
20.5cm (41针)
留1针
(−3针) 2-1-3
对折线
帽子
花样编织G
47.5cm 挑(95针)
2cm(6行)
20.5cm (66行)

款式图

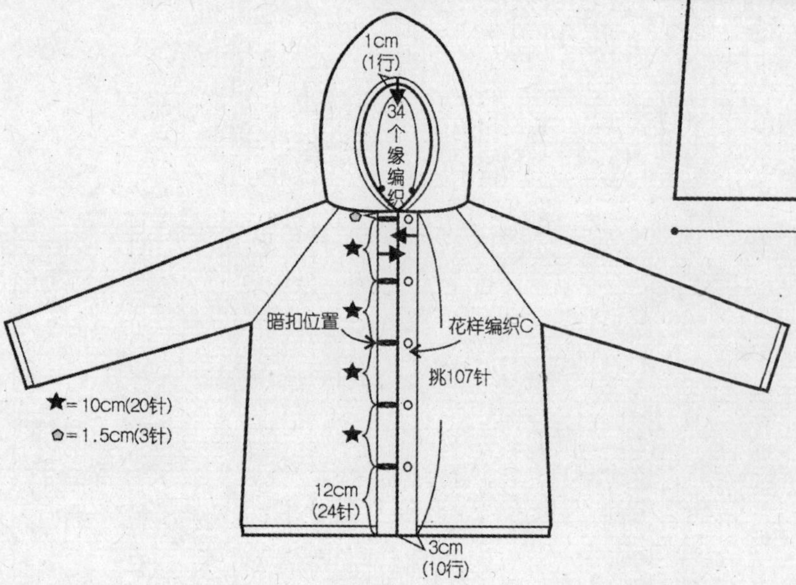

1cm (1行)
34个缘编织
暗扣位置
花样编织C
挑107针
★=10cm(20针)
✿=1.5cm(3针)
12cm (24针)
3cm (10行)

花样编织C

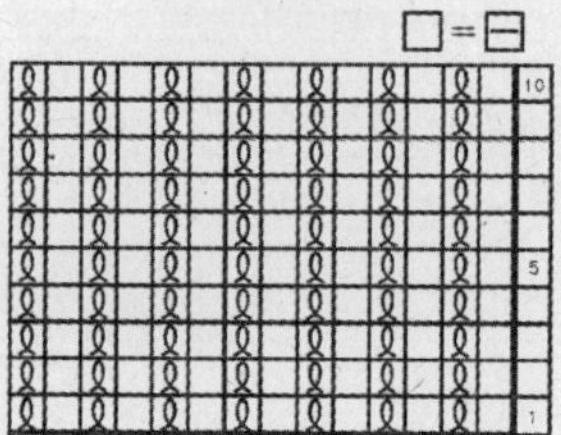

□=⊟
10
5
14
10
5
1

花样编织A

□=⊟

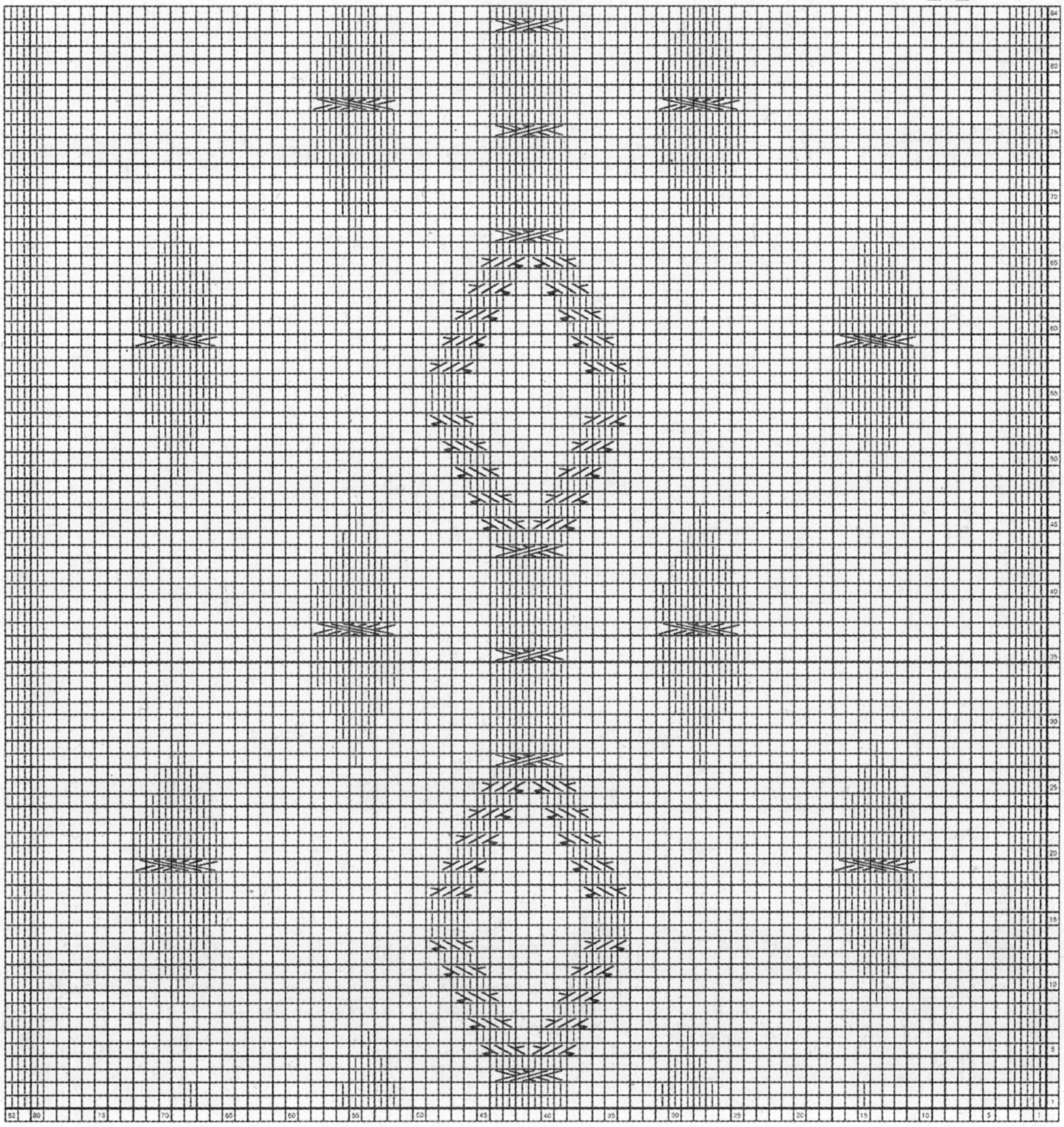

花样编织B

□=⊟

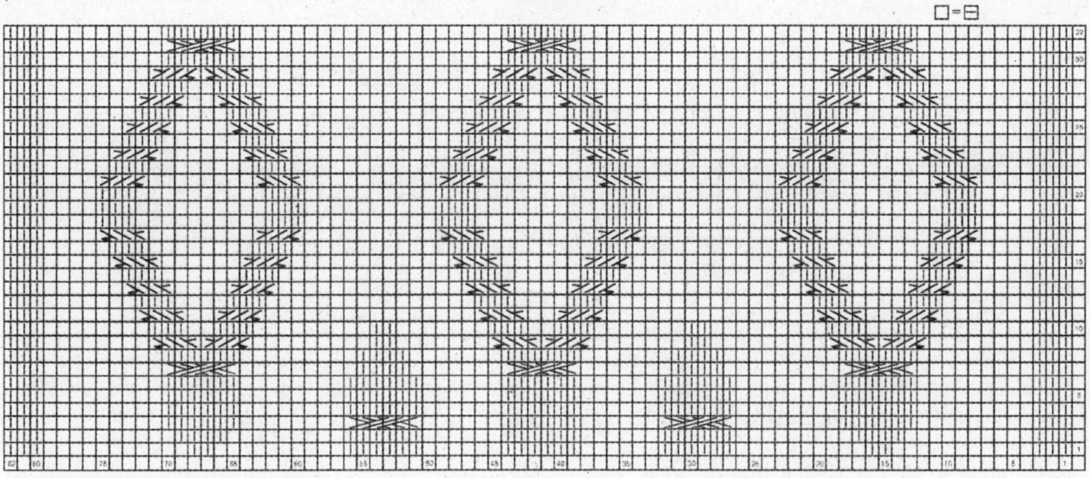

花样编织D

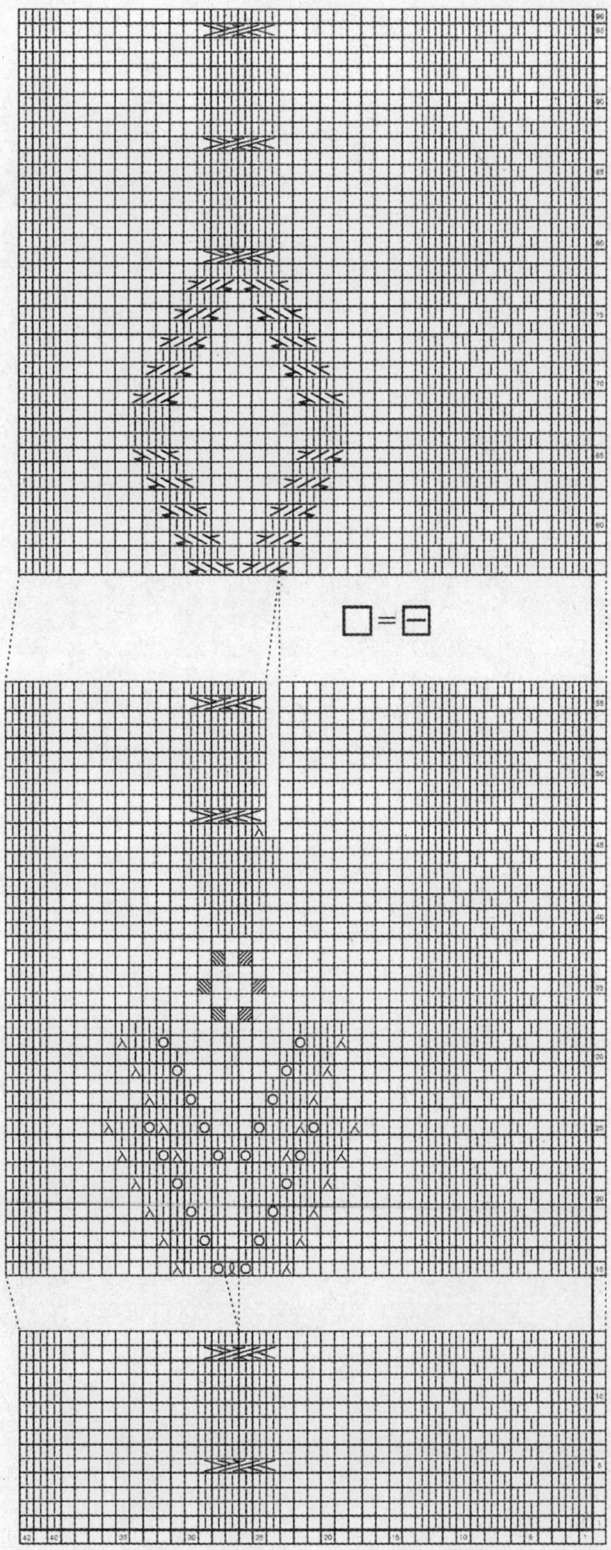

花样编织E

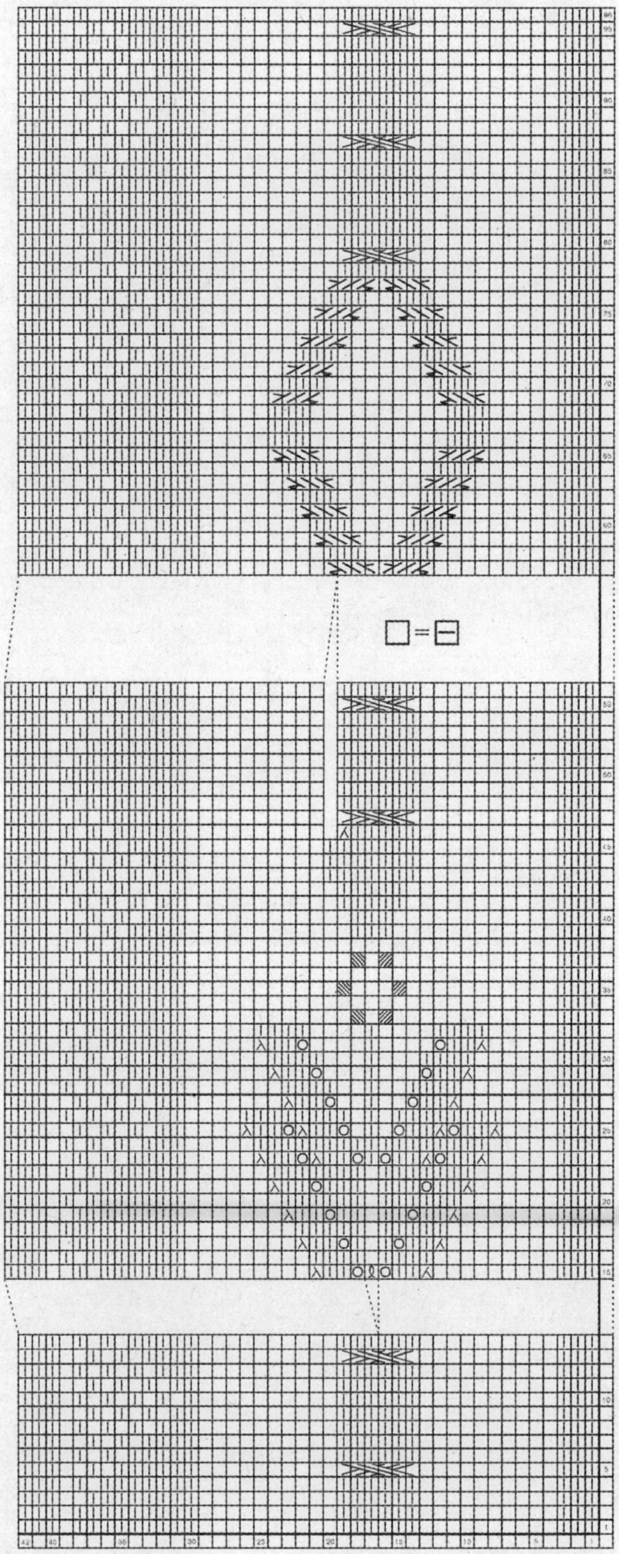

缘编织

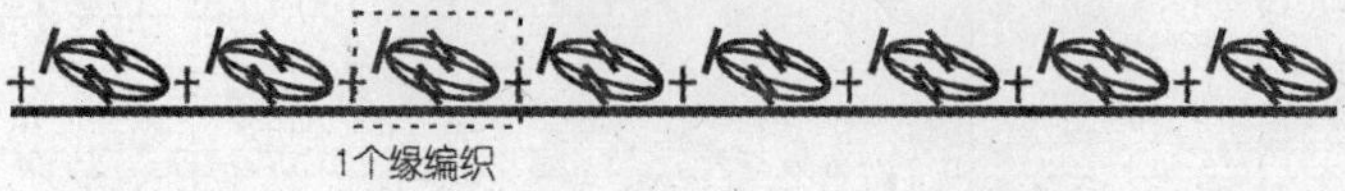

（下转第132页）

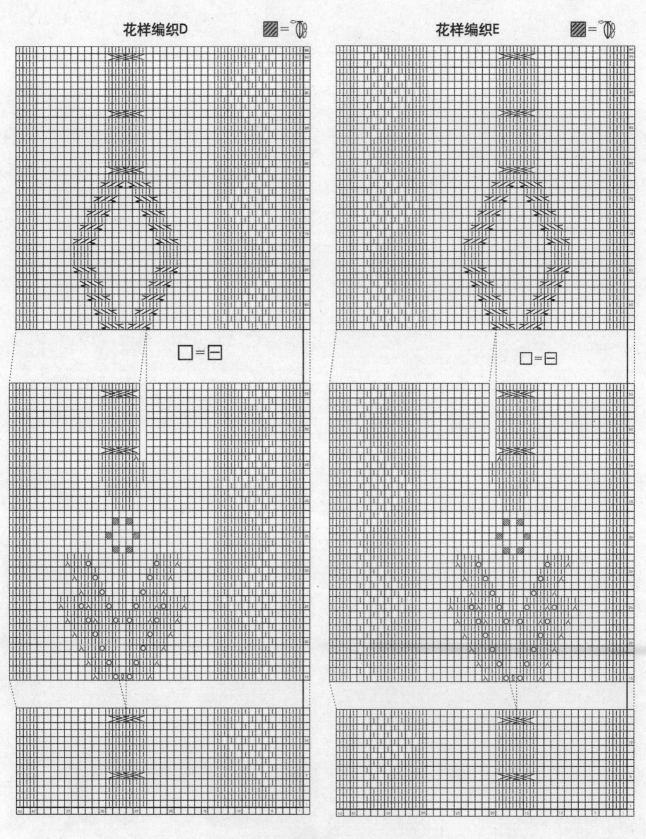

NO.39

橙色刺绣花样带帽背心

彩图见 第58页

工具

3.9mm棒针

成品尺寸

衣长40cm、胸围76cm、背肩宽30.5cm

材料

中粗羊毛线黑色320g、橙色30g，纽扣4颗

编织密度

花样编织A、B、C，上下针编织，下针编织 20针×32行/10cm

结构图

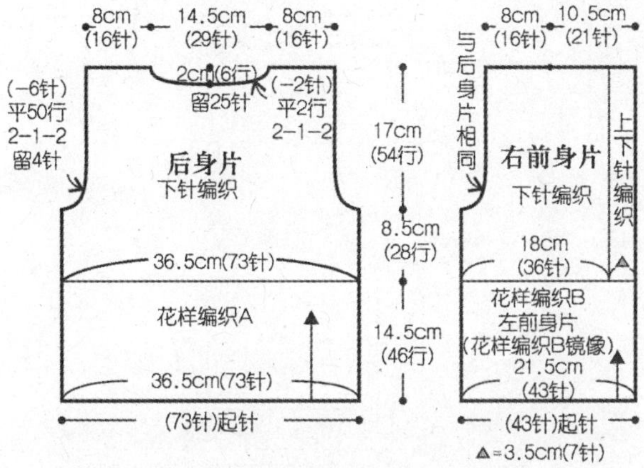

款式图

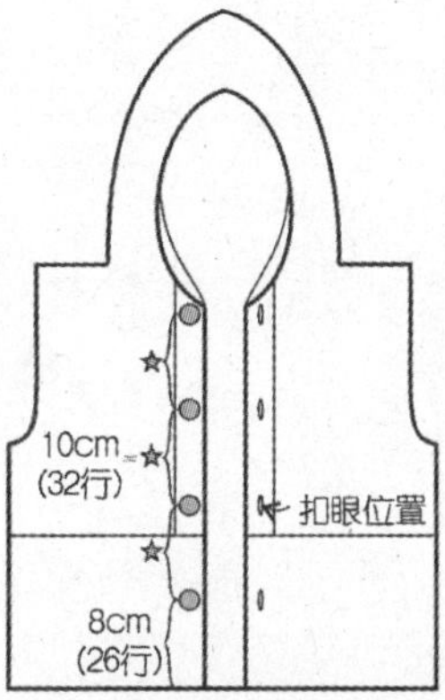

帽子

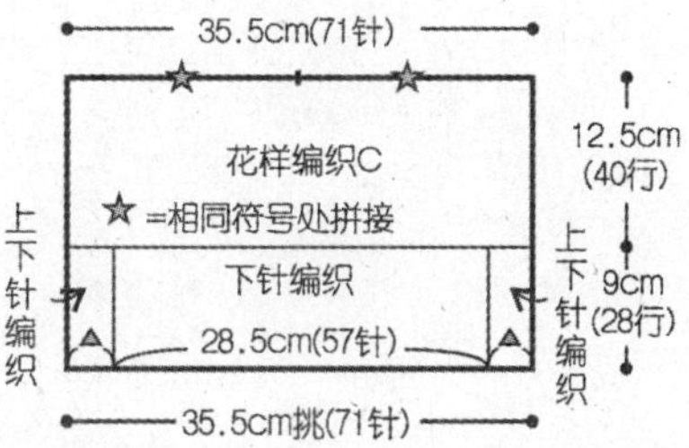

花样编织B

※阴影部分用橙色线编织。

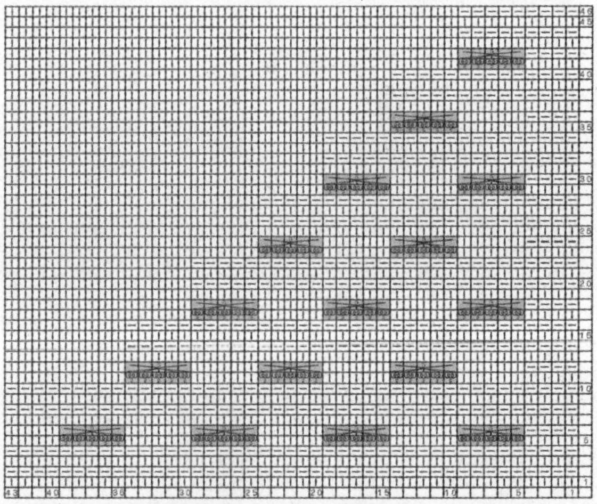

花样编织A

※阴影部分用橙色线编织。

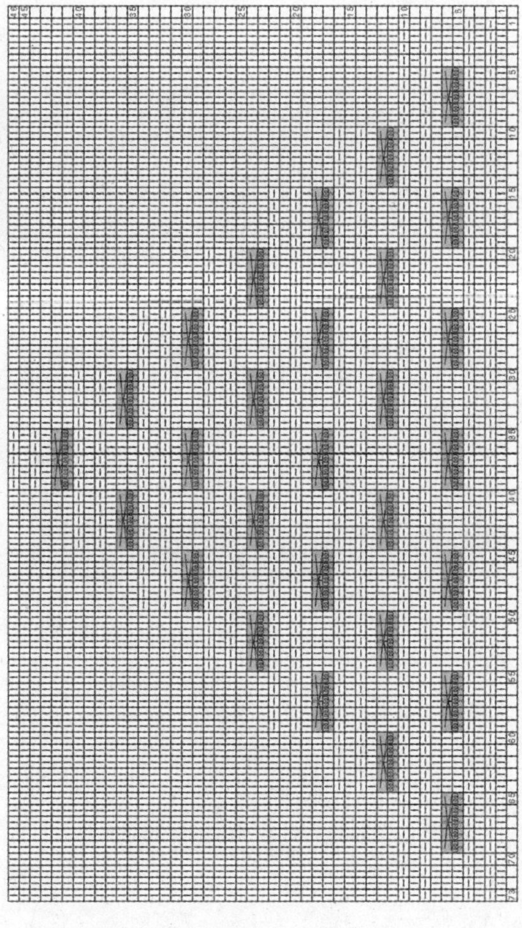

花样编织C

※阴影部分用橙色线编织。

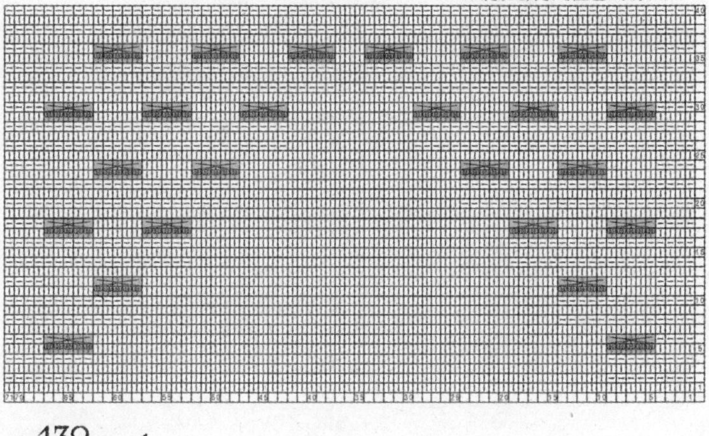

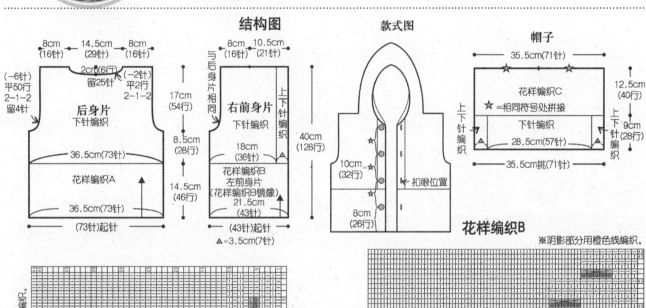

NO.40 浅绿色镂空花样开衫

彩图见 第60页

工具
2.4mm棒针

成品尺寸
衣长44.5cm、胸围63.5cm、背肩宽27.5cm、袖长35.5cm

材料
中细毛线浅绿色250g、白色50g，纽扣5颗

编织密度
花样编织A、B、C，下针编织，单罗纹编织 36针×54行/10cm

结构图

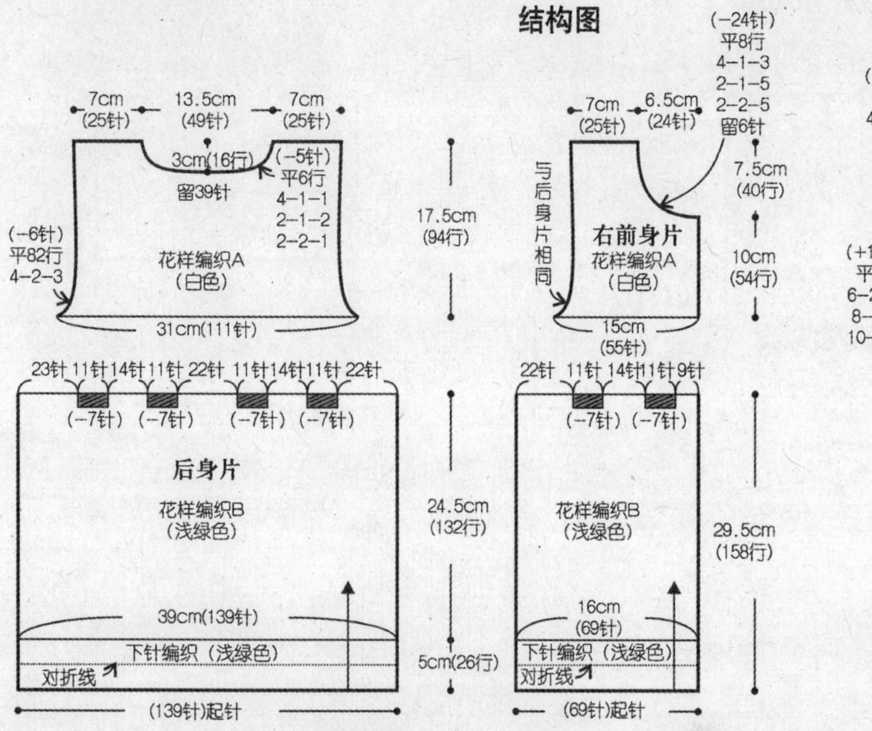

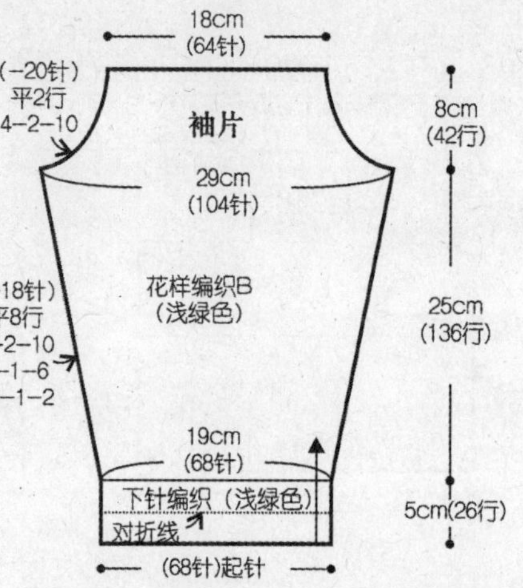

7cm (25针)
13.5cm (49针)
7cm (25针)
3cm(16行)
(-5针) 平6行 4-1-1 2-1-2 2-2-1
留39针
(-6针) 平82行 4-2-3
花样编织A (白色)
31cm(111针)
17.5cm (94行)
7cm (25针)
6.5cm (24针)
(-24针) 平8行 4-1-3 2-1-5 2-2-5 留6针
与后身片相同
右前身片
花样编织A (白色)
15cm (55针)
7.5cm (40行)
10cm (54行)
18cm (64针)
(-20针) 平2行 4-2-10
袖片
29cm (104针)
8cm (42行)
花样编织B (浅绿色)
(+18针) 平8行 6-2-10 8-1-6 10-1-2
25cm (136行)
19cm (68针)
下针编织 (浅绿色)
对折线
5cm(26行)
(68针)起针
23针 11针 14针 11针 22针 11针 14针 11针 22针
(-7针) (-7针) (-7针) (-7针)
后身片
花样编织B (浅绿色)
39cm(139针)
下针编织 (浅绿色)
对折线
(139针)起针
24.5cm (132行)
5cm(26行)
22针 11针 14针 11针 9针
(-7针) (-7针)
花样编织B (浅绿色)
16cm (69针)
下针编织 (浅绿色)
对折线
(69针)起针
29.5cm (158行)

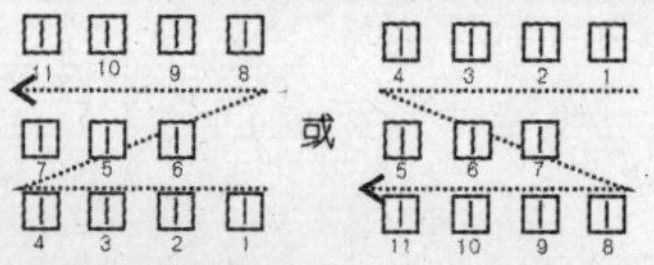

11 10 9 8
7 5 6
4 3 2 1
或
4 3 2 1
5 6 7
11 10 9 8

11针减7针方法：
第1针、第8针2针并1针；
第2针、第7针、第9针3针并1针；
第3针、第6针、第10针3针并1针；
第4针、第5针、第11针3针并1针；
或
第8针、第1针2针并1针；
第9针、第7针、第2针3针并1针；
第10针、第6针、第3针3针并1针；
第11针、第5针、第4针3针并1针。

花样编织C

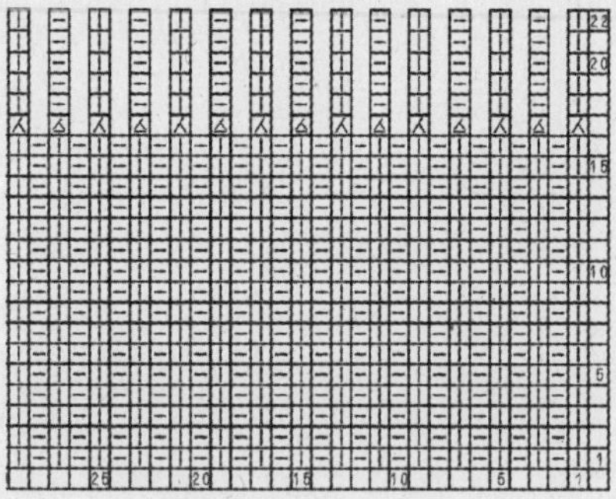

荷叶边

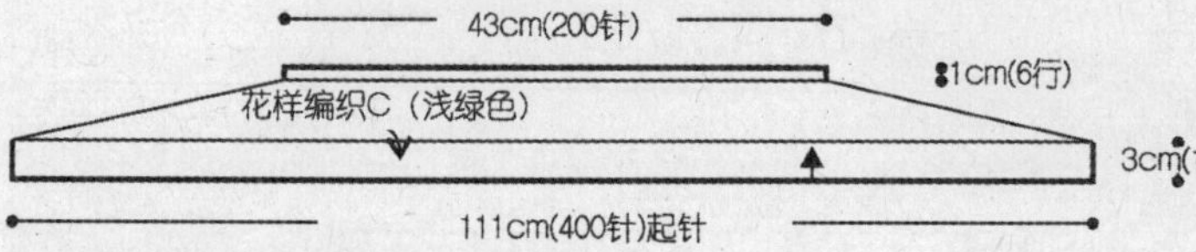

43cm(200针)
1cm(6行)
花样编织C（浅绿色）
3cm(16行)
111cm(400针)起针

※荷叶边用单股极细线编织，单独编织好荷叶边后，在领子包边往外对拆时把荷叶边包缝在衣领上。

款式图

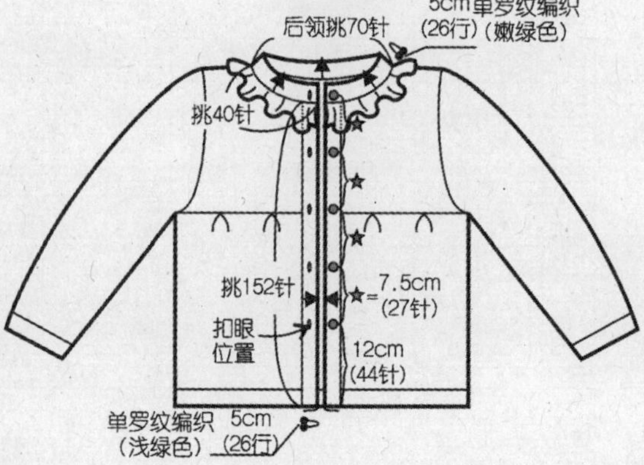

5cm单罗纹编织 (26行) (嫩绿色)
后领挑70针
挑40针
挑152针
7.5cm (27针)
扣眼位置
12cm (44针)
单罗纹编织 (浅绿色)
5cm (26行)

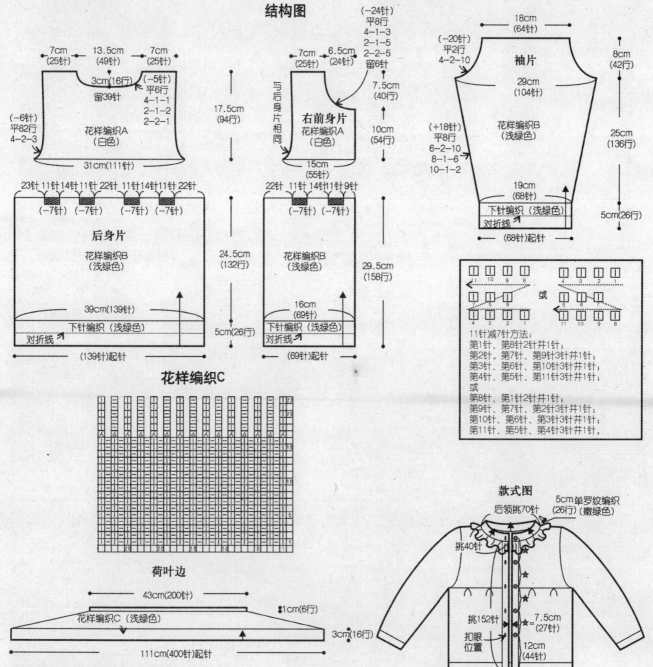

花样编织A

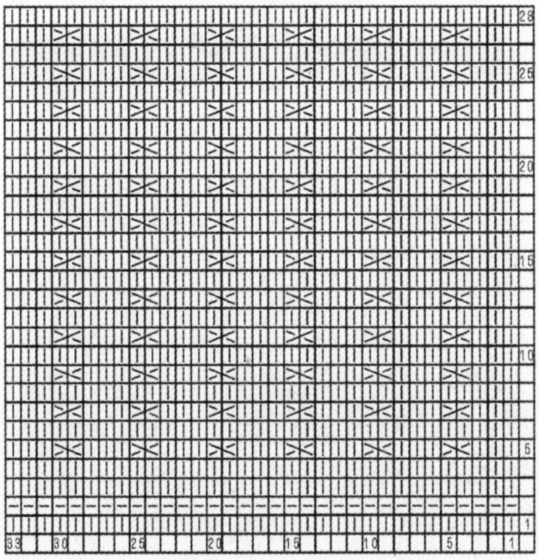

花样编织B

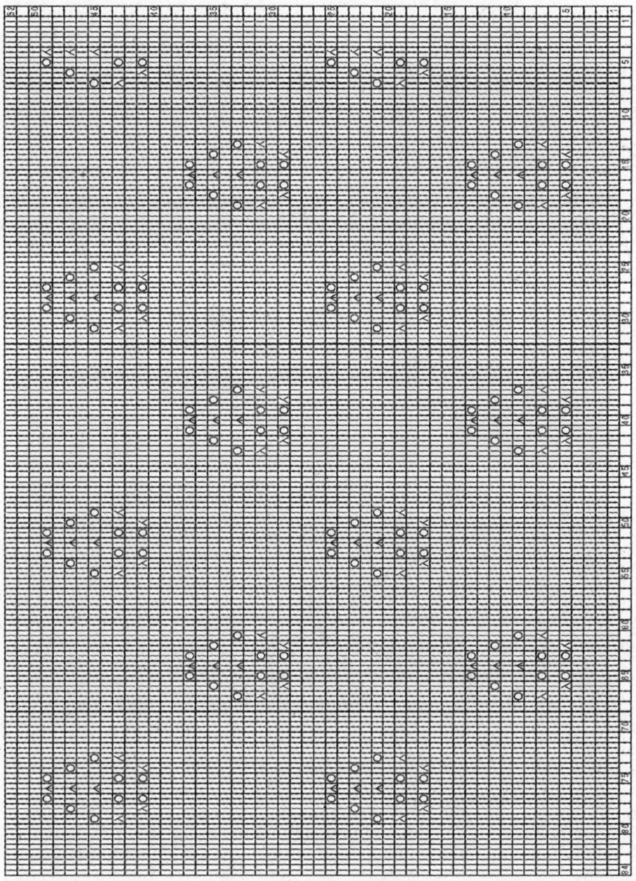

（上接第142页）

花样编织D

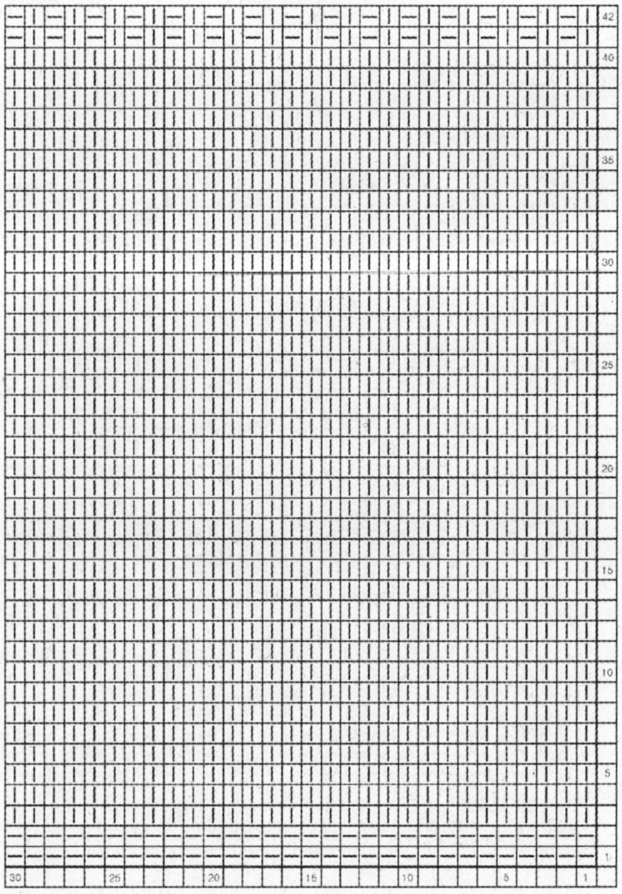

花样编织B

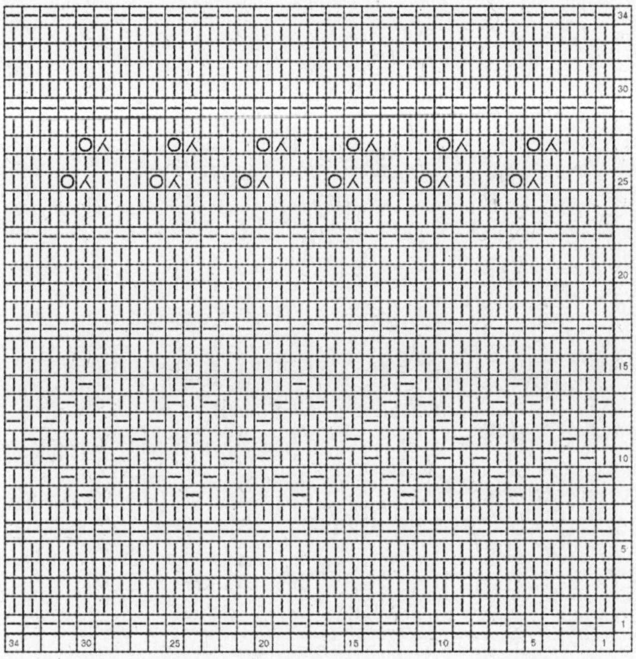

NO.41
粉色菱格花样开衫

彩图见 第62页

工具
3.3mm棒针

成品尺寸
衣长36.5cm、胸围72cm、背肩宽27cm、袖长27cm

材料
中粗羊毛线粉色280g，直径为15mm的纽扣6颗

编织密度
花样编织A、B、C、D，下针编织 28针×40行/10cm

结构图

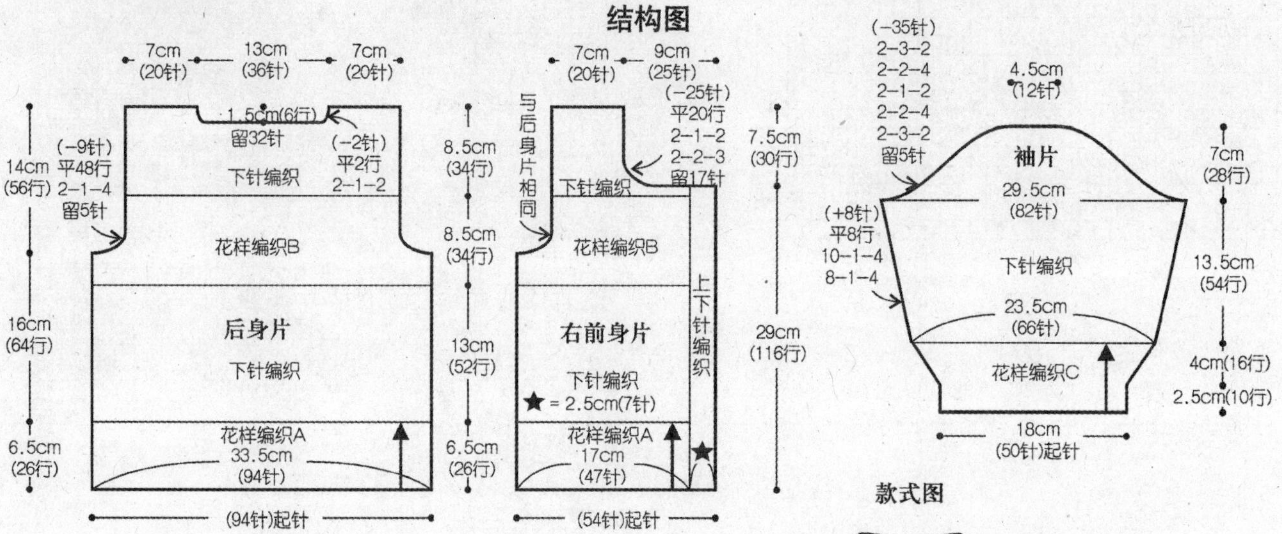

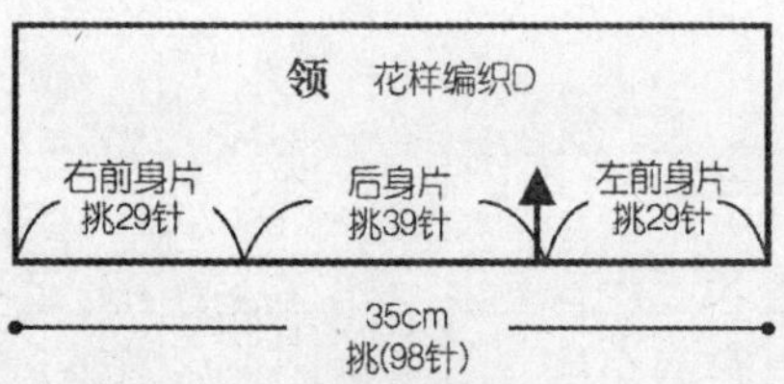

款式图

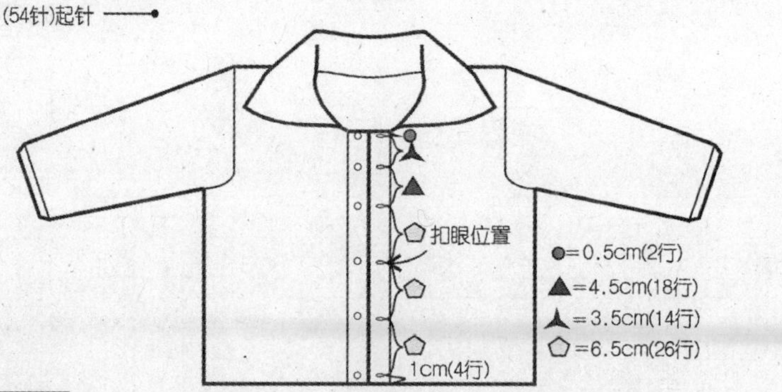

花样编织A

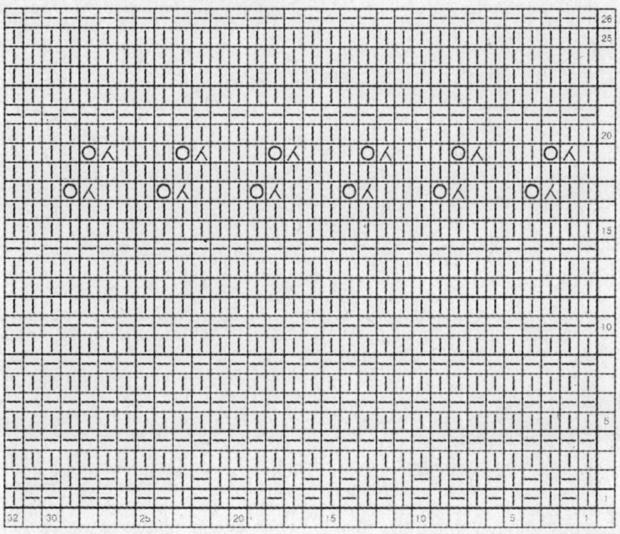

花样编织C

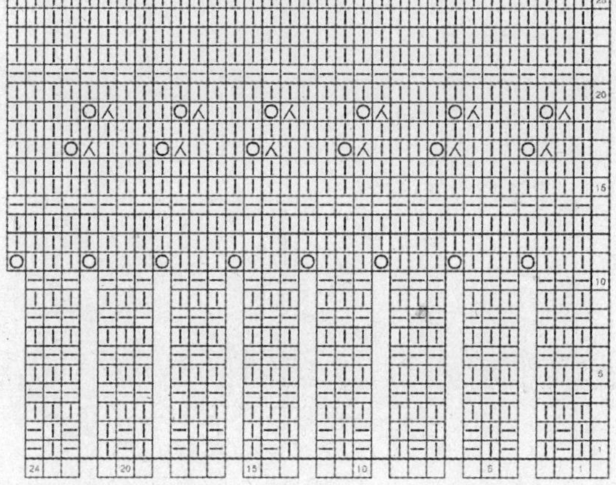

（下转第141页）

NO.42 粉色方领背心裙

彩图见 第64页

材料

中粗羊毛线粉色200g

工具

3.6mm棒针

成品尺寸

衣长43.5cm、胸围72cm、背肩宽29.5cm

编织密度

花样编织B、C、E，下针编织

22.5针×35行/10cm

花样编织A、D 20针×35行/10cm

结构图

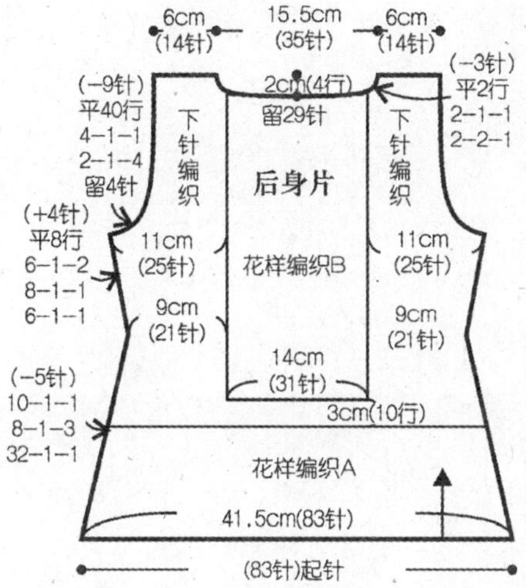

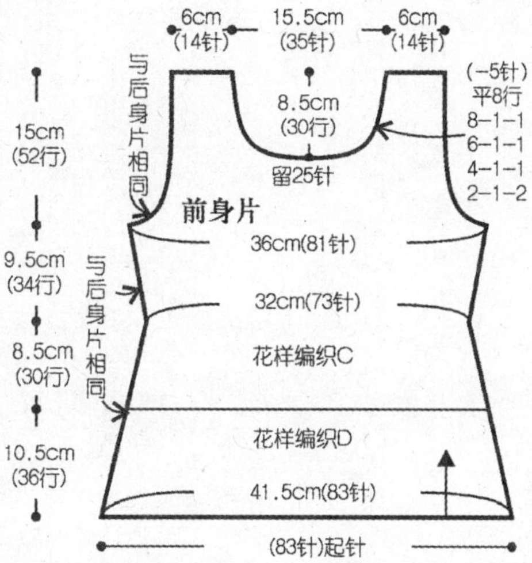

款式图

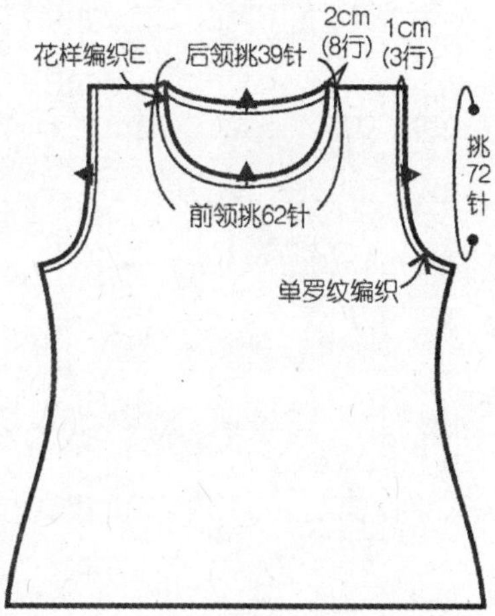

花样编织A

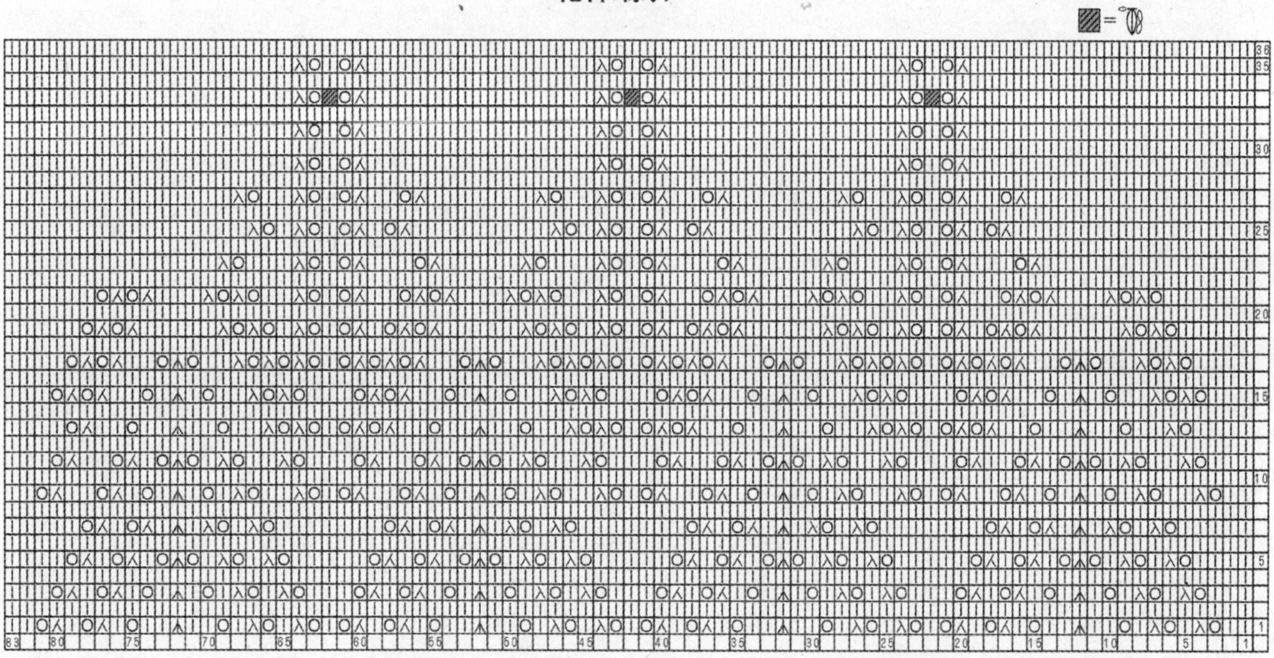

花样编织E

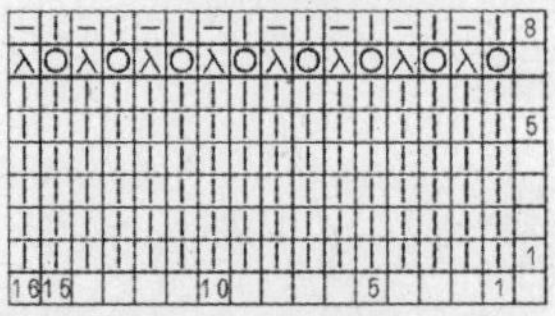

花样编织B

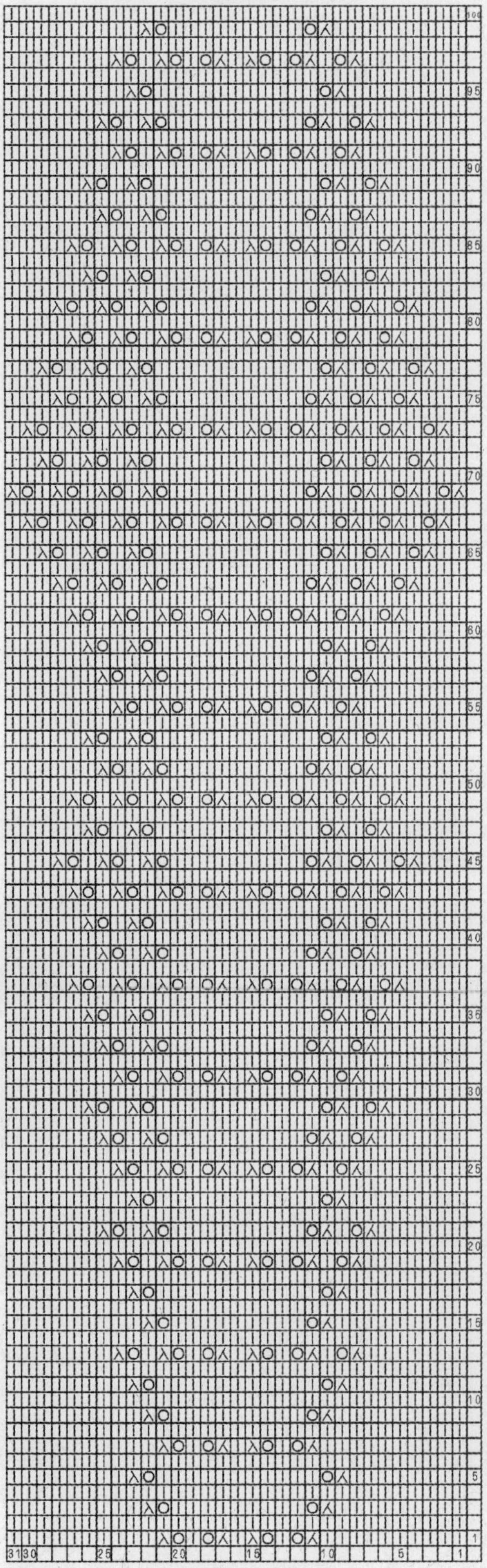

花样编织C、D

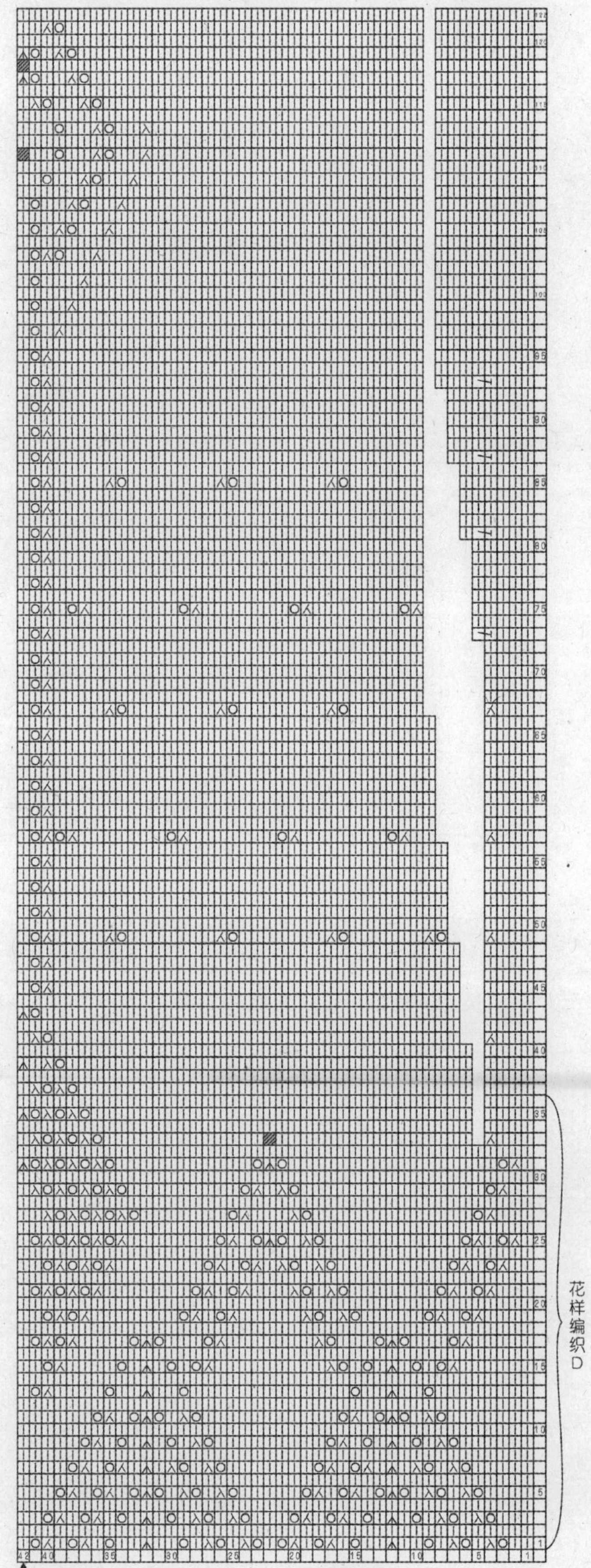

NO.43 蓝色短袖连衣裙

彩图见 第66页

工具
3.9mm棒针

成品尺寸
衣长44cm、胸围67cm、袖长11cm

材料
中粗羊毛线蓝色300g、白色适量，银色饰珠4颗

编织密度
花样编织A～F，下针编织
20针×32行/10cm

结构图

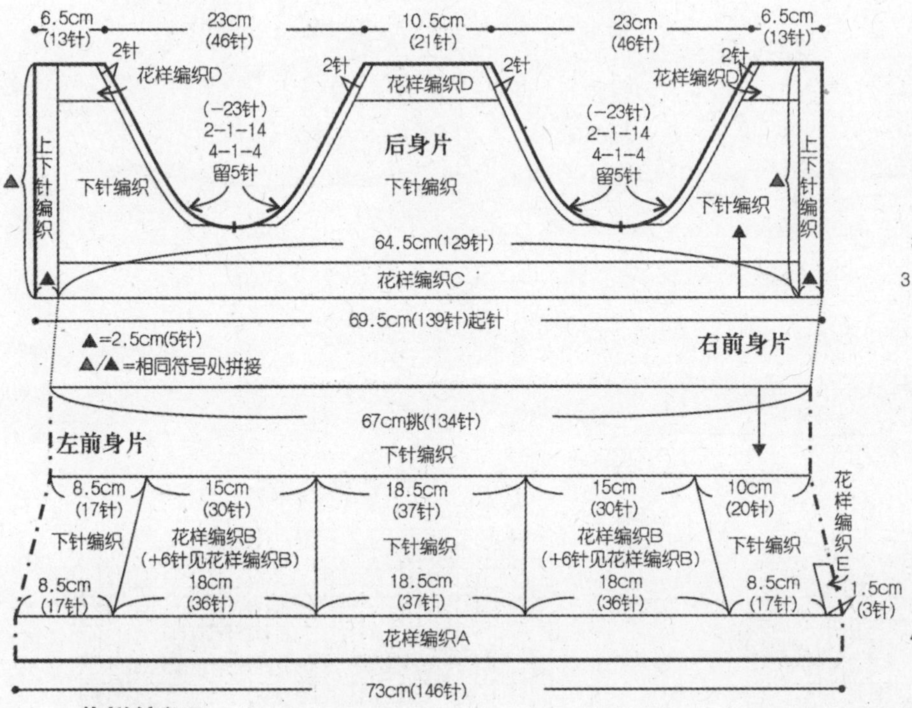

6.5cm (13针)
23cm (46针)
10.5cm (21针)
23cm (46针)
6.5cm (13针)
2针
花样编织D
2针
2针
花样编织D
2针
花样编织D
(−23针)
2-1-14
4-1-4
留5针
后身片
(−23针)
2-1-14
4-1-4
留5针
上下针编织
下针编织
下针编织
下针编织
上下针编织
64.5cm(129针)
花样编织C
69.5cm(139针)起针
▲=2.5cm(5针)
▲/▲=相同符号处拼接
右前身片
67cm挑(134针)
左前身片
下针编织
8.5cm (17针)
15cm (30针)
18.5cm (37针)
15cm (30针)
10cm (20针)
下针编织
花样编织B (+6针见花样编织B)
下针编织
花样编织B (+6针见花样编织B)
下针编织
花样编织E
8.5cm (17针)
18cm (36针)
18.5cm (37针)
18cm (36针)
8.5cm (17针)
1.5cm (3针)
花样编织A
73cm(146针)
3cm(10行)
11cm (34行)
3cm(10行)
3.5cm(12行)
7.5cm (24行)
7.5cm (24行)
4.5cm (14行)
4cm(12行)

款式图

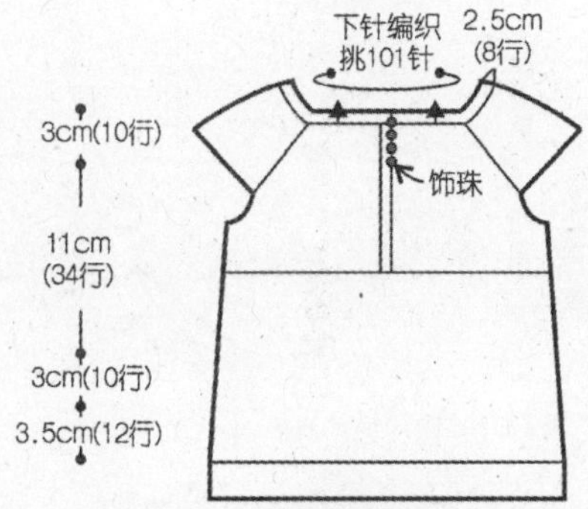

下针编织
挑101针
2.5cm (8行)
饰珠

花样编织A

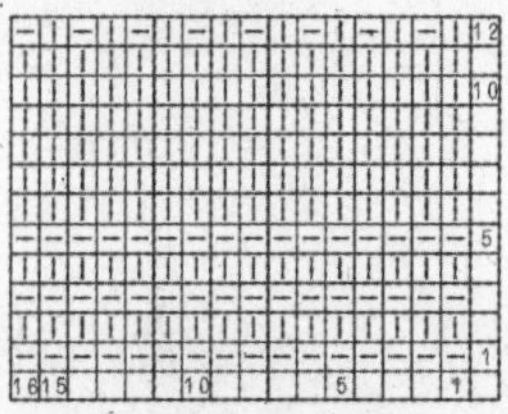

花样编织D

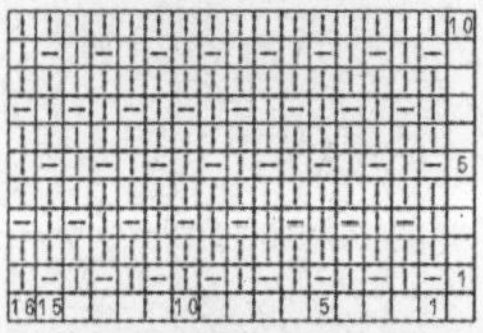

花样编织F

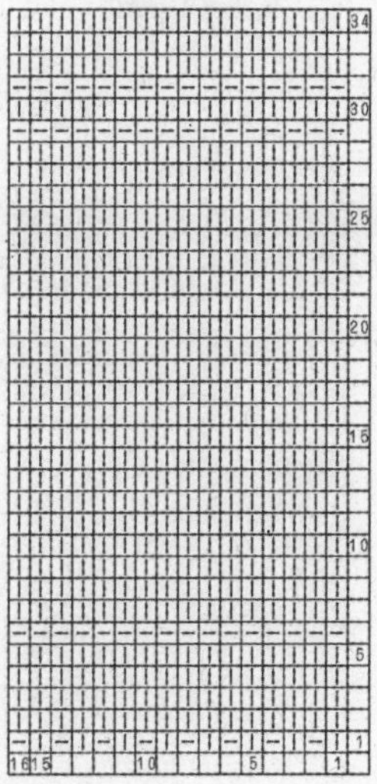

花样编织E

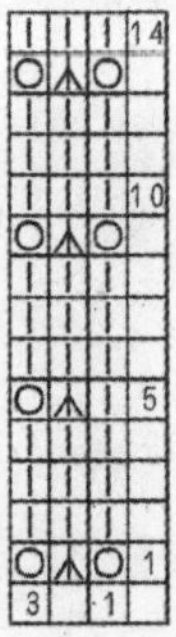

领口配色表

第1～2行	蓝色2行
第3～4行	白色2行
第5～7行	蓝色3行
第8行	白色1行

花样编织C

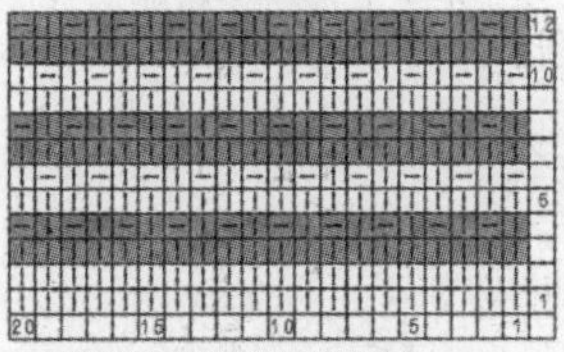

※阴影部分用白色线编织

花样编织B

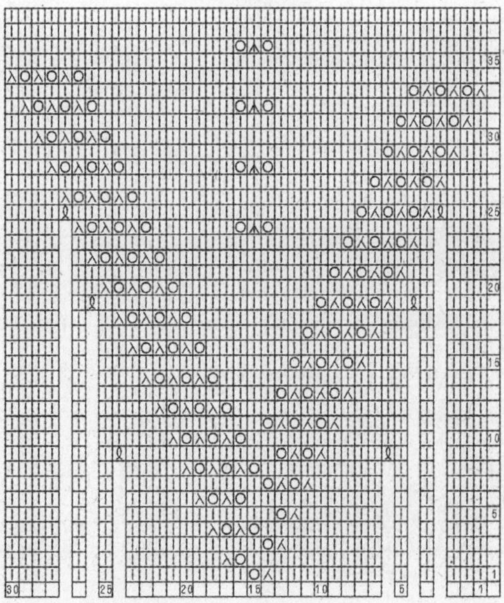

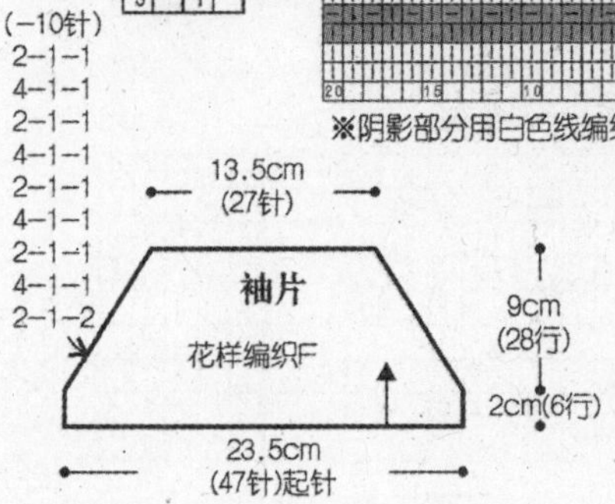

(−10针)
2-1-1
4-1-1
2-1-1
4-1-1
2-1-1
4-1-1
2-1-1
4-1-1
2-1-2
13.5cm (27针)
袖片
花样编织F
9cm (28行)
2cm(6行)
23.5cm (47针)起针

NO.44 棕红色小斗篷

彩图见 第68页

工具
5.1mm棒针

成品尺寸
领围49cm、下摆围112cm、披肩长24.5cm

材料
中粗毛线棕红色180g、白色20g

编织密度
花样编织A、B、C、D
15针×29行/10cm

款式图

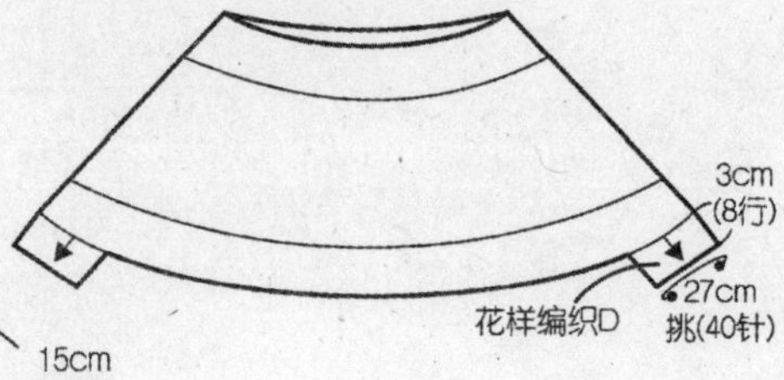

3cm
(8行)
花样编织D
27cm
挑(40针)

结构图

分散减针：
第21行，每8针减1针减21次；
第29行，每7针减1针减21次；
第43行，每6针减1针减21次；
第51行，每7针减1针减15次；
第61行，每10针减1针减9次；
第35行，每11针减1针减7次余4针；
共减94针。

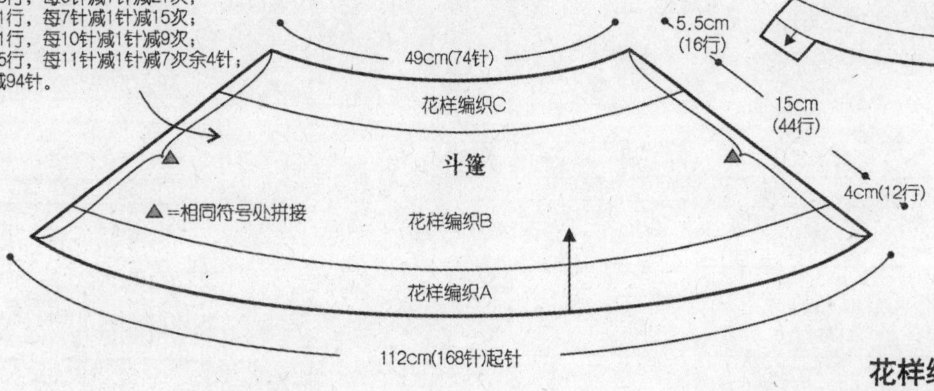

49cm(74针)
花样编织C
斗篷
花样编织B
花样编织A
112cm(168针)起针
5.5cm
(16行)
15cm
(44行)
4cm(12行)
▲=相同符号处拼接

花样编织A

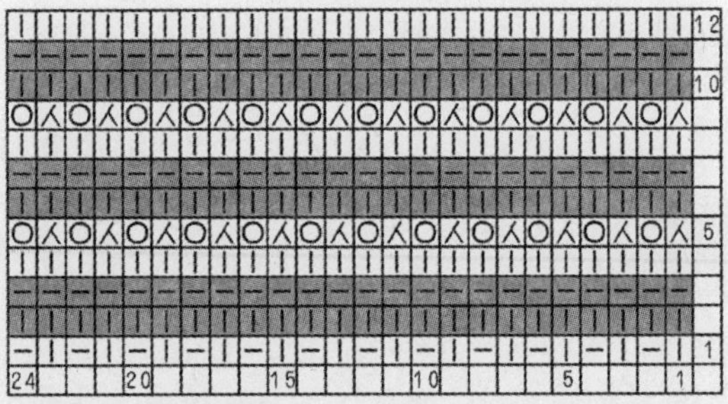

※阴影部分用白色线编织

花样编织C

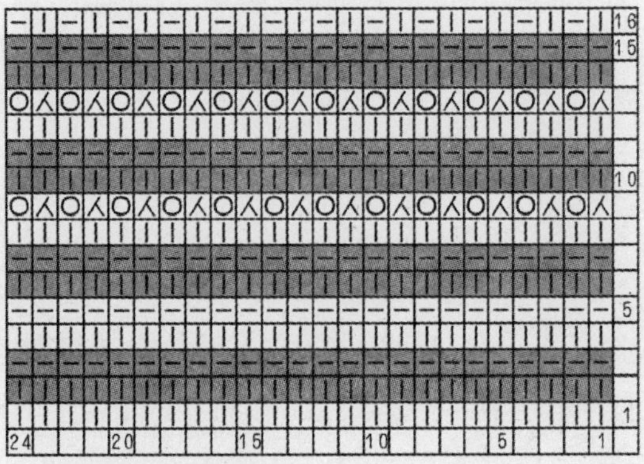

※阴影部分用白色线编织

花样编织B

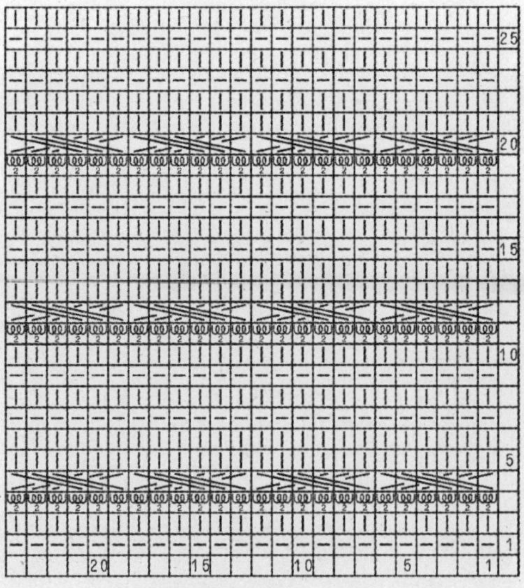

花样编织D

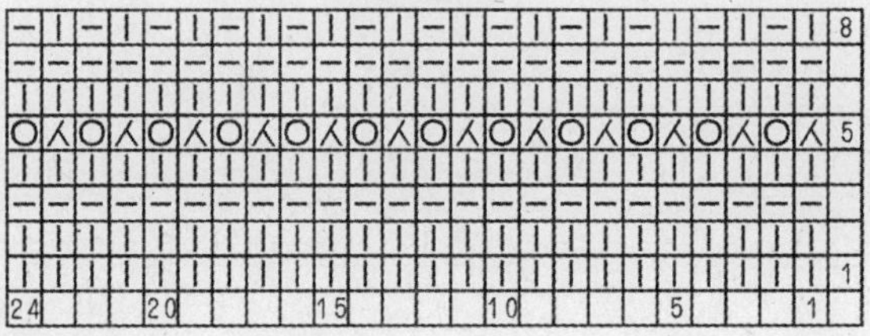

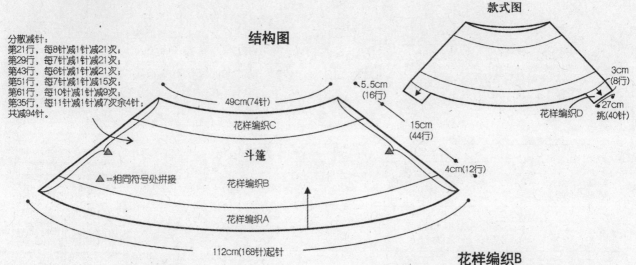

NO.45 绿色蕾丝花边无袖连衣裙

彩图见 第70页

材料

中粗毛线绿色250g，蕾丝边70cm

工具

4.5mm棒针

成品尺寸

衣长46.5cm、胸围69cm、背肩宽27cm

编织密度

花样编织A、B，下针编织

19针×26行/10cm

花样编织C 25针×26行/10cm

结构图

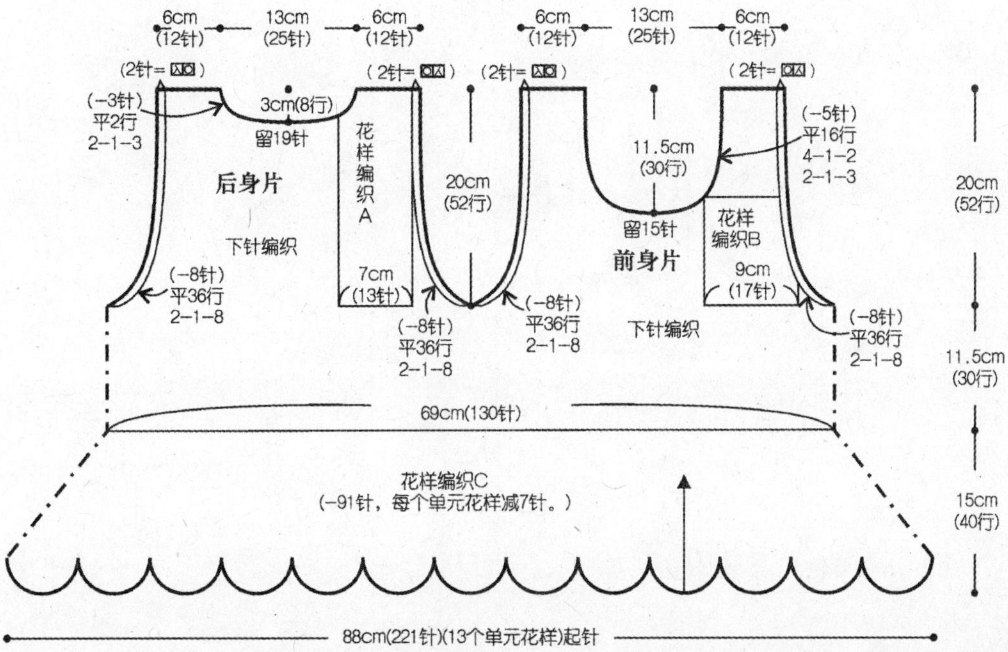

花样编织A

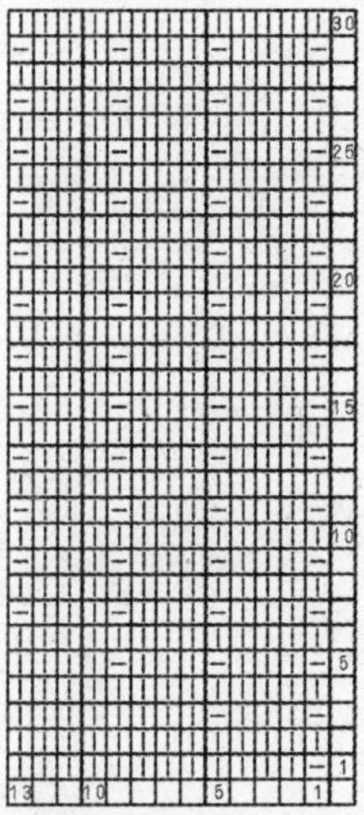

款式图

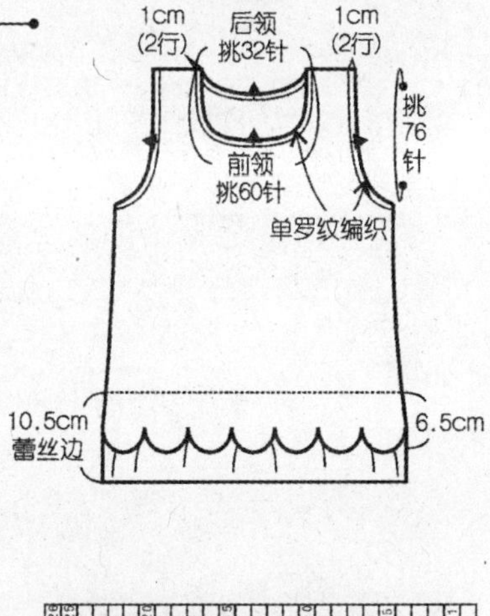

花样编织C

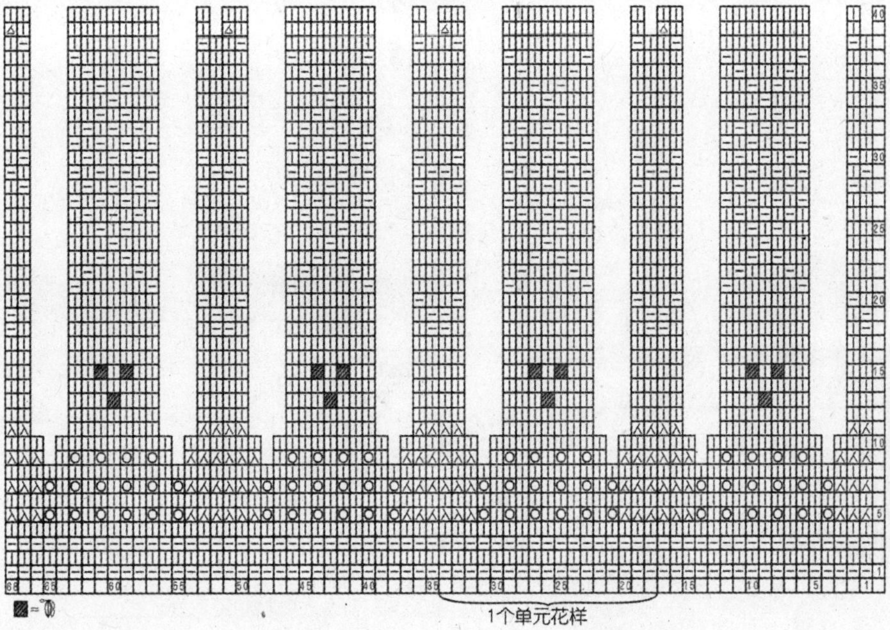

花样编织B

NO.46
波浪边高领连衣裙

彩图见 第72页

工具
3.9mm棒针

成品尺寸
衣长53cm、胸围72cm、背肩宽32cm、袖长6cm

材料
中粗羊毛线黑色300g、墨绿色100g

编织密度
花样编织A～F，双罗纹编织
21针×32行/10cm

结构图

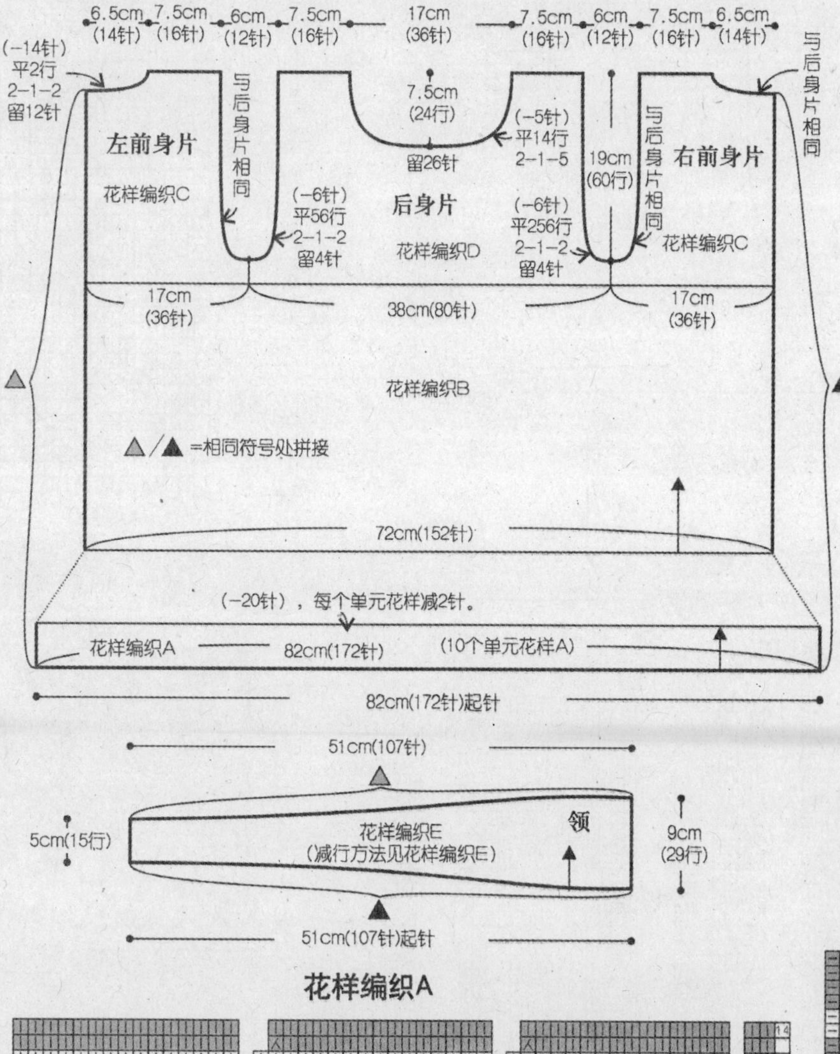

6.5cm (14针)
7.5cm (16针)
6cm (12针)
7.5cm (16针)
17cm (36针)
7.5cm (16针)
6cm (12针)
7.5cm (16针)
6.5cm (14针)
(−14针) 平2行 2−1−2 留12针
与后身片相同
左前身片
花样编织C
7.5cm (24行)
(−5针) 平14行 2−1−5
留26针
19cm (60行)
右前身片
后身片
花样编织D
(−6针) 平56行 2−1−2 留4针
(−6针) 平256行 2−1−2 留4针
花样编织C
17cm (36针)
38cm(80针)
17cm (36针)
花样编织B
▲/▲=相同符号处拼接
72cm(152针)
(−20针)，每个单元花样减2针。
花样编织A
82cm(172针)
(10个单元花样A)
82cm(172针)起针
51cm(107针)
5cm(15行)
花样编织E
(减行方法见花样编织E)
领
9cm (29行)
51cm(107针)起针

款式图

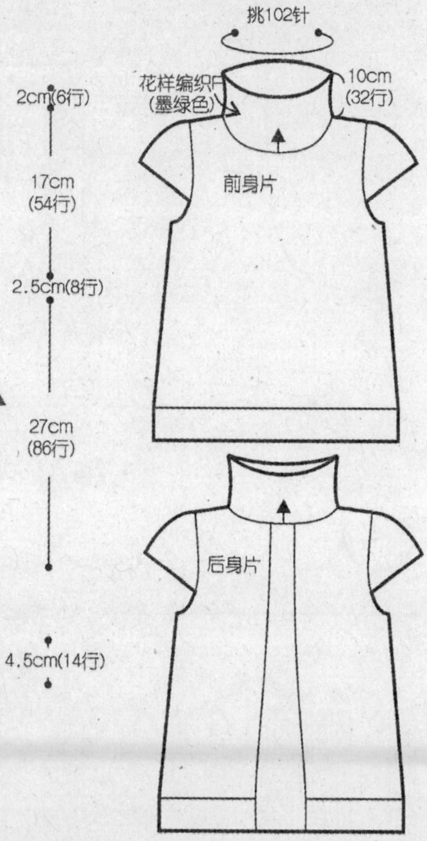

挑102针
花样编织F (墨绿色)
10cm (32行)
2cm(6行)
17cm (54行)
前身片
2.5cm(8行)
27cm (86行)
后身片
4.5cm(14行)

花样编织A

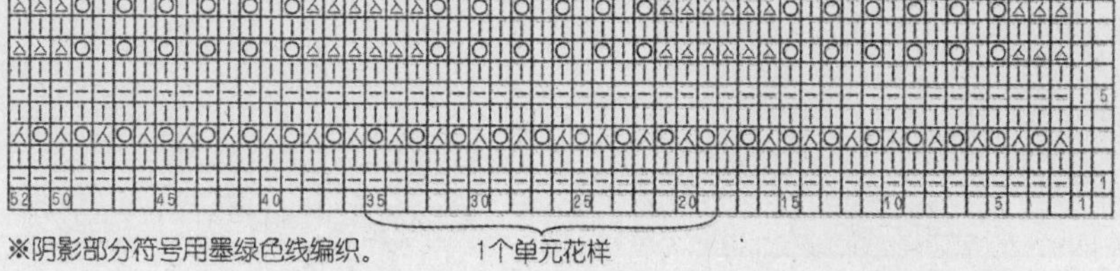

1个单元花样

※阴影部分符号用墨绿色线编织。

花样编织F

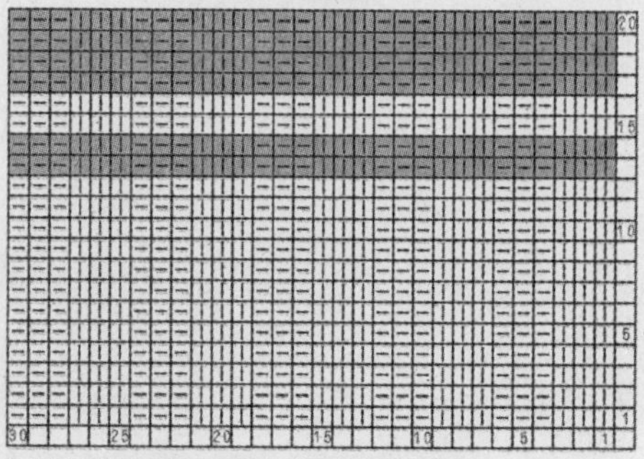

※编织袖片时阴影部分符号用黑色线编织。编织领时全部用墨绿色线编织。

花样编织B

※阴影部分符号用墨绿色线编织。

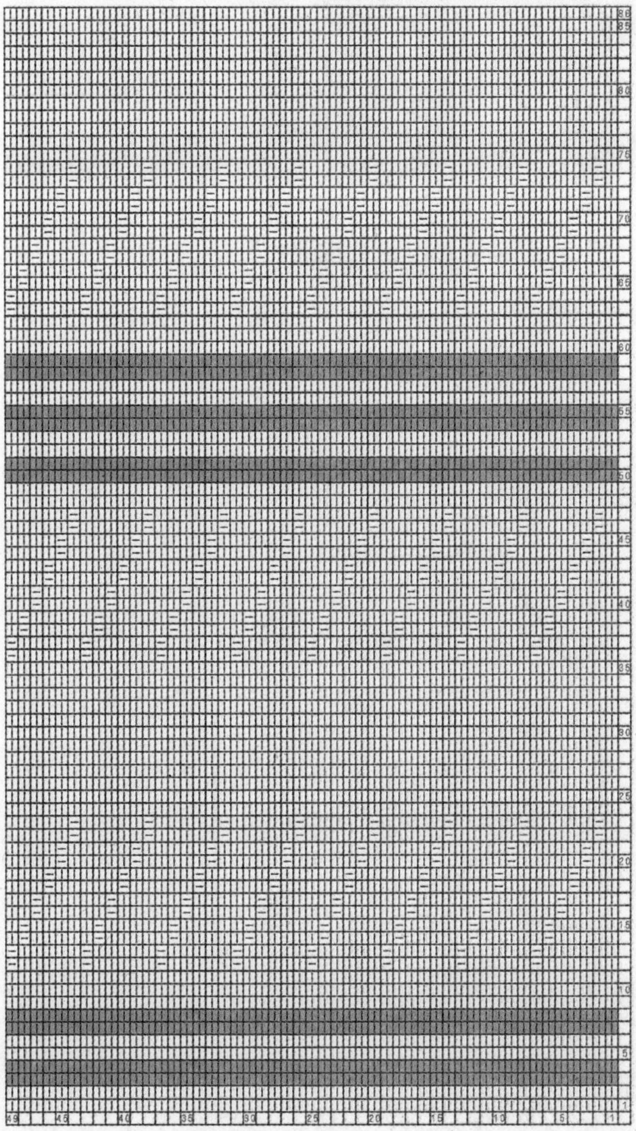

花样编织C

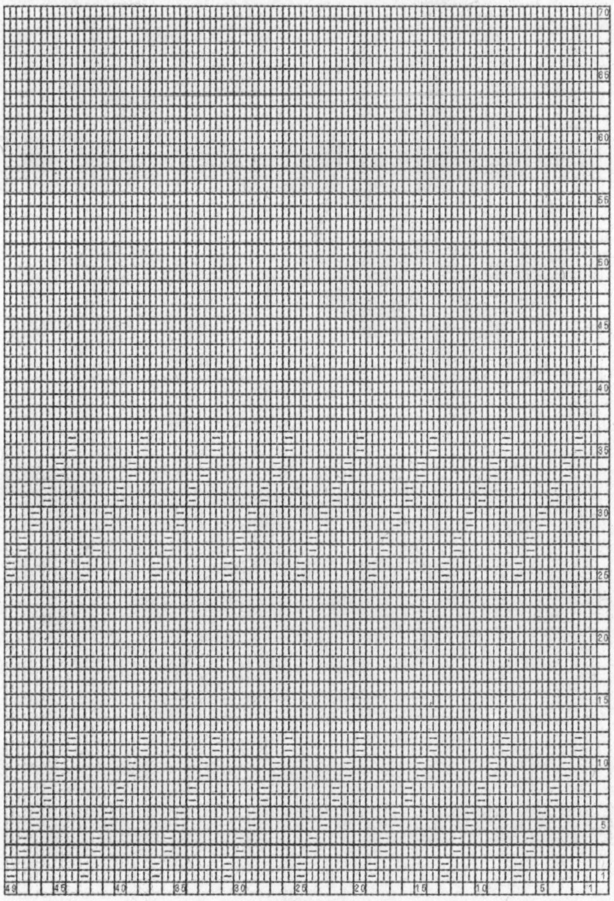

花样编织D

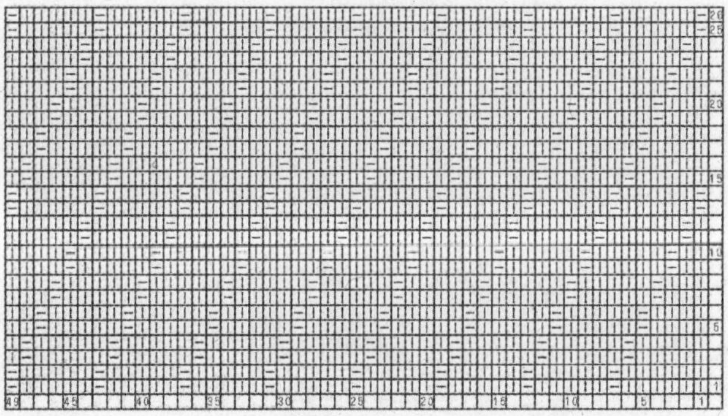

袖片

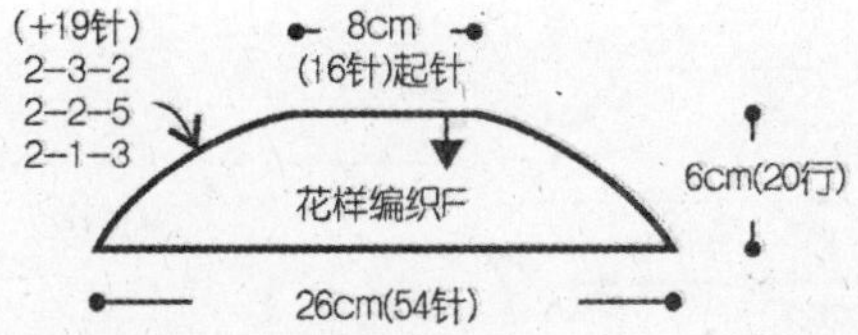
(+19针)
2-3-2
2-2-5
2-1-3
8cm
(16针)起针
花样编织F
6cm(20行)
26cm(54针)

花样编织E

※阴影部分符号用墨绿色线编织。

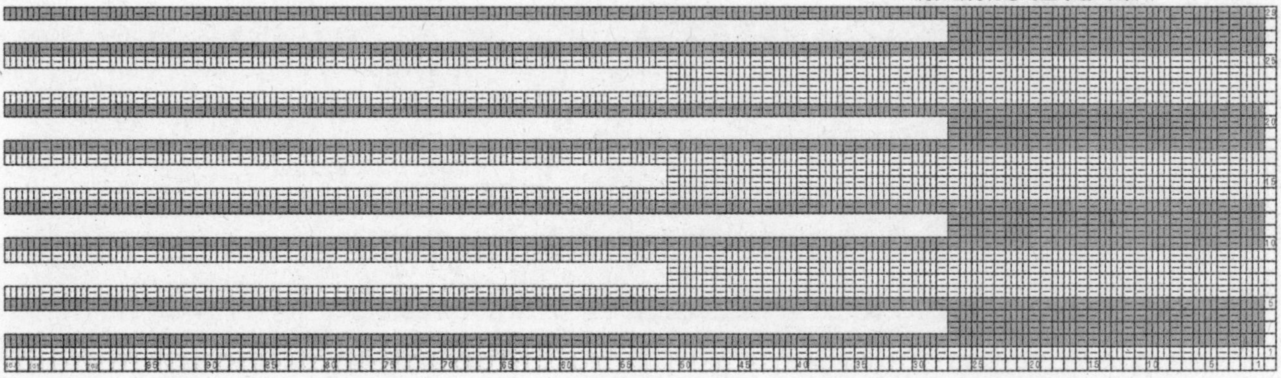

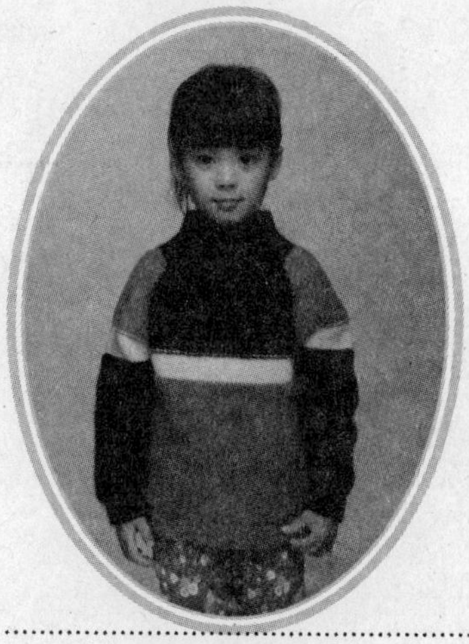

NO.47 简约三色拼接高领套头衫

彩图见 第74页

工具

4.5mm棒针

成品尺寸

衣长39cm、胸围70cm、肩袖长41.5cm

材料

中粗羊毛线黑色150g、粉色190g、白色20g

编织密度

上针编织、下针编织、双罗纹编织

18针×27行/10cm

结构图

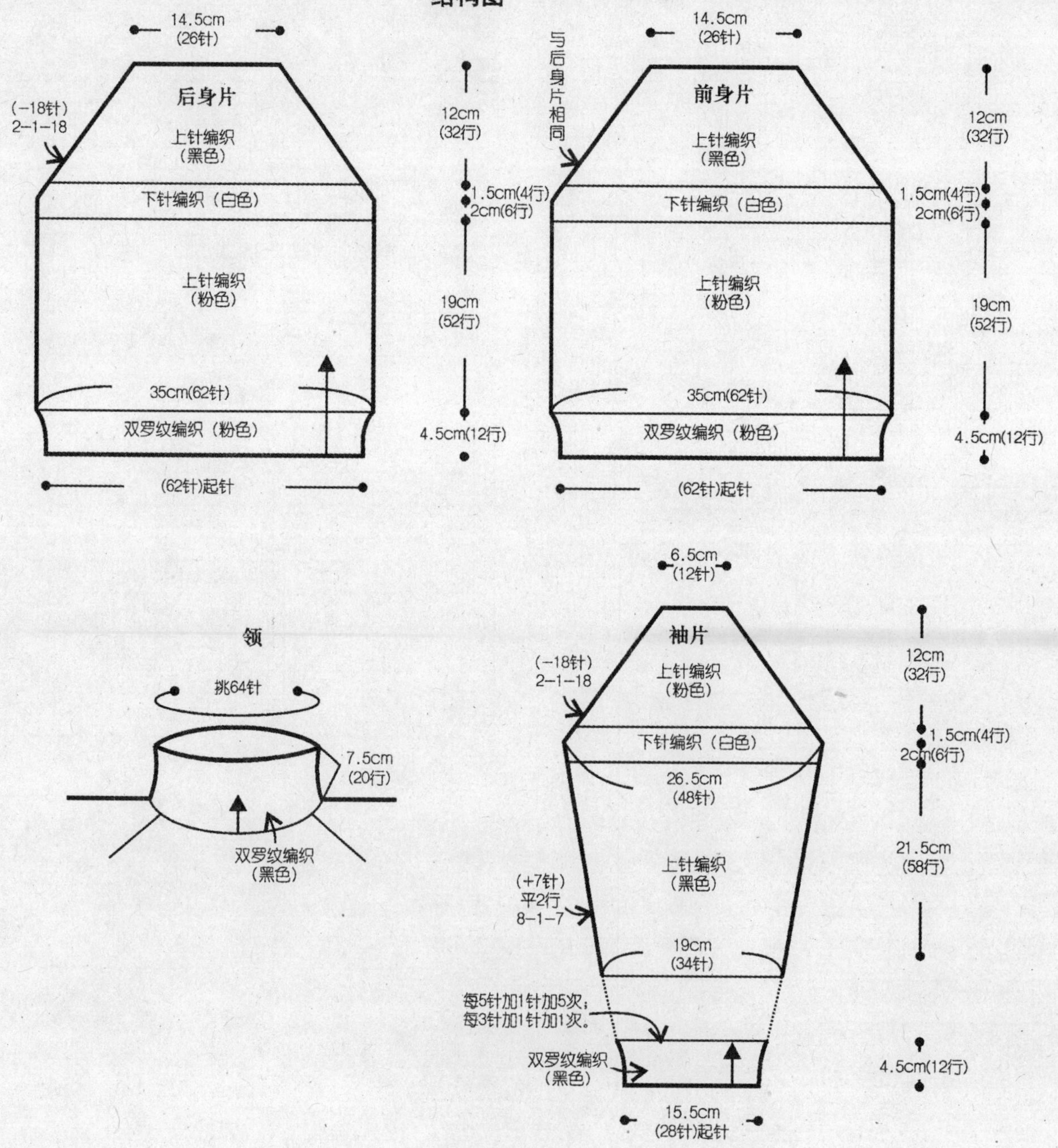

14.5cm
(26针)
后身片
(−18针)
2−1−18
上针编织
(黑色)
下针编织（白色）
上针编织
(粉色)
35cm(62针)
双罗纹编织（粉色）
(62针)起针
12cm
(32行)
1.5cm(4行)
2cm(6行)
19cm
(52行)
4.5cm(12行)
14.5cm
(26针)
与后身片相同
前身片
上针编织
(黑色)
下针编织（白色）
上针编织
(粉色)
35cm(62针)
双罗纹编织（粉色）
(62针)起针
12cm
(32行)
1.5cm(4行)
2cm(6行)
19cm
(52行)
4.5cm(12行)
领
挑64针
7.5cm
(20行)
双罗纹编织
(黑色)
6.5cm
(12针)
袖片
(−18针)
2−1−18
上针编织
(粉色)
下针编织（白色）
26.5cm
(48针)
上针编织
(黑色)
(+7针)
平2行
8−1−7
19cm
(34针)
每5针加1针加5次；
每3针加1针加1次。
双罗纹编织
(黑色)
15.5cm
(28针)起针
12cm
(32行)
1.5cm(4行)
2cm(6行)
21.5cm
(58行)
4.5cm(12行)

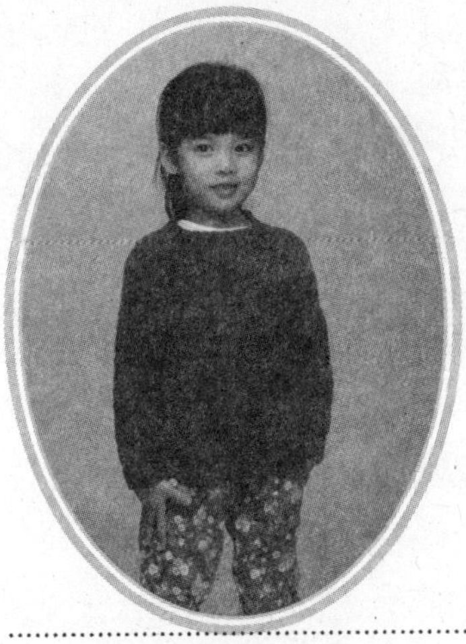

NO.48 经典紫色 麻花花样套头衫

彩图见 第76页

工具

3.3mm棒针

成品尺寸

衣长42.5cm、胸围68cm、背肩宽26cm、袖长33.5cm

材料

中粗羊毛线紫色250g

编织密度

花样编织、双罗纹编织

27针×36行/10cm

结构图

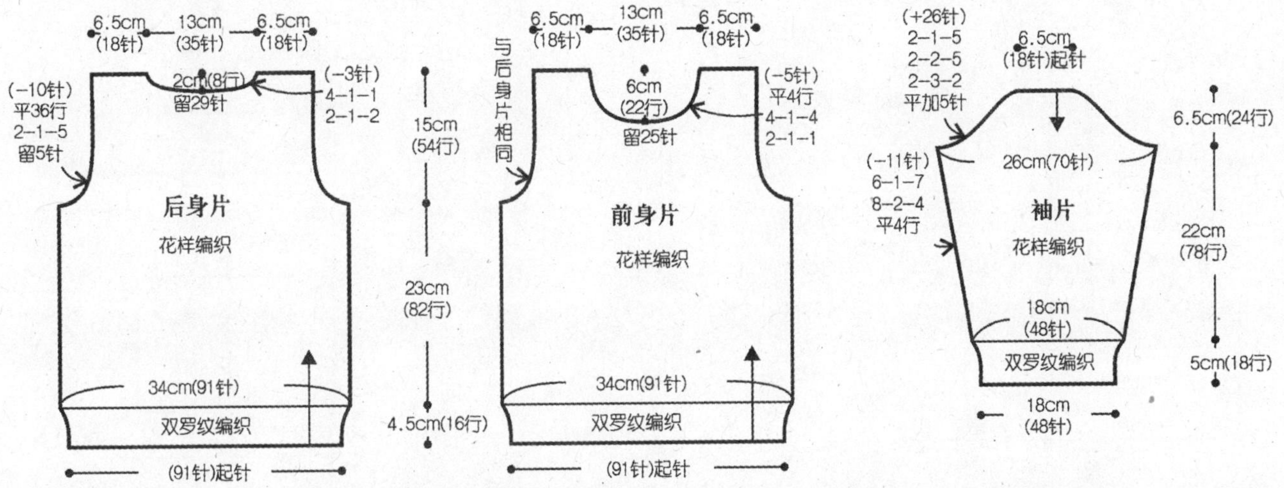

花样编织

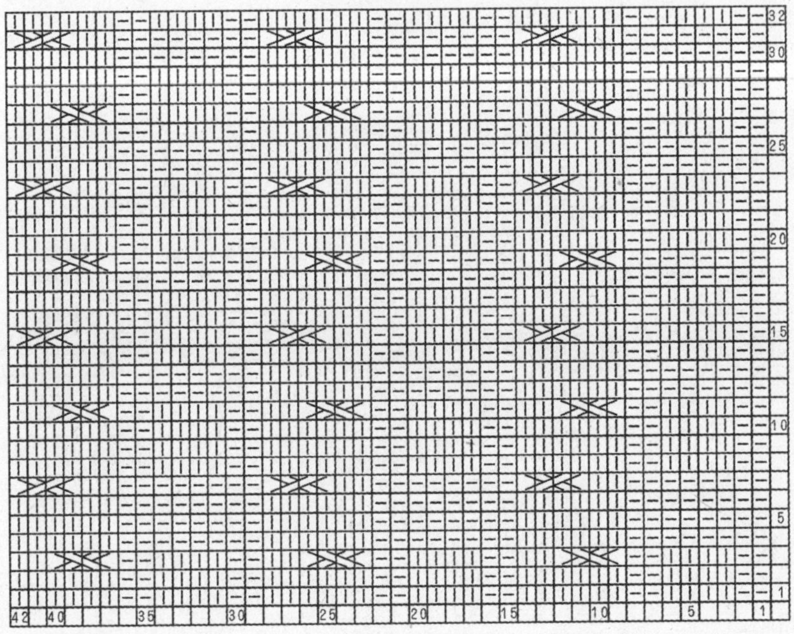

领

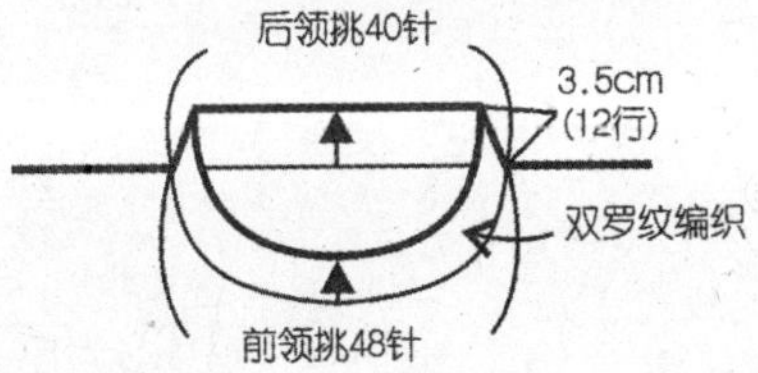

NO.49 粉色小圆球可爱套裙

彩图见 第78页

材料

衣服 中粗羊毛线粉色250g，直径为20mm的纽扣4颗

裙子 中粗羊毛线粉色180g

工具

衣服 3.6mm棒针，裙子 3.9mm棒针

成品尺寸

衣服 衣长32cm、胸围64cm、背肩宽27cm、袖长4cm

裙子 裙长27.5cm、腰围56cm

编织密度

衣服 花样编织A、C、D，下针编织20针×32行/10cm

花样编织B 21针×32行/10cm

裙子 花样编织A～D 20针×32行/10cm

结构图

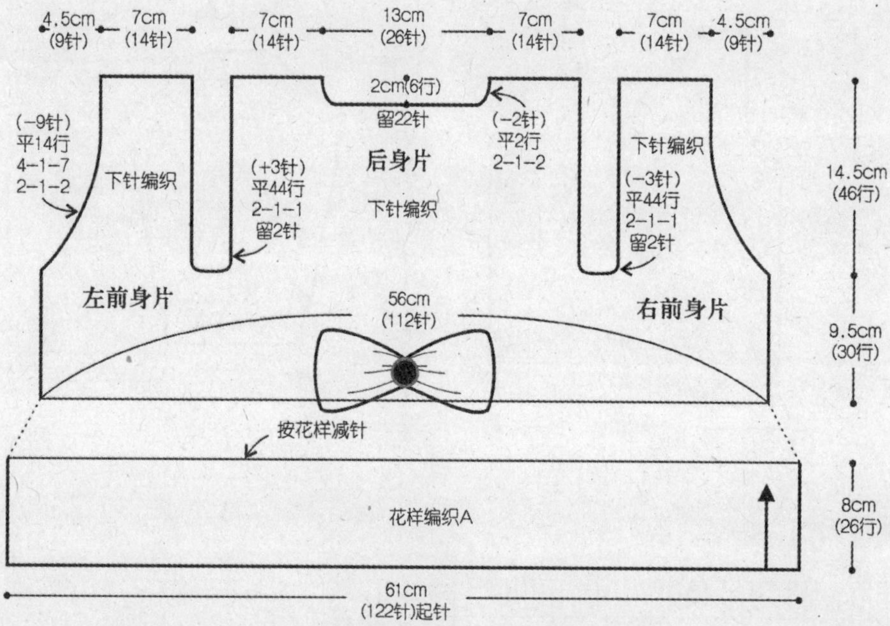
4.5cm (9针)
7cm (14针)
7cm (14针)
13cm (26针)
7cm (14针)
7cm (14针)
4.5cm (9针)
2cm(6行)
留22针
(−2针) 平2行 2-1-2
(−9针) 平14行 4-1-7 2-1-2
下针编织
(+3针) 平44行 2-1-1 留2针
后身片
下针编织
下针编织
(−3针) 平44行 2-1-1 留2针
左前身片
56cm (112针)
右前身片
14.5cm (46行)
9.5cm (30行)
按花样减针
花样编织A
8cm (26行)
61cm (122针)起针

袖片

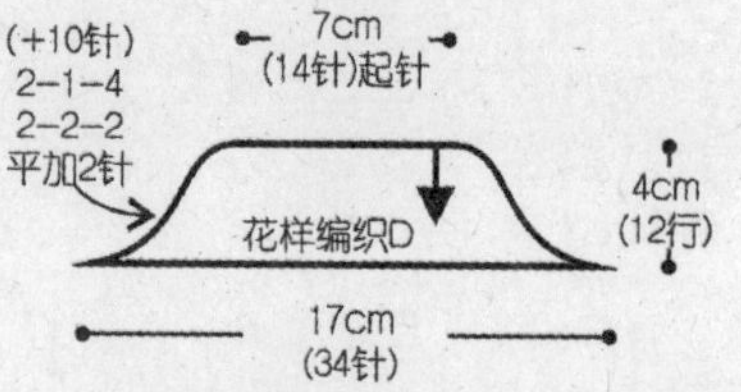
(+10针) 2-1-4 2-2-2 平加2针
7cm (14针)起针
花样编织D
4cm (12行)
17cm (34针)

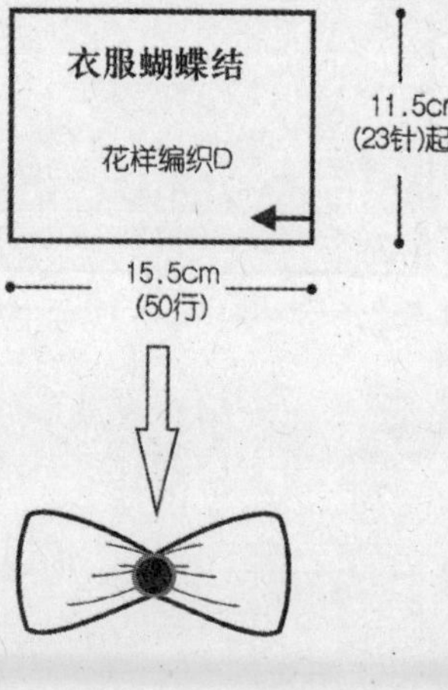
衣服蝴蝶结
花样编织D
11.5cm (23针)起针
15.5cm (50行)

花样编织A

衣服

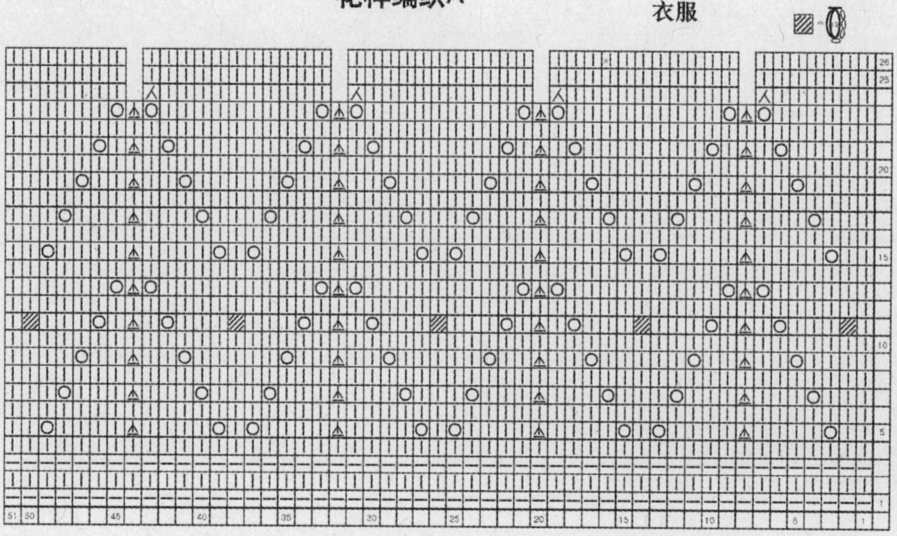

花样编织B

衣服

花样编织C

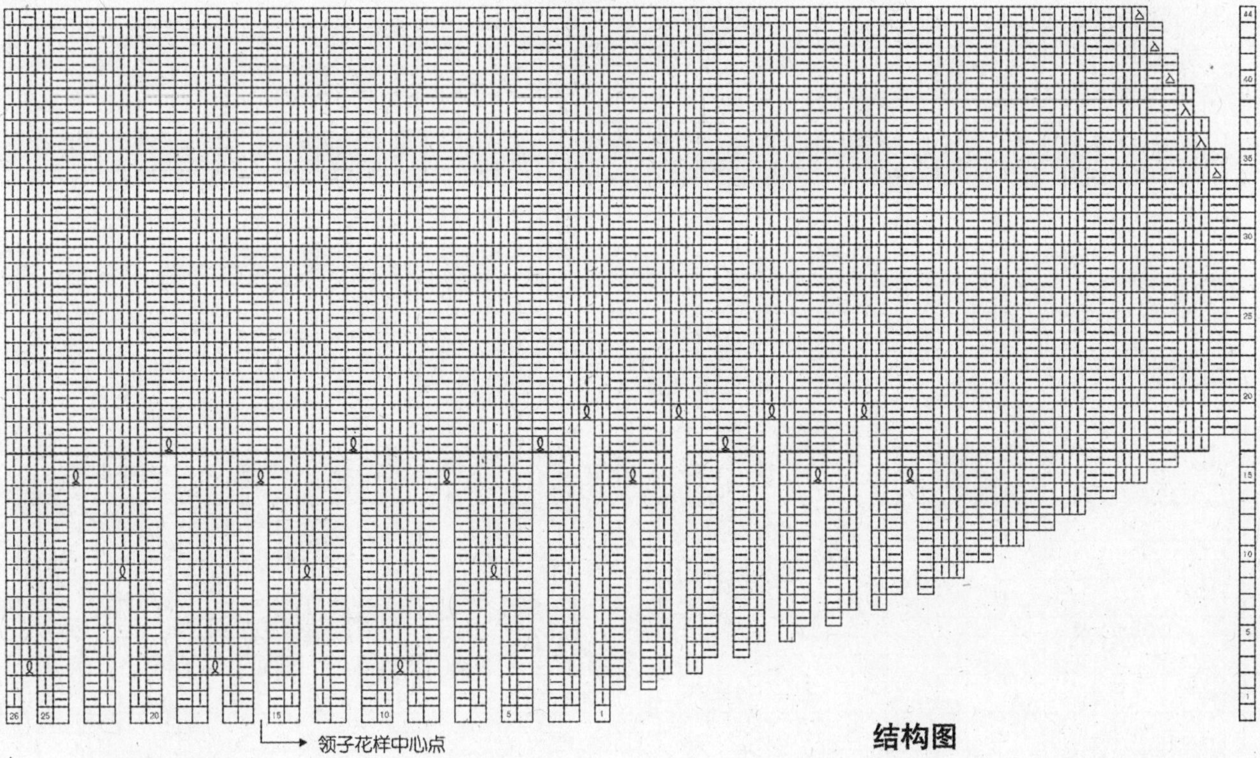

结构图

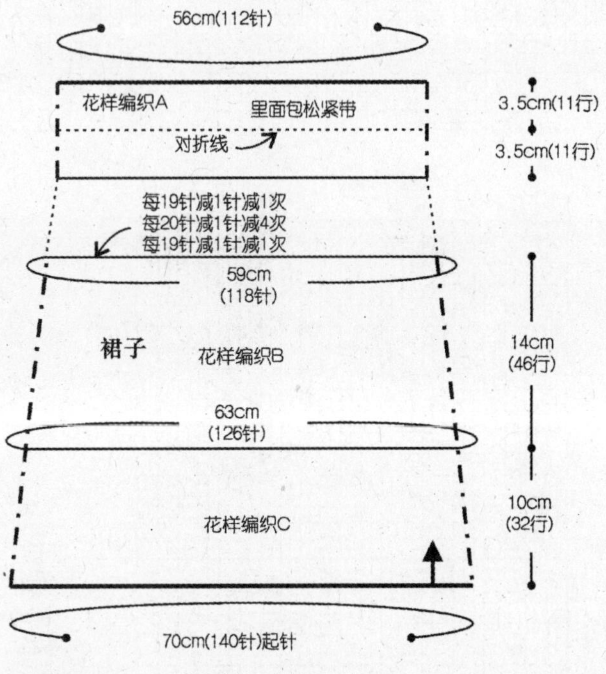

花样编织D

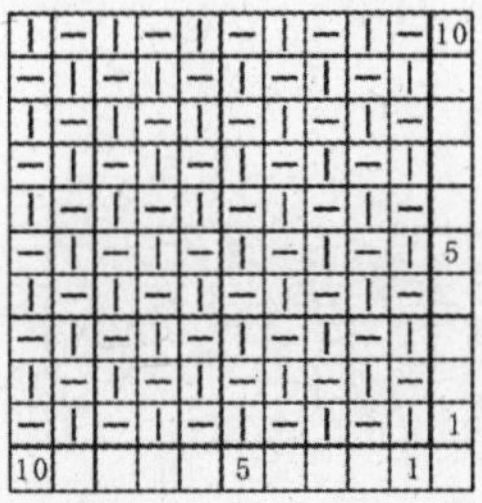

裙子款式图

衣服款式图

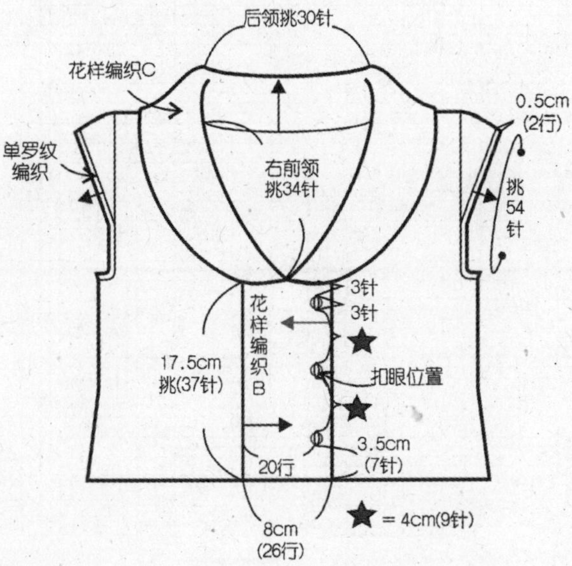

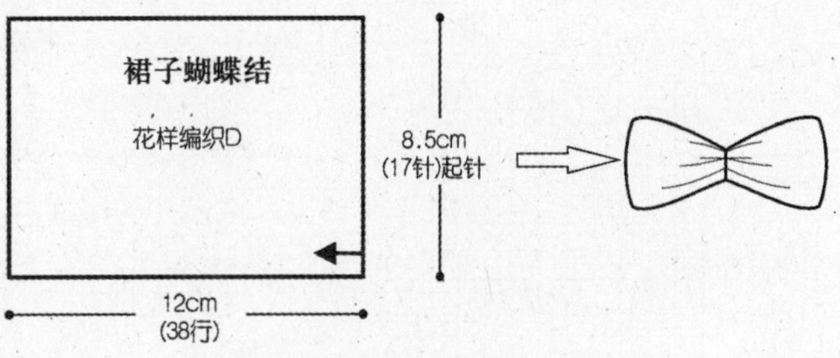

花样编织B

裙子

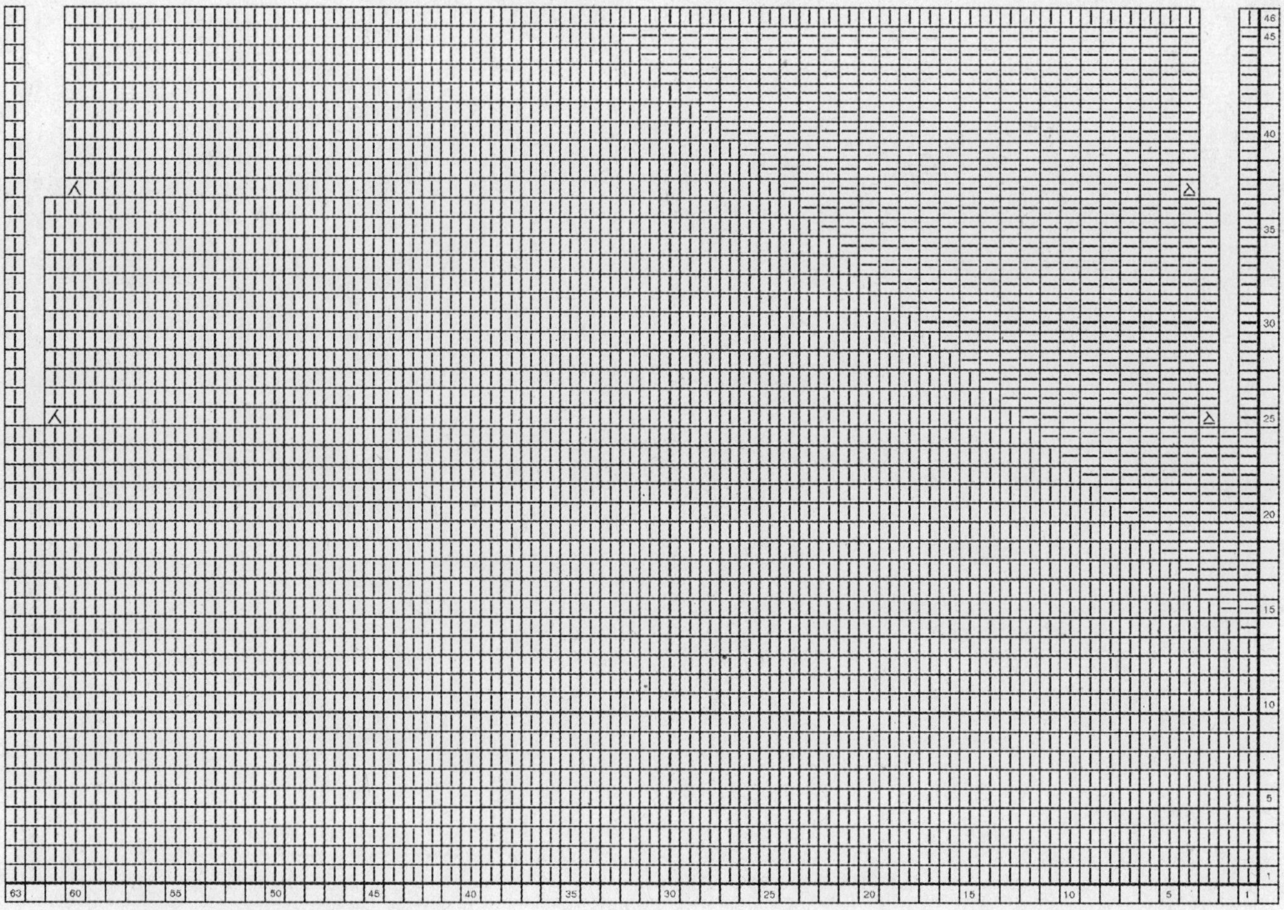

花样编织A

裙子

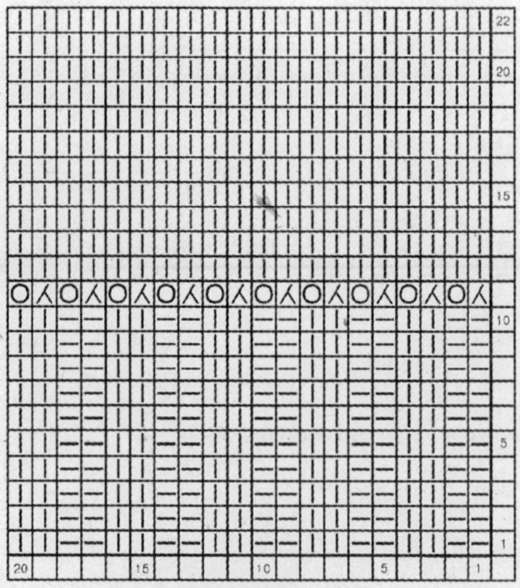

花样编织D

裙子

花样编织C

裙子

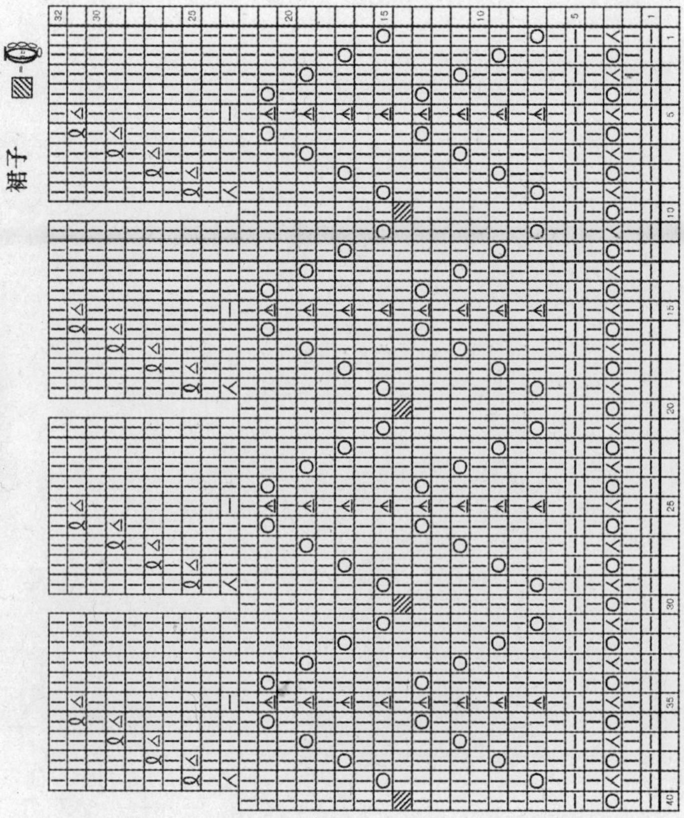

NO.50 简约拼接短袖连衣裙

彩图见 第80页

工具

4.5mm棒针

成品尺寸

衣长46cm、胸围68cm、肩袖长17cm

材料

中粗羊毛线红蓝色花线250g、黑色100g，直径为20mm的纽扣2颗

编织密度

花样编织A、B，下针编织
17.5针×26行/10cm

结构图

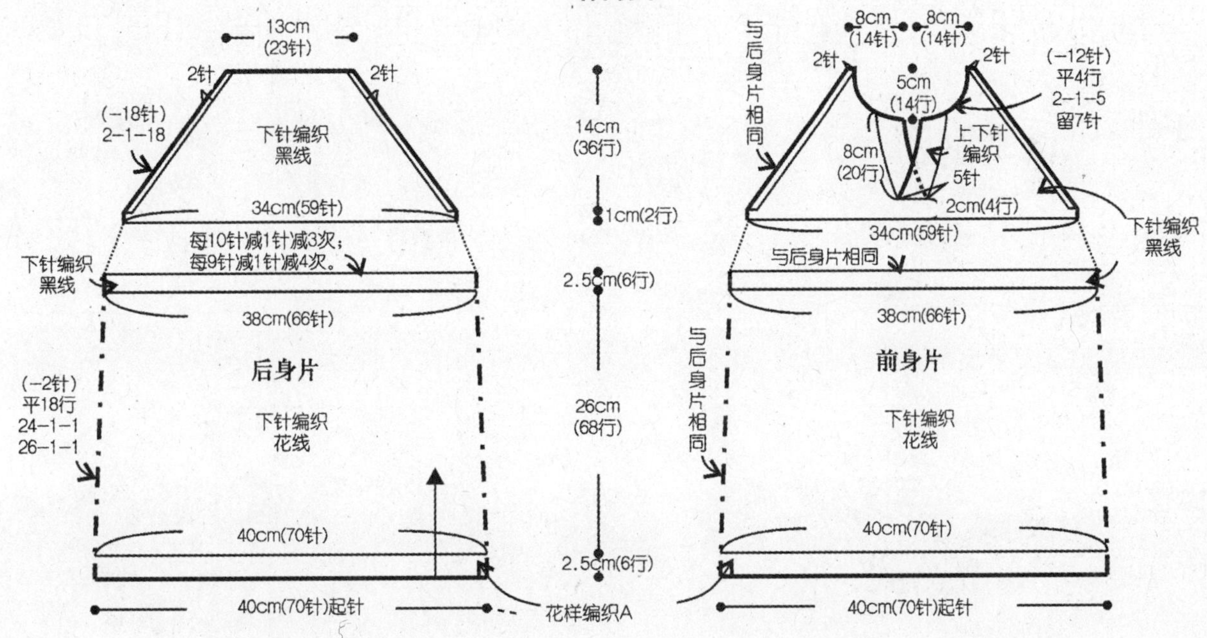

领

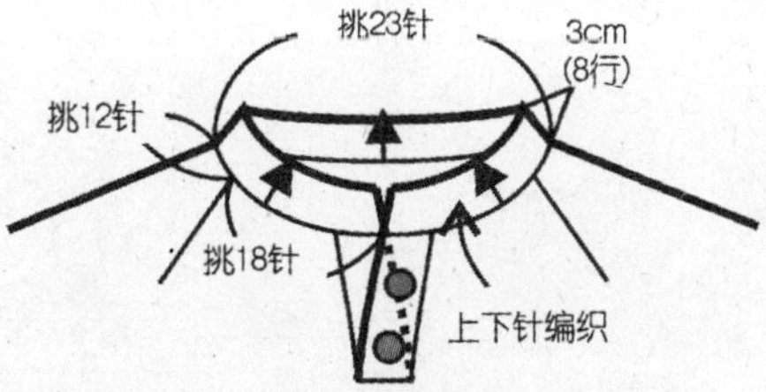

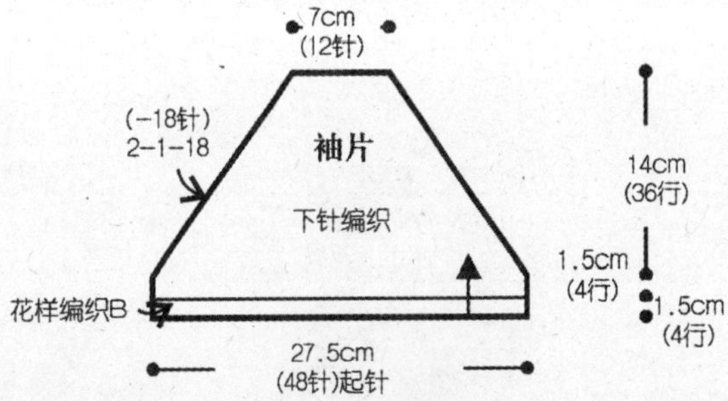

花样编织A

—	—	—	—	—	—	—	—	—	—	—	—	—	—	—	6
|	|	|	|	|	|	|	|	|	|	|	|	|	|	|	5
|	|	|	|	|	|	|	|	|	|	|	|	|	|	|	
|	|	|	|	|	|	|	|	|	|	|	|	|	|	|	
|	|	|	|	|	|	|	|	|	|	|	|	|	|	|	
|	|	|	|	|	|	|	|	|	|	|	|	|	|	|	1
15					10					5				1	

花样编织B

—	—	—	—	—	—	—	—	—	—	—	—	—	—	—	4
|	|	|	|	|	|	|	|	|	|	|	|	|	|	|	
|	|	|	|	|	|	|	|	|	|	|	|	|	|	|	
—	—	—	—	—	—	—	—	—	—	—	—	—	—	—	1
15					10					5				1	

棒针编织符号图解

符号	图解
— 上针	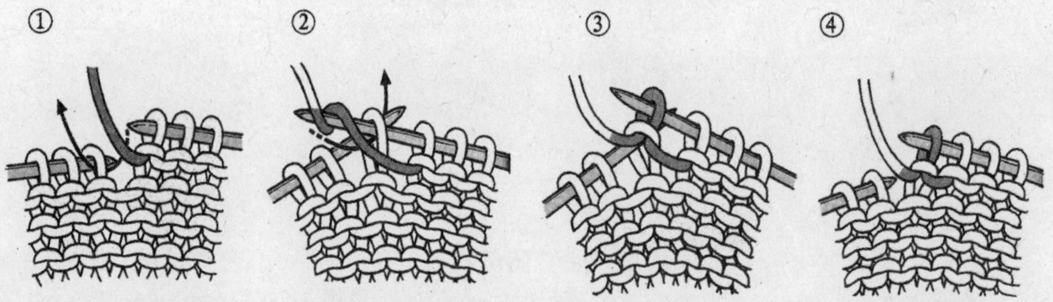
| 下针	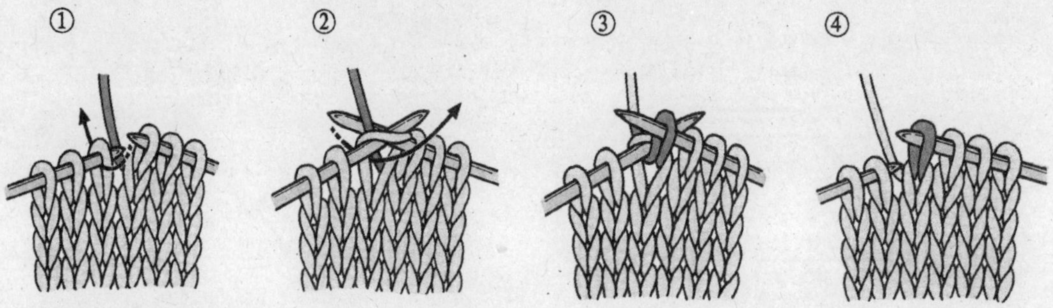
○ 镂空针	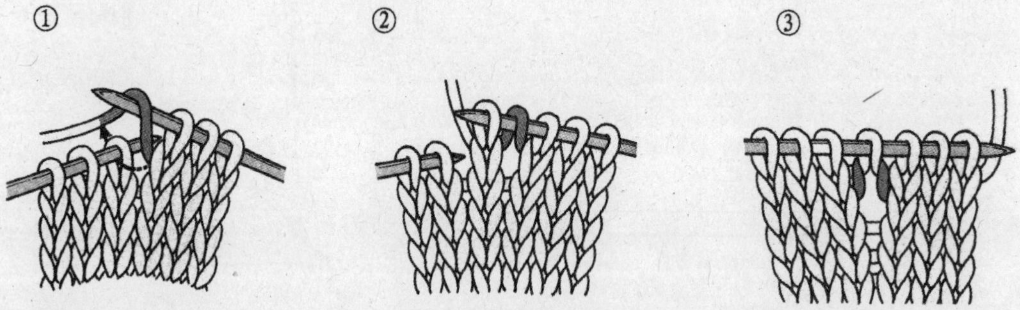
扭针	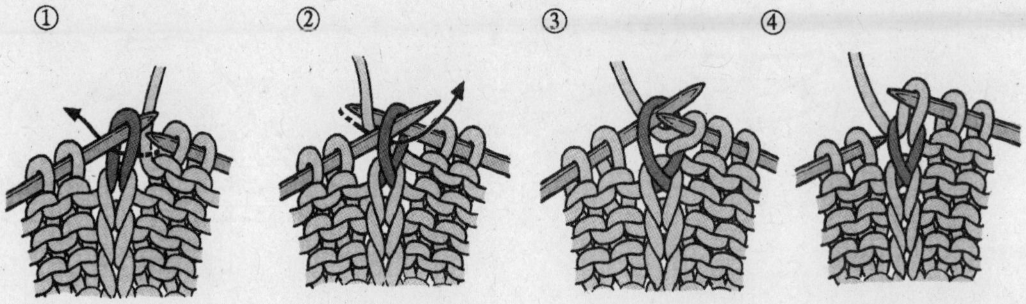
上针的扭针	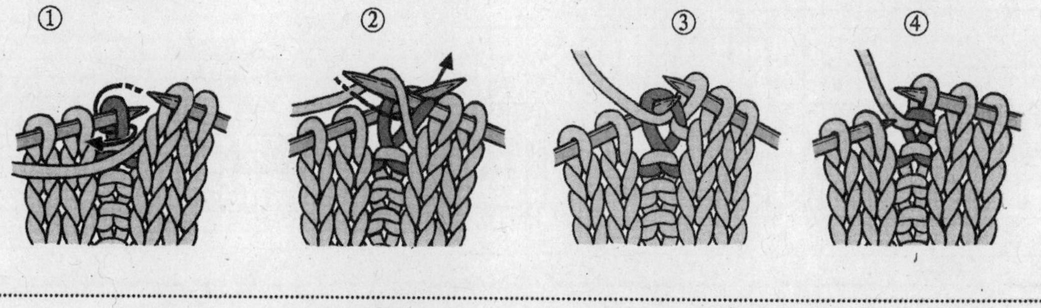

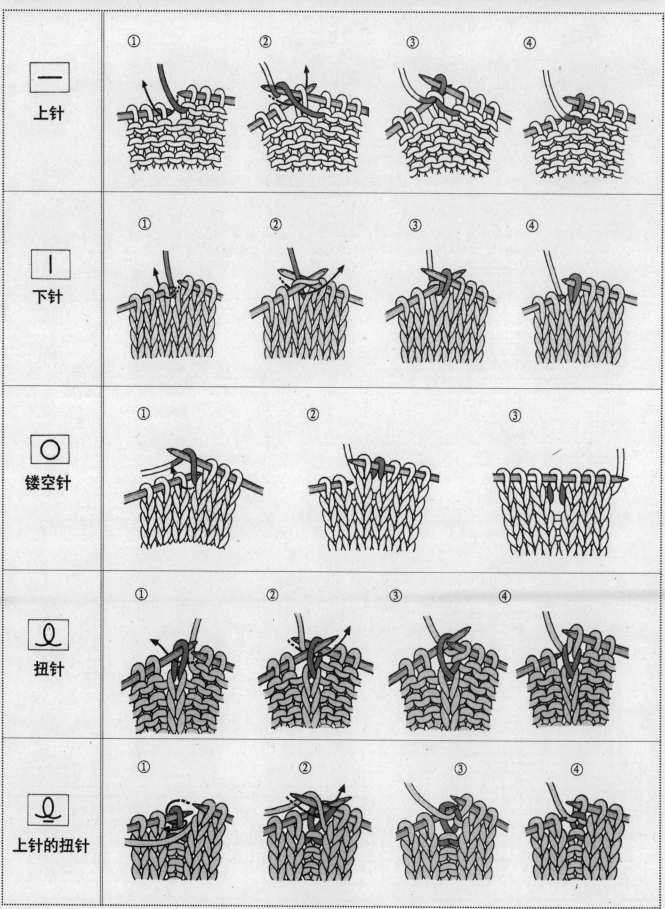

右上2针并1针	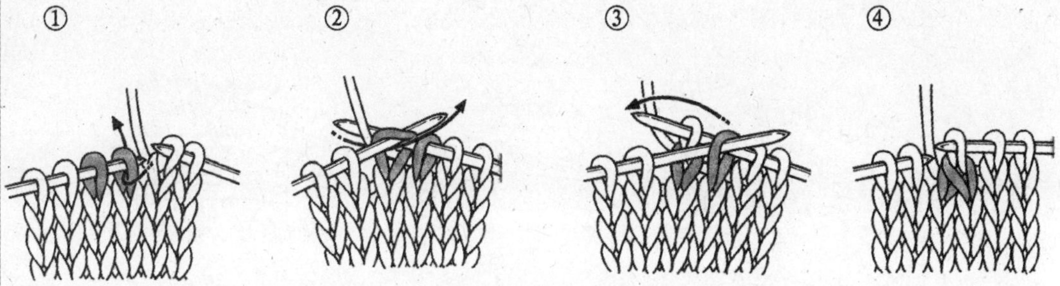
上针右上2针并1针	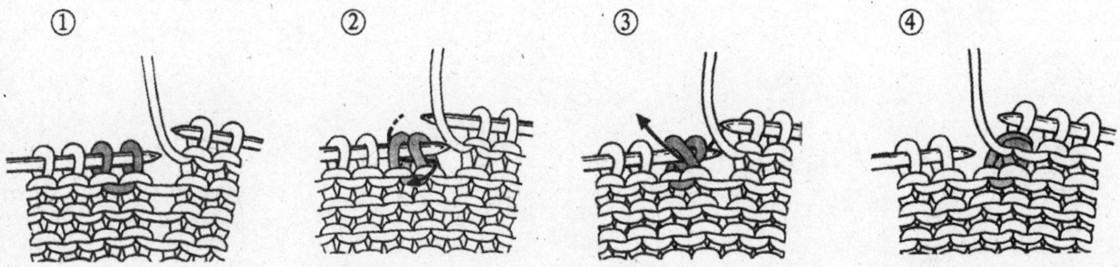
左上2针并1针	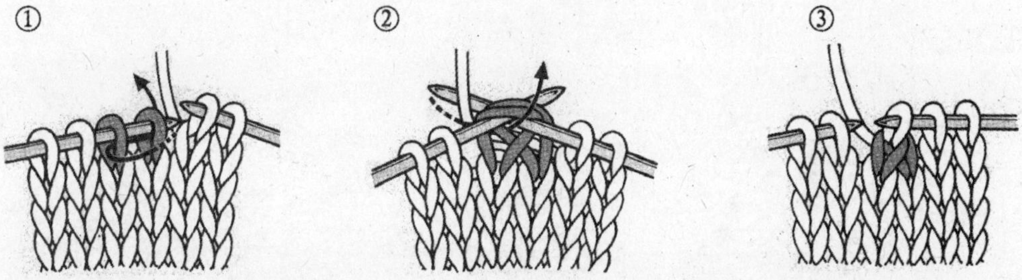
上针左上2针并1针	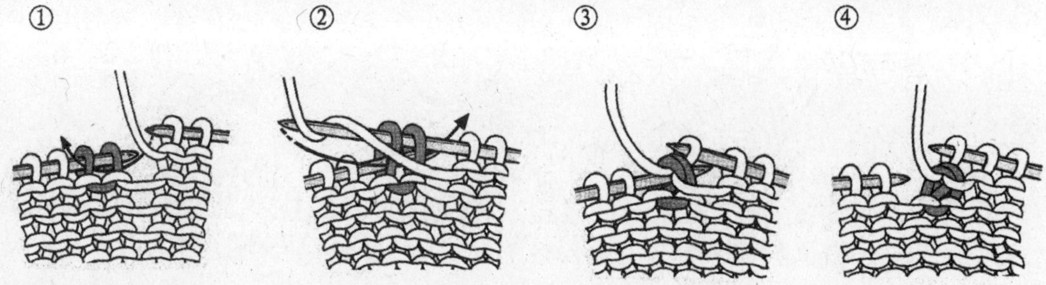
中上3针并1针	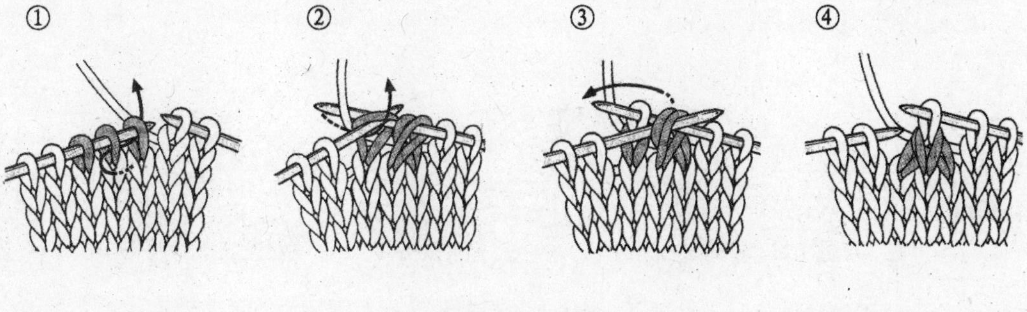

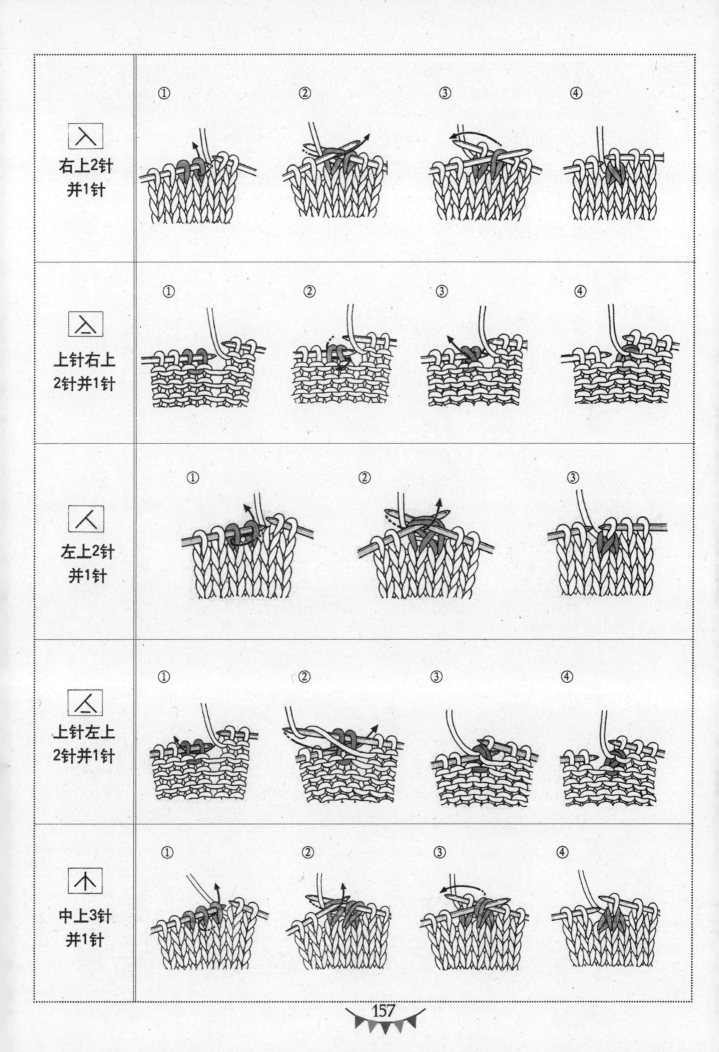

 上针中上 3针并1针	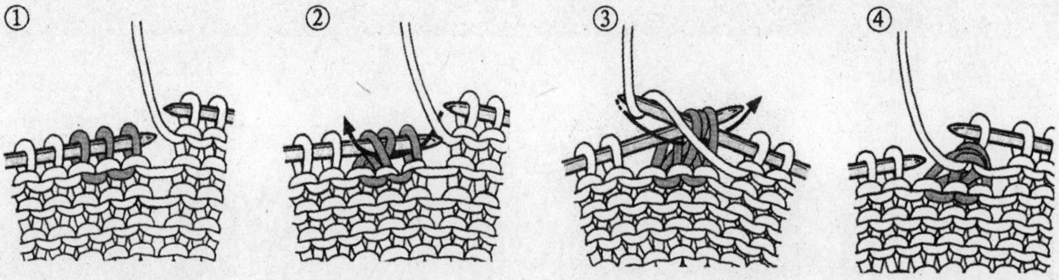① ② ③ ④
 右上 3针并1针	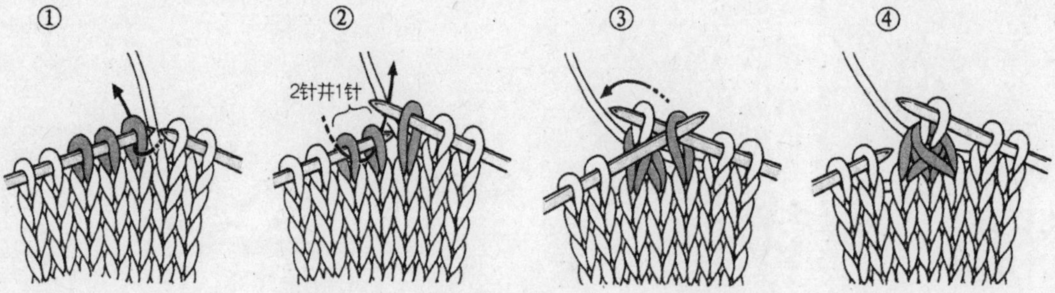① ② ③ ④ 2针并1针
 上针右上 3针并1针	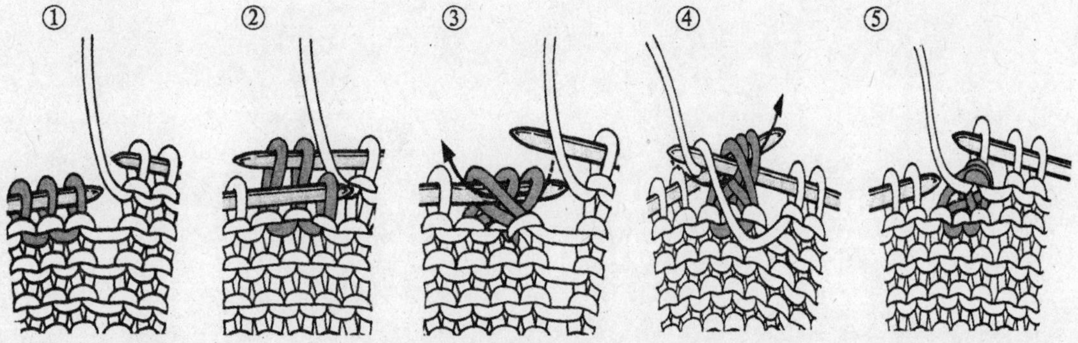① ② ③ ④ ⑤
 左上 3针并1针	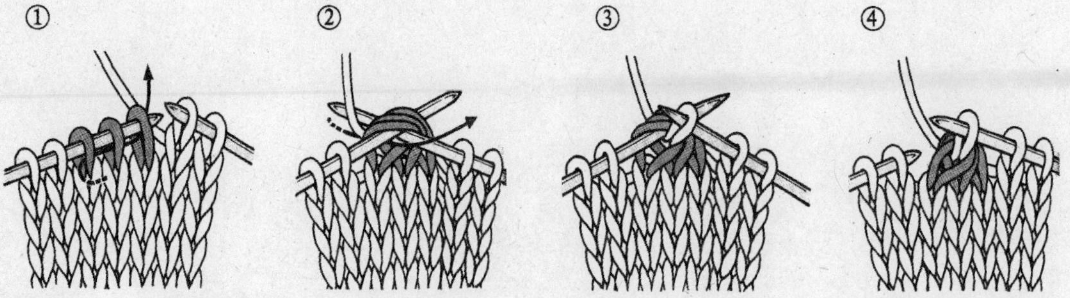① ② ③ ④
 上针左上 3针并1针	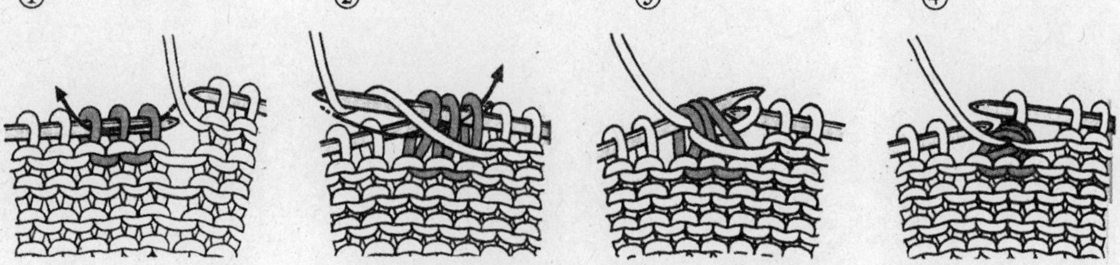① ② ③ ④

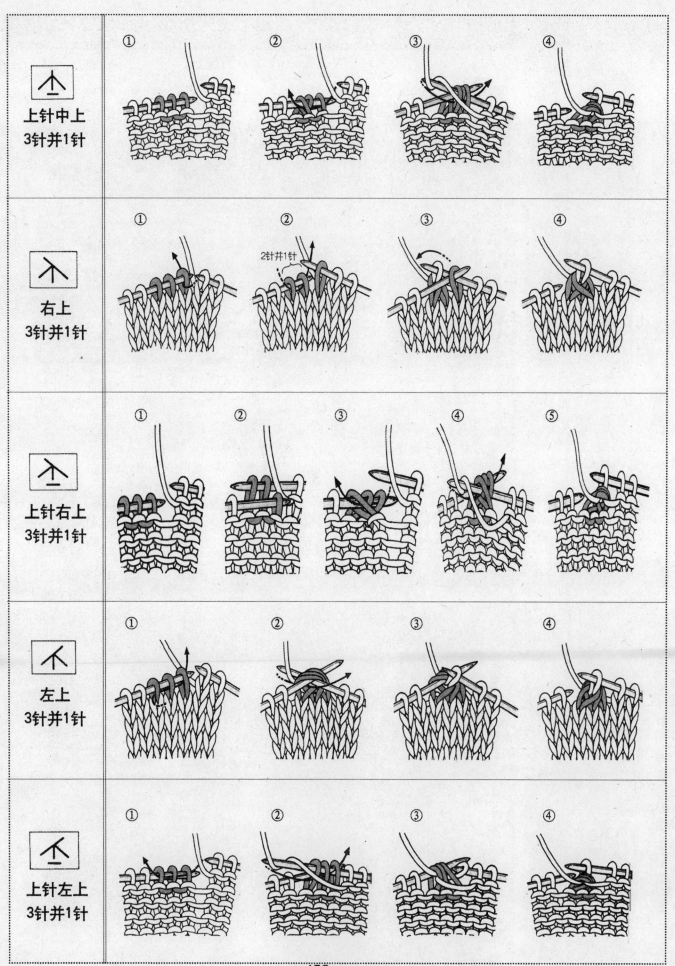

钩针编织符号图解

引拔针

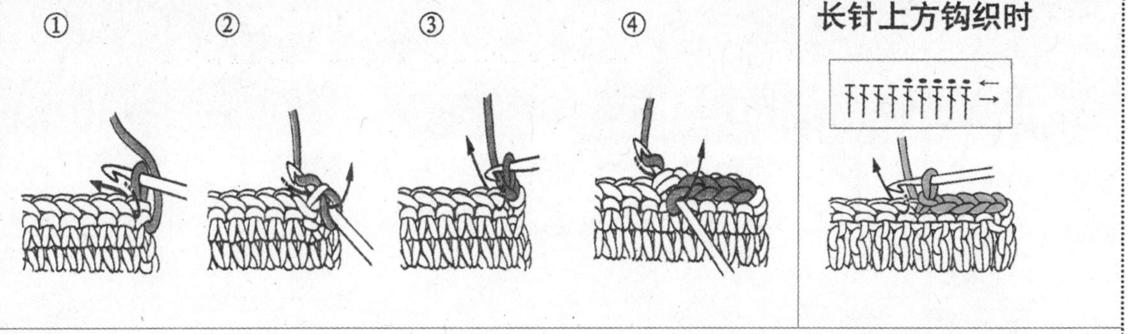

①
②
③
④
长针上方钩织时

短针

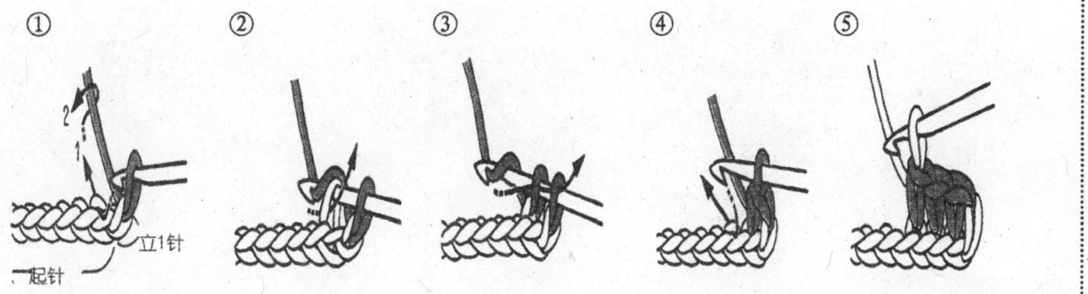

①
②
③
④
⑤
立1针
起针

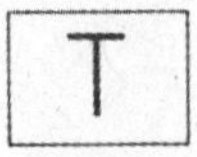

中长针

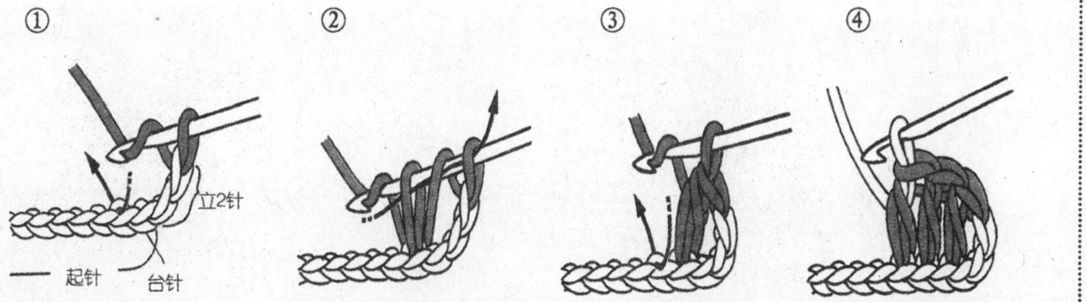

①
②
③
④
立2针
起针
台针

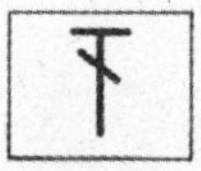

长针

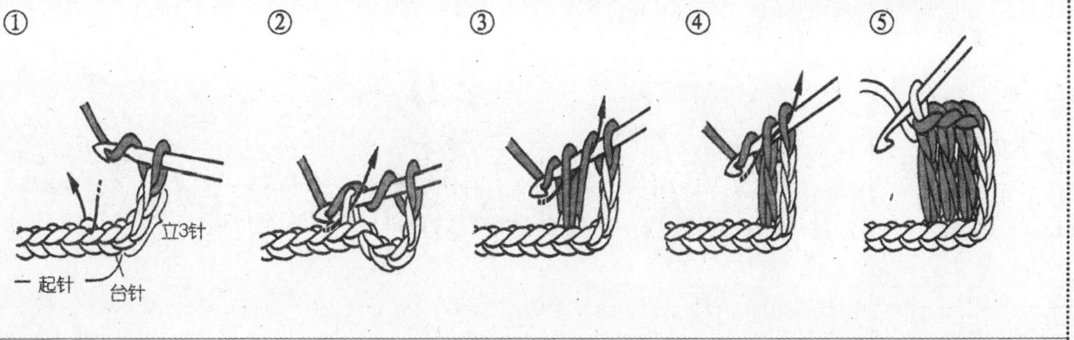

①
②
③
④
⑤
立3针
起针
台针

长长针

①
②
③
④
⑤
⑥
卷2次
立4针
起针
台针

3个卷曲长针

①
②
③
④
⑤
⑥
卷3次
立5针
起针
台针

4个卷曲长针

①
②
③
④
卷4次
立6针
起针
台针

狗牙针

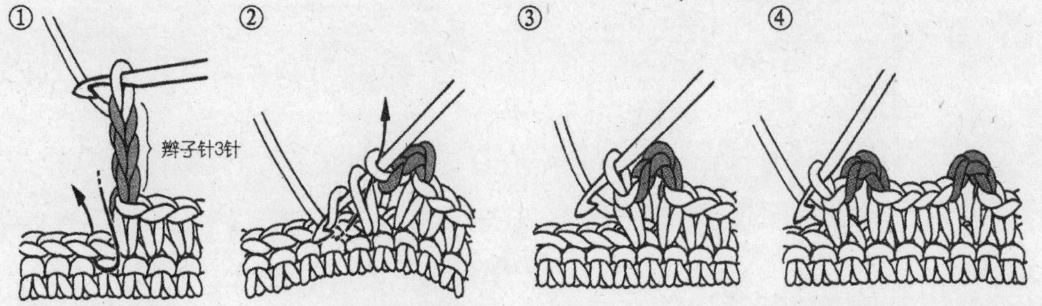

①
②
③
④
辫子针3针

狗牙拉针

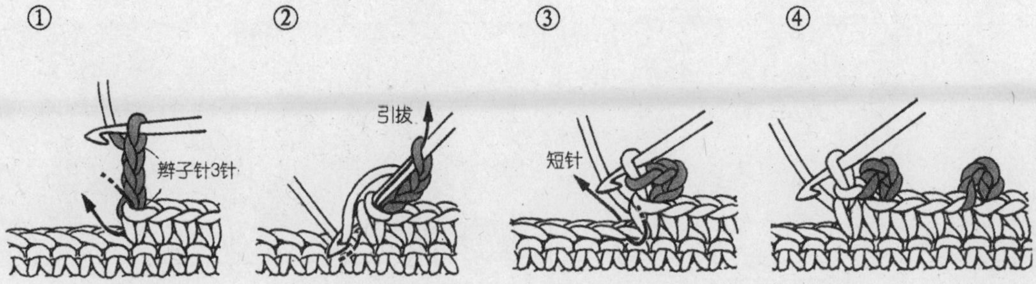

①
②
③
④
辫子针3针
引拔
短针

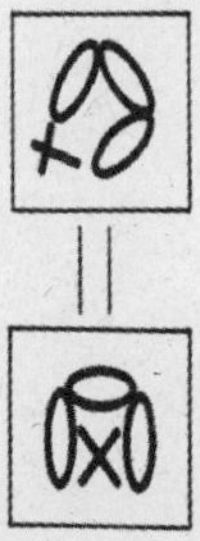

转角狗牙针

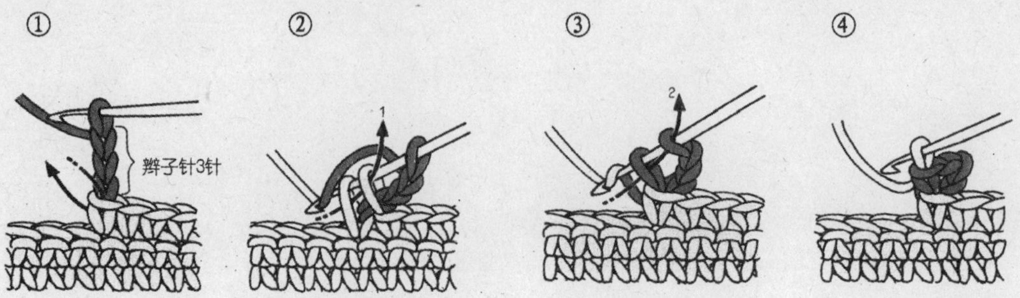

①
②
③
④
辫子针3针